应用型特色系列教材

大学信息技术基础与应用
（第2版）

陈 亮　王民意　任 可　主编

马振中　主审

电子工业出版社

Publishing House of Electronics Industry

北京·BEIJING

内 容 简 介

本书根据《大学计算机教学基本要求》（高等学校文科类专业），并参照《全国计算机等级考试大纲》（一级）和《中小学教师信息技术应用能力培训课程标准（试行）》中规定的考试内容编写。全书主要包括信息技术与信息安全、计算机系统组成与相关概念、操作系统应用基础、WPS 文字操作、WPS 表格操作、WPS 演示操作、计算机网络基础、多媒体技术及应用等内容。

本书适合高等学校非计算机专业，特别是师范专业的计算机公共基础课教学使用，还可作为"全国计算机等级考试（一级 WPS 模块）"和"中小学教师信息技术应用能力考试"的培训教材，以及办公人员的自学参考书。

未经许可，不得以任何方式复制或抄袭本书之部分或全部内容。
版权所有，侵权必究。

图书在版编目（CIP）数据

大学信息技术基础与应用 / 陈亮，王民意，任可主编. —2 版. —北京：电子工业出版社，2021.10
ISBN 978-7-121-35640-7

Ⅰ.①大… Ⅱ.①陈… ②王… ③任… Ⅲ.①电子计算机－高等学校－教材 Ⅳ.①TP3

中国版本图书馆 CIP 数据核字（2021）第 214580 号

责任编辑：戴晨辰　　特约编辑：劳婉菲
印　　刷：北京七彩京通数码快印有限公司
装　　订：北京七彩京通数码快印有限公司
出版发行：电子工业出版社
　　　　　北京市海淀区万寿路 173 信箱　邮编：100036
开　　本：787×1 092　1/16　印张：17.25　字数：453 千字
版　　次：2015 年 9 月第 1 版
　　　　　2021 年 10 月第 2 版
印　　次：2023 年 1 月第 3 次印刷
定　　价：56.00 元

凡所购买电子工业出版社图书有缺损问题，请向购买书店调换。若书店售缺，请与本社发行部联系，联系及邮购电话：(010) 88254888, 88258888。
质量投诉请发邮件至 zlts@phei.com.cn，盗版侵权举报请发邮件至 dbqq@phei.com.cn。
本书咨询联系方式：dcc@phei.com.cn。

前言

具有系统、扎实、丰富的信息技术基础知识，熟练掌握信息技术应用技能，是现代大学生必须具备的基本素质。但是，随着信息技术的快速发展和信息技术教育多层次的有效实施，不同高校新生的信息技术水平参差不齐，各高校的信息技术教育目标也发生了很大变化，如何对大学信息技术基础课程进行改革，一些高校进行了有益的探索，其课程体系结构和内容形式呈现出多样化趋势。

本书围绕当前高等教育改革发展的新形式、新目标和新要求，坚持既有利于教学又便于自学，既系统全面又突出重点难点，以及理论与实践相结合等原则，力求做到结构合理、通俗易懂，兼顾理论性、实用性及可操作性。考虑到非计算机专业在整个课程体系中开设计算机方面的课程相对较少，学生对信息技术知识的掌握一般都是通过这门课程的学习实现的，所以本书在内容的组织上倾向基础性，重视实用性。本书充分考虑了大学信息技术基础教学的目标，以培养学生应用能力为导向，引导学生学习关于计算机硬件、软件、网络和信息系统中最基本和最重要的概念和知识，了解最重要的计算机应用知识，为学生将来利用信息技术解决本专业领域的问题打下基础。

本书由长沙师范学院信息科学与工程学院教育信息技术教研室的老师编写，共8章，其中第1章、第3章由陈亮编写，第2章、第6章、第7章、第8章由王民意编写，第4章、第5章由任可编写，本书由马振中院长策划和主审。本书相关课件及教学资源可通过华信教育资源网（www.hxedu.com.cn）获取。

由于成稿仓促及作者水平有限，书中难免有错误或不足之处，恳请读者批评指正。

作　者

目录

第1章 信息技术与信息安全 ………… 1
1.1 信息与信息化 ………………………… 1
- 1.1.1 信息的概念 ……………………… 1
- 1.1.2 信息技术与信息化 ……………… 2

1.2 信息安全 ……………………………… 3
- 1.2.1 信息安全的重要性 ……………… 3
- 1.2.2 信息安全的概念 ………………… 3
- 1.2.3 信息安全因素和安全措施 ……… 4
- 1.2.4 信息安全技术 …………………… 5

1.3 计算机病毒和防病毒知识 …………… 7
- 1.3.1 计算机病毒的定义 ……………… 7
- 1.3.2 计算机病毒的特点 ……………… 7
- 1.3.3 计算机病毒的类型 ……………… 8
- 1.3.4 计算机病毒的表现形式 ………… 9
- 1.3.5 计算机病毒的传播方式 ………… 10
- 1.3.6 计算机病毒的检测与防治 ……… 10

1.4 信息法律制度与信息道德规范 ……… 11
- 1.4.1 信息法律制度 …………………… 11
- 1.4.2 信息道德规范 …………………… 12
- 1.4.3 知识产权与软件版权保护 ……… 12
- 1.4.4 教师信息素养 …………………… 13

本章小结 …………………………………… 16
习题 ………………………………………… 16

第2章 计算机系统组成与相关概念 …… 18
2.1 计算机系统概述 ……………………… 18
2.2 计算机硬件系统 ……………………… 19
- 2.2.1 主机 ……………………………… 19
- 2.2.2 外存储器 ………………………… 20
- 2.2.3 输入设备 ………………………… 22
- 2.2.4 输出设备 ………………………… 25
- 2.2.5 其他设备 ………………………… 26

2.3 计算机软件系统 ……………………… 27
- 2.3.1 系统软件 ………………………… 27
- 2.3.2 应用软件 ………………………… 28

2.4 计算机工作原理 ……………………… 28
- 2.4.1 计算机指令 ……………………… 29
- 2.4.2 计算机语言 ……………………… 29

2.5 计算机系统配置及主要性能指标 …… 30
- 2.5.1 计算机系统配置 ………………… 30
- 2.5.2 计算机主要性能指标 …………… 30

2.6 计算机发展简史 ……………………… 31
- 2.6.1 计算机发展概述 ………………… 31
- 2.6.2 计算机的特点 …………………… 32
- 2.6.3 计算机的应用 …………………… 32
- 2.6.4 计算机的分类 …………………… 33

2.7 计算机中的数制与存储单位 ………… 33
- 2.7.1 数制的概念 ……………………… 34
- 2.7.2 各数制间的转换 ………………… 35
- 2.7.3 二进制的算术运算和逻辑运算 … 37
- 2.7.4 数据的存储单位 ………………… 40

2.8 计算机中的数据编码 ………………… 41
- 2.8.1 ASCII 编码 ……………………… 41
- 2.8.2 汉字编码 ………………………… 42

本章小结 …………………………………… 44
习题 ………………………………………… 44

第3章 操作系统应用基础 ……………… 47
3.1 操作系统的概念 ……………………… 47

3.2 操作系统概述 48
   3.2.1 操作系统的管理功能 48
   3.2.2 操作系统的分类 52
3.3 Windows 7 的基本操作 55
   3.3.1 Windows 7 的启动与退出 55
   3.3.2 Windows 7 的桌面 56
   3.3.3 Windows 7 的"开始"菜单 60
   3.3.4 Windows 7 的窗口 62
3.4 文件系统 67
   3.4.1 文件管理的概念 67
   3.4.2 资源管理器 68
   3.4.3 文件或文件夹的查看 70
   3.4.4 文件夹的创建 70
   3.4.5 文件或文件夹的选择 71
   3.4.6 文件或文件夹的移动 71
   3.4.7 文件或文件夹的复制 72
   3.4.8 文件或文件夹的重命名 73
   3.4.9 文件或文件夹的删除 73
   3.4.10 文件或文件夹属性的设置 74
   3.4.11 文件或文件夹的快捷方式
        创建 75
   3.4.12 文件或文件夹的查找 75
3.5 Windows 7 的系统设置 76
   3.5.1 显示属性的设置 77
   3.5.2 鼠标的设置 78
   3.5.3 添加/删除应用程序 78
   3.5.4 网络连接设置 79
3.6 Windows 7 高级设置 81
   3.6.1 查看计算机的硬件 81
   3.6.2 远程设置 82
   3.6.3 系统保护 82
   3.6.4 高级系统设置 82
3.7 Windows 7 的附件程序 83
   3.7.1 记事本 83
   3.7.2 写字板 83
   3.7.3 计算器 83
   3.7.4 画图 84
本章小结 84
习题 85

第 4 章 WPS 文字操作 88
4.1 WPS Office 中文版简介 88
4.2 WPS 文字概述 89
   4.2.1 WPS 文字的启动和退出 89
   4.2.2 WPS 文字窗口 89
4.3 文档的基本操作 91
   4.3.1 文档的输入 91
   4.3.2 文档的保存与保护 93
   4.3.3 文档的编辑 95
   4.3.4 文档的显示 98
4.4 文档的排版 100
   4.4.1 字符格式的设置 100
   4.4.2 段落格式的设置 102
   4.4.3 文档版式设置 106
   4.4.4 打印预览与打印设置 112
4.5 表格制作 113
   4.5.1 表格的建立 113
   4.5.2 表格的编辑 115
   4.5.3 表格的格式化 116
   4.5.4 表格的排序与计算 119
   4.5.5 表格与文本的相互转换 120
4.6 图文混排 121
   4.6.1 图形文件格式 121
   4.6.2 图片的插入及编辑 121
   4.6.3 绘制图形 124
   4.6.4 文本框 125
   4.6.5 艺术字的制作 126
   4.6.6 图文混排示例 126
4.7 WPS 文字的高级应用 127
   4.7.1 超链接与文件合并 127
   4.7.2 邮件合并、公式编辑器、
        录制宏 129
本章小结 132
习题 133

第 5 章 WPS 表格操作 136
5.1 WPS 表格的基础知识 136
   5.1.1 WPS 表格的启动 137
   5.1.2 WPS 表格窗口 138

		5.1.3 WPS 表格的概念 ……………… 138

    5.1.3 WPS 表格的概念 ……………… 138
    5.1.4 WPS 表格的退出 ……………… 139
5.2 WPS 表格的基本操作 ……………… 139
    5.2.1 工作簿操作 ……………… 139
    5.2.2 管理工作表 ……………… 142
    5.2.3 输入与编辑数据 ……………… 146
5.3 公式与函数 ……………… 156
    5.3.1 使用公式 ……………… 156
    5.3.2 使用函数 ……………… 159
5.4 工作表的格式化 ……………… 166
    5.4.1 格式化数据 ……………… 167
    5.4.2 设置对齐方式 ……………… 168
    5.4.3 添加边框颜色和图案 ……………… 168
    5.4.4 调整行高和列宽 ……………… 169
    5.4.5 使用条件格式化 ……………… 170
    5.4.6 套用表格格式 ……………… 171
5.5 图表 ……………… 172
    5.5.1 创建图表 ……………… 172
    5.5.2 编辑图表 ……………… 173
5.6 数据管理 ……………… 176
    5.6.1 创建和使用数据清单 ……………… 176
    5.6.2 数据排序 ……………… 177
    5.6.3 数据筛选 ……………… 178
    5.6.4 分类汇总 ……………… 180
    5.6.5 数据透视表和透视图 ……………… 181
5.7 保护数据 ……………… 183
    5.7.1 隐藏行、列、工作表 ……………… 183
    5.7.2 保护工作表和工作簿 ……………… 184
5.8 打印工作表 ……………… 185
    5.8.1 页面设置 ……………… 185
    5.8.2 打印区域设置 ……………… 187
    5.8.3 控制分页 ……………… 187
    5.8.4 打印预览与打印 ……………… 188
本章小结 ……………… 189
习题 ……………… 189

第 6 章 WPS 演示操作 ……………… 192

6.1 WPS 演示概述 ……………… 192
    6.1.1 WPS 演示的启动与退出 ……… 192
    6.1.2 WPS 演示窗口 ……………… 193
    6.1.3 WPS 演示的视图方式 ……… 194
6.2 演示文稿的创建与编辑 ……………… 196
    6.2.1 创建与保存演示文稿 ……… 196
    6.2.2 幻灯片的添加、删除、复制和移动 ……………… 199
    6.2.3 文本输入与编辑 ……………… 200
    6.2.4 各种对象的插入与编辑 …… 203
6.3 演示文稿的外观设计 ……………… 205
    6.3.1 使用母版 ……………… 205
    6.3.2 应用设计模板 ……………… 205
    6.3.3 应用主题颜色 ……………… 205
    6.3.4 设置背景 ……………… 206
6.4 演示文稿的动画设置 ……………… 207
    6.4.1 幻灯片的切换效果 ……………… 207
    6.4.2 幻灯片的动画效果 ……………… 207
    6.4.3 超链接与动作设置 ……………… 209
6.5 演示文稿的放映和打印 ……………… 211
    6.5.1 设置放映方式 ……………… 211
    6.5.2 自定义放映 ……………… 211
    6.5.3 排练计时 ……………… 213
    6.5.4 放映演示文稿 ……………… 213
    6.5.5 打印演示文稿 ……………… 214
本章小结 ……………… 215
习题 ……………… 215

第 7 章 计算机网络基础 ……………… 218

7.1 计算机网络概述 ……………… 218
    7.1.1 计算机网络组成 ……………… 219
    7.1.2 计算机网络的发展历程 …… 220
    7.1.3 计算机网络功能 ……………… 222
    7.1.4 计算机网络协议 ……………… 223
7.2 局域网 ……………… 226
    7.2.1 局域网概述 ……………… 226
    7.2.2 传输介质 ……………… 227
    7.2.3 网络拓扑结构 ……………… 230
    7.2.4 网络互联设备 ……………… 232
    7.2.5 局域网标准及协议 ……………… 234
7.3 Internet ……………… 235

VII

7.3.1	Internet 概述	…………………	235
7.3.2	Internet 地址和域名	…………	239
7.3.3	Internet 基本服务	……………	243
7.3.4	Internet 接入方式	……………	246

7.4 计算机网络新技术……………248
本章小结…………………………250
习题………………………………251

第8章 多媒体技术及应用……253

8.1 多媒体的概念…………………253
    8.1.1 多媒体与多媒体计算机……253
    8.1.2 多媒体系统的组成…………254

8.2 多媒体技术……………………254
    8.2.1 音频……………………254
    8.2.2 图形和图像……………257
    8.2.3 视频和动画……………261
    8.2.4 多媒体数据压缩技术………266

8.3 常用多媒体播放器的使用……267
    8.3.1 计算机音量设置………267
    8.3.2 Windows Media Player………267

本章小结…………………………267
习题………………………………268

第1章

信息技术与信息安全

本章导读：
今天的社会是一个信息化社会，我们在很多场合都在谈信息、信息技术、信息化和信息安全。本章旨在通过对信息、信息技术、信息化和信息安全等基本概念的介绍，使大家对与工作、学习及生活息息相关的这些信息概念有一个全面的了解。同时还对信息安全技术和计算机病毒防范进行了较为详细的介绍，这对大多数信息技术应用人员来说是非常必要的，知道并利用这些知识有助于更好地、更流畅地使用信息技术。本章最后，还对信息法律制度与信息道德规范，以及教师信息素养进行介绍，对中小学教师和未来要从事教育工作的师范生来说，具有很强的指导意义。

本章学习目标：
1. 掌握信息、信息技术、信息化、信息安全的基本概念。
2. 了解数字加密、数字签名、身份认证、防火墙等常用的信息安全技术。
3. 了解计算机病毒的特点和分类，学会使用杀毒软件清除计算机病毒。
4. 较好地掌握信息法律制度与信息道德规范。

1.1 信息与信息化

1.1.1 信息的概念

广义的信息是指一切消息，即世界上一切事物的运动、状态和特征的反映。狭义的信息是指有使用价值的情报，即通过文字、数据、图像或信号等形式表现出来的，可以传递、处理、储存的对象。信息产生于人类的认识与思维过程中，信息有下列特殊属性。

（1）信息是客观存在的。有的信息可以被人直接感知，如温度、语言的内容；有的信息不能被人直接感知，如微电子信号。人凭借感官获取的信息是极少的，但通过各种工具，如测温仪、显微镜，则可以获得更多的信息。各种自动化仪器能代替人去测量信息、处理信息并自动发出指令。

（2）信息可以生成，可以被感知、存储、加工和传输。

（3）信息可以由一种存在形式转换为另一种存在形式。例如，光信号转换为电信号，电信号转换为磁信号，磁信号转换为"开"或"关"的机械信号后，再被转换为数字信号（"0""1"两个数字的有规律组合）。信息存在形式的可转换性，是现代信息技术的物质基础。

信息具有能被有目的的使用并满足人类社会多方面需求的性质，被列为同能源、材料并列的三大重要资源之一。随着人们获取、处理、传播和使用信息能力的不断提高，信息给人类带来的福利日益增加,已成为国民经济和社会发展的重要资源。信息具有价值和使用价值,但不会因为使用而消失,它能够被重复使用。信息的使用价值因使用主体的能力或智力的不同而有所差异。信息的内容可以通约相加,不受存在形式的限制,人们对其进行检索、整理、综合、概括和利用,但不会因时间、空间、语言、地域、行业差异而发生内容改变。信息的公用性是永恒的,信息的私有性是暂时的,信息产品是社会财富,没有终极所有权。信息产品可以是商品。

1.1.2 信息技术与信息化

1. 信息技术

信息技术是一种研究信息的产生、传递和处理的技术,包括信息的产生、收集、交换、存储、传输、显示、识别、提取、控制、加工和利用等。在信息技术包含的成分中,最主要的是传感技术、通信技术和计算机技术。它们相当于人的感觉器官、神经系统和思维器官,是信息社会的感官、神经和大脑。高精确、高效率、高可靠性地收集各种信息是传感技术的任务;通信技术则要解决高速度、高质量、及时准确、安全可靠地传递和交换信息的问题;而高速度、高智能、多功能、多品种地处理和加工各种形式的信息是计算机技术的目标。

信息技术的根本特征就是将传感技术、通信技术和计算机技术结合使用,形成一个具有信息功能、智能功能和综合功能的信息网及智能信息系统。信息技术极大地拓展了人类的信息能力,放大了人类的智力功能。电子技术、激光技术、生物技术、空间技术、海洋技术等都是信息技术的支撑技术。微电子技术的突破对于信息技术的发展具有重要的作用。微电子技术是集成电路及其应用技术和产品的总称。微电子技术是一种节约材料、能源、空间和劳动的技术,它工艺新、产品换代快、品种产量多、应用面广,集中体现了现代技术的精华,推动着以计算机技术为代表的信息技术的飞速发展。

信息技术的主要特点是高度的扩展性和渗透性,强大的纽带作用和催化作用,以及具有有效地节省资源和节约能源的功能。信息技术的发展趋势主要是研制超高速集成电路,研制超级计算机和第五代计算机(人工智能计算机)。此外,还要创造新的制造业技术,推进办公自动化等。建立在现代科学基础之上的信息技术充分显示了它的强大威力。信息技术是新技术革命的核心与先导。它不仅是科学技术现代水平的测量器,也是新技术革命到来的主要标志。随着信息技术的发展,人类的生产方式和生活方式发生了革命性的变化。

2. 信息化

"化"一般表示的是一个变化过程。信息化,是指从物质生产占主导地位的社会向信息产业占主导地位的社会发展的过程。也指在国民经济和社会各个领域,不断推广和应用计算机、通信、网络等信息技术和其他相关智能技术,达到全面提高经济运行效率、劳动生产力、企业核心竞争力和人民生活质量的目的,使人类社会逐步走向信息化的过程。随着信息化在各领域的不断深入,人类对信息进行采集、传播、处理和利用的能力增强,掌握了如遥感遥测、卫星通信、微波通信、光导纤维通信、电子计算机、智能控制技术等现代信息技术,从而使人类掌握和交换的信息量以指数形式递增;信息的接收和利用面急速扩大,原来只能少数人或机构使用的信息被越来越多的普通人广泛利用。同时越来越多的信息物化到各种产品中,从而减少了产品的物质损耗,提高了产品价值中智能和信息的比重,出现了新型的知识密集型产业。信息（尤其是其中的知识）成为生产力、竞争力和经济成就的关键因素。现代计算机和现代通信系统相结合形成的信息处理系统正在代替人的部分脑力活动，在使生产过程自动化的同时，也在使办公室工作、服务行业和家庭生活走向自动化；信息产业或智力产业部门在社会生产中所占的比例不断上升，所有这些趋势都是社会信息化的表现。

人类对信息认识、利用的水平和程度，反映了人类对外部世界（包括自然界和社会本身）的认识和改造水平，标志着社会的发展程度。信息化社会的出现表明人类不仅能改造和利用自然力来扩张自己的体力，而且能够利用自然力来拓展自己的智力，促使人类对自身和世界的认识能力发展到一个新的阶段。加速社会信息化，使信息革命渗透到生产和社会生活的各个领域中，将使整个社会发生深刻变化。信息在整个生产和社会生活中的价值和作用将不断提高，智能化生产和通信革命将改变大机器生产集中统一、大批量生产的特点，它使生产更加灵活多样，也更加分散，更能满足人们的不同需求；它还将改变产业结构，改变人的工作方式；同时它将拓宽每个人的视野，改变人获取和发送信息的途径，密切个人与社会、个人与世界的关系，从而使社会结构和社会组织方式及其工作方法发生变化，使世界各国更加紧密地联系在一起。

在信息化社会中，对人类智力资源的开发显得至关重要。信息技术的发展和应用为人类智力资源的开发提供了新的手段，为人类社会的发展开拓了光明的前景；同时它使人们调整生产结构、生活方式和生产组织方式，改变以往的思想观念、生活习惯和生活方式。

1.2　信息安全

随着现代通信技术的迅速发展和普及，特别是互联网进入千家万户，信息的应用与共享日益广泛和深入。各种信息系统支撑着金融、通信、交通和社会保障等方方面面，信息成为人类社会必需的资源。与此同时，计算机信息安全问题也日益突出，情况越来越复杂。一方面，计算机信息安全问题关乎国家的政治、经济、军事、文化和意识形态等领域；另一方面，计算机信息安全问题涉及人们能否保护好个人隐私和私有财产安全等。因此，加强计算机信息安全研究，营造计算机信息安全氛围，既是时代发展的客观要求，也是保证国家安全和个人财产安全的必要途径。

1.2.1　信息安全的重要性

随着信息技术的发展，近些年来，企业在信息化应用要求方面逐步提高，信息网络覆盖面也越来越大，网络的利用率稳步提高。利用计算机网络技术与各重要业务系统相结合的方式，可以实现无纸化办公，有效提高工作效率，如外部门户网站系统、内部网站系统、办公自动化系统、营销管理系统、财务管理系统、生产管理系统等。然而，信息技术给我们带来便利的同时，各种网络与信息系统安全问题也逐渐暴露出来。信息安全是企业信息系统运作的重要部分，是信息流和资金流流动过程中的重要保障，一旦出现信息安全问题，企业将付出极大的代价。

1.2.2　信息安全的概念

信息安全的静态定义采用国际标准化组织（International Standard Organization，ISO）对

"计算机安全"的定义："为数据处理系统建立和采用的技术和管理的安全保护，保护计算机硬件、软件数据不因偶然和恶意的原因而遭到破坏、更改和泄露。"这个定义没有考虑网络的因素，偏重于静态信息保护。信息安全的动态定义则增加了对信息系统能连续正常工作的要求。本书所述的信息系统是指计算机网络信息系统，在不会发生歧义时，常将计算机网络信息系统安全简称为信息安全。计算机网络信息系统安全的目标是保护信息系统的保密性（Confidentiality）、完整性（Integrity）、可用性（Availability）、不可否认性（Non Repudiation）和可控性（Controllability）。

（1）保密性。信息保密性针对信息被允许访问（Access）对象的多少而不同。所有人员都可以访问的信息为公开信息，需要限制访问的信息一般为敏感信息或秘密，秘密根据信息的重要性及保密要求分为不同的密级。例如，国家根据秘密泄露对国家经济、安全利益产生的影响（后果）不同，将国家秘密分为秘密级、机密级和绝密级3个等级。组织可根据其信息安全的实际情况，在符合《国家保密法》的前提下将信息划分为不同的密级。如某市涉密计算机网络信息系统分为 A（国家绝密级）、B（国家机密级）、C（国家秘密级）、D（工作秘密级）4个级别。这里的保密性是指信息不泄露给非授权用户，不被非法利用，即使非授权用户得到信息也无法知晓信息的内容。保密性通常通过访问控制来阻止非授权用户获得保密信息，通过加密技术来阻止非授权用户获知信息内容。

（2）完整性。信息完整性一方面是指信息在生成、传输、存储和使用过程中不被篡改、丢失、缺损等，另一方面是指信息处理方法的正确性。不正当的操作，如误删文件，有可能造成重要文件的丢失。一般通过访问控制来阻止篡改行为，通过消息摘要算法来检验信息是否被篡改。完整性是指数据未经授权不能进行改变的特性，其目的是保证信息系统上的数据处于一种完整和未损坏的状态。

（3）可用性。信息可用性是指信息及相关的信息资源在授权人需要的时候可以立即被获得。例如，通信线路中断故障会造成信息在一段时间内不可用，影响正常的商业运作，这是针对信息可用性的破坏。网络环境下的拒绝服务攻击（DoS）和分布式拒绝服务攻击（DDoS）都属于对可用性的攻击。可用性是对信息资源服务功能和性能可靠性的度量，是对信息系统总体可靠性的要求。要保证网络和信息系统能提供正常的服务，主要采用备份和冗余配置方法。

（4）不可否认性。信息不可否认性是指保证用户无法在事后否认曾对信息进行的生成、签发、接收等行为，是对通信各方信息真实同一的安全要求。一般通过数字签名和公证机制来保证不可否认性。

（5）可控性。信息可控性是指可以控制授权范围内的信息流向及行为方式，对信息的传输及内容具有控制能力。为保证可控性，通常通过握手协议和认证技术对用户进行身份鉴别，通过访问控制列表等方法来控制用户的访问方式，通过日志记录用户的所有活动以便查询和审计。

1.2.3 信息安全因素和安全措施

对信息安全起主要影响的因素有以下几种。

（1）信息系统的使用与管理人员。包括普通用户、数据库管理员、网络管理员、系统管理员等，各级管理员对信息系统安全承担重大的责任。

(2) 信息系统的硬件部分。包括服务器、网络通信设备、终端设备、通信线路和个人使用的计算机等。信息系统的硬件部分的安全性问题主要包括两个方面：物理损坏和泄密。物理损坏直接造成信息丢失且不可恢复，而通信线路、终端设备可能成为泄密最主要的通道。

(3) 信息系统的软件部分。主要包括计算机操作系统、数据库系统和应用软件等。软件设计不完善（如存在操作系统安全漏洞、软件后门接口等）和各种危险的应用程序是威胁信息系统安全的重要因素。例如，利用软件漏洞和后门避开信息系统的防范系统，网络黑客可以实施他们的犯罪行为。

针对信息安全因素，一般采取如下安全措施。

(1) 管理制度措施。一是从国家层面建立信息安全的相关法律法规，对使用者进行强制约束；二是各使用单位建立使用管理规范和细则，从源头上消除使用者的非安全行为。

(2) 技术措施。采用技术手段堵住信息安全漏洞，在信息流通的过程中将有害信息（软件）过滤清除，达到不对计算机系统和用户造成危害的目的。常见的信息安全技术手段有：访问控制技术、数据加密技术、数字签名技术、身份认证技术、防火墙技术等。

1.2.4 信息安全技术

1. 访问控制技术

访问控制是信息安全防范和保护的主要策略，它的主要任务是保证网络资源不被非法使用，它是保证信息安全的核心策略之一。

访问控制包括入网访问控制、权限控制、目录级安全控制、属性安全控制及服务器安全控制等多种手段。

(1) 入网访问控制。入网访问控制为网络访问提供了第 1 层访问控制。它控制哪些用户能够登录到服务器并获取网络资源，控制准许用户入网的时间和入网的工作站点。一般通过对用户名和口令的识别来达到控制的目的。

(2) 权限控制。网络的权限控制是为防止网络非法操作提出的一种安全保护措施。用户和用户组被赋予一定的权限，包括可以访问哪些目录、子目录、文件和其他资源。

(3) 目录级安全控制。网络应控制用户对目录、文件、设备的访问，或指定对目录下的子目录和文件的使用权限。用户在一级目录指定的权限对所有文件和目录有效，用户还可进一步指定对目录下的子目录和文件的访问权限。对目录和文件的访问权限一般有 8 种：系统管理员权限、读权限、写权限、创建权限、删除权限、修改权限、文件查找权限、访问控制权限。这些权限的有效组合既可以让用户有效地完成工作，又能控制用户对服务器资源的访问，从而加强了网络和服务器的安全性。

(4) 属性安全控制。系统管理员应给文件、目录等指定访问属性。属性安全在权限控制的基础上提供更进一步的安全控制。网络上的资源都应预先标示其安全属性，将用户对应网络资源的访问权限存入一张访问控制表中，记录用户对网络资源的访问能力以便进行访问控制。属性往往能控制以下几个方面的权限：向某个文件写数据、复制一个文件、删除目录或文件、查看目录和文件、执行文件、隐藏文件、共享、系统属性等。

(5) 服务器安全控制。网络允许在服务器控制台上执行一系列操作。用户使用服务器控制台可以装载和卸载模块，可以安装和删除软件等。服务器安全控制包括：设置口令锁定服务器控制台，防止非法用户修改、删除重要信息或破坏数据；设定服务器登录时间限制、非法访问者检测和关闭的时间间隔。

访问控制通常有 3 种策略：自主访问控制（DAC）、强制访问控制（MAC）、基于角色的访问控制（RBAC）。

2. 数据加密技术

数据加密技术是数字签名等技术的基础。数据加密技术是指将明文信息经过密钥及加密函数转换，变成无意义的密文，而接收方则将此密文经过解密函数、解密密钥还原成明文。数据加密技术是信息安全技术的基石。

（1）对称加密技术。对称加密采用了对称密码编码技术，它的特点是文件加密和解密使用相同的密钥，即加密密钥也用作解密密钥，这种方法在密码学中称为对称加密算法。对称加密算法使用起来简单快捷，密钥较短，且破译困难。除了数据加密标准（DES），另一个对称密钥加密系统是国际数据加密算法（IDEA），其加密性更好，而且对计算机功能要求也没有那么高。

（2）非对称加密技术。1976 年由 Diffie 和 Hellman 两人提出了一种公开密钥密码技术，即非对称加密技术。非对称加密技术允许在不安全的媒体上交换信息，也称为"公开密钥系统"。与对称加密算法不同，非对称加密算法需要两个密钥：公开密钥和私有密钥。公开密钥与私有密钥是成对的，如果用公开密钥对数据进行加密，那么只有用对应的私有密钥才能解密；如果用私有密钥对数据进行加密，那么只有用对应的公开密钥才能解密。因为加密和解密使用的是两个不同的密钥，所以称这种算法是非对称加密算法。

在数据通信前，信息接收者通过公开信道公布自己的加密密钥（公钥），任何向其发送信息者可使用这个公钥将信息加密后发送给他，他用自己未曾公开的私钥对接收到的信息进行解密。因为只有他拥有解密私钥，所以发送的信息即使被他人截获也不会泄密。这种技术被广泛应用于身份认证、数字签名等。

3. 数字签名技术

所谓"数字签名"就是通过某种密码运算生成一串由一系列符号及代码组成的电子密码进行签名，代替书写签名或印章。对于这种电子式的签名可以进行技术验证，其验证的准确度是一般手工签名和图章验证无法比拟的。数字签名是目前电子商务、电子政务中应用最普遍、最成熟、可操作性最强的一种电子签名方法。它采用了规范化的程序和科学化的方法，用于鉴定签名人的身份以及对一项电子数据内容的认可。它还能验证电子文件的原文在传输过程中有无变动，确保传输电子文件的完整性、真实性和不可否认性。

4. 身份认证技术

身份认证是指计算机系统的用户在进入系统或访问不同保护级别的系统资源时，系统确认该用户身份的真实性、合法性、唯一性的过程。身份认证可以防止非法人员进入系统，防止非法人员通过违法操作获取不正当利益、访问受控信息、恶意破坏系统数据的完整性。身份认证可以归纳为三大类：

（1）根据你所知道的信息来证明你的身份，假设某些信息只有你本人知道，如暗号、密码等，通过询问这个信息就可以确认你的身份。

（2）根据你所拥有的东西来证明你的身份，假设某一件东西只有你本人拥有，如 IC 卡、USB Key、单位数字证书等，通过输入这些信息也可以确认你的身份。

（3）根据你独一无二的身体特征来证明你的身份，如指纹、面貌等。

5. 防火墙技术

防火墙技术是信息安全中最重要也是最常用的技术。防火墙（Firewall）是指在本地网络与外界网络之间的一道防御系统，是这一类防范措施的总称。防火墙是在两个网络通信时执行的一种访问控制规划，它能允许"被同意"的人和数据进入本地网络，同时将"不被同意"的人和数据拒之门外，最大限度地阻止网络中的黑客来访问本地网络。防火墙是一种有效的网络安全模型，通过它可以将企业内部局域网与互联网或其他外部网络互相隔离，限制网络互访，从而达到保护内部网络的目的。

（1）防火墙是网络安全的屏障。防火墙（作为阻塞点、控制点）能极大地提高内部网络的安全性，并通过过滤不安全的服务而降低风险。由于只允许经过选择的应用协议通过防火墙，因此使网络环境变得更安全。

（2）防火墙可以强化网络安全策略。通过以防火墙为中心的安全方案配置，能将安全软件（口令、加密、身份认证、审计等）配置在防火墙上。与将网络安全问题分散到各个主机上处理相比，防火墙的集中安全管理更经济。

（3）对网络存取和访问进行监控审计。如果所有的访问都经过防火墙，那么防火墙就能记录下这些访问，并进行日志记录，同时也能提供网络使用情况的统计数据。当发生可疑动作时，防火墙能进行适当的报警，并提供网络是否受到监测和攻击的详细信息。

（4）防止内部信息的外泄。通过利用防火墙对内部网络的划分，可实现对内部网络重点网段的隔离，从而防止局部重点或敏感网络安全问题对全局网络造成的影响。另外，隐私是内部网络非常关心的问题，一个内部网络中不引人注意的细节可能包含了有关安全的线索，很可能引起外部攻击者的兴趣，甚至暴露内部网络的某些安全漏洞。使用防火墙就可以隐蔽那些透露内部细节的服务，如 Finger、DNS 等。

目前，防火墙已经在互联网上得到了广泛的应用。但是，防火墙并不能解决所有的信息安全问题，它只是网络安全政策和策略中的一个组成部分。了解防火墙技术并学会在实际操作中应用防火墙技术，对于维护信息安全具有重要的意义。

1.3 计算机病毒和防病毒知识

1.3.1 计算机病毒的定义

编制者在计算机程序中插入的破坏计算机功能或者数据，能影响计算机使用并且能自我复制的一组计算机指令或者程序代码被称为计算机病毒（Computer Virus）。

1.3.2 计算机病毒的特点

计算机病毒具有以下几个特点。

（1）寄生性。计算机病毒寄生在其他程序之中，当执行这个程序时，病毒就起破坏作用，而在未启动这个程序之前，它不易被人发觉。

（2）传染性。计算机病毒不但本身具有破坏性，而且具有传染性，一旦病毒被复制或产生变种，其传播速度之快令人难以预防。

（3）潜伏性。有些病毒像定时炸弹一样，可预先设计发作时间。如"黑色星期五"病毒，等到条件成熟的时候病毒程序自启动，对系统进行破坏。

（4）隐蔽性。计算机病毒具有很强的隐蔽性，有的可以通过防病毒软件检查出来，有的无法检查出来，有的时隐时现、变化无常，通常这类病毒处理起来很困难。

1.3.3 计算机病毒的类型

1. 按照计算机病毒的破坏情况分类

（1）良性病毒。良性病毒是指其不包含立即对计算机系统产生直接破坏作用的代码。这类病毒为了表现其存在，只是不停地进行扩散，从一台计算机传染到另一台计算机上，但并不破坏计算机内的数据。

（2）恶性病毒。恶性病毒是指在其代码中包含损伤和破坏计算机系统的操作，在其传染或发作时会对系统产生直接的破坏作用。

2. 按照计算机病毒攻击的系统分类

（1）攻击DOS系统的病毒。这类病毒出现最早，针对DOS系统实施攻击。

（2）攻击Windows系统的病毒。Windows的图形用户界面（GUI）和多任务操作系统深受用户的欢迎，因此Windows病毒是病毒中数量最多的一种。

（3）攻击UNIX系统的病毒。当前，UNIX系统应用非常广泛，并且许多大型的企业均采用UNIX系统作为其服务器主要的操作系统，所以UNIX病毒的出现，对人类的信息处理也是一个严重的威胁。

（4）攻击OS/2系统的病毒。针对OS/2系统实施攻击。

3. 按照病毒攻击的机型分类

（1）攻击微型机的计算机病毒。这是世界上传染最为广泛的一种病毒，针对微型机实施攻击。

（2）攻击小型机的计算机病毒。针对小型机实施攻击。

（3）攻击工作站的计算机病毒。针对工作站实施攻击。

4. 按照计算机病毒的链接方式分类

计算机病毒必须有一个攻击对象，以实现对计算机系统的攻击。计算机病毒攻击的主要对象是计算机系统的可执行程序。

（1）源码型病毒。这种病毒攻击高级语言编写的源程序，该病毒在高级语言编写的源程序编译之前插入，并随源程序一起编译后成为可执行程序的一部分。

（2）嵌入型病毒。这种病毒是将自身嵌入现有程序，把计算机病毒的主体程序与其攻击的对象以插入的方式链接。这种计算机病毒是难以编写的，但一旦侵入程序体后也难以消除。如果同时采用多态性病毒技术、超级病毒技术和隐蔽性病毒技术，将给当前的防病毒技术带来严峻的挑战。

（3）外壳型病毒。外壳型病毒将其自身包围在主程序的四周，对原来的程序不做修改。这种病毒最为常见，易于编写，也易于发现，一般测试源文件的大小即可发现。

（4）操作系统型病毒。这种病毒用它自己的程序加入或取代操作系统的部分模块进行工作。它们在运行时，用自己的处理逻辑取代操作系统的部分源程序模块，当被取代的程序模块被调用时，病毒程序得以运行。操作系统型病毒具有很强的破坏力，可以导致整个系统的瘫痪。

5. 按照计算机病毒的寄生部位或传染对象分类

根据寄生部位或传染对象分类，可以分为以下几种。

（1）磁盘引导区传染的计算机病毒。磁盘引导区传染的计算机病毒主要是用病毒的全部或部分处理逻辑取代正常的引导记录，而将正常的引导记录隐藏在磁盘的其他地方。由于引导区是磁盘能正常使用的先决条件，因此，这种病毒在运行的一开始（如系统启动）就能获得控制权，其传染性较强。

（2）操作系统传染的计算机病毒。操作系统是一个计算机系统得以运行的支持环境，它包括.com、.exe等许多可执行程序及程序模块。操作系统传染的计算机病毒利用操作系统中提供的一些程序及程序模块寄生并传染。通常，这类病毒作为操作系统的一部分，只要计算机开始工作，病毒就处在随时被触发的状态。而操作系统的开放性和不绝对完善性给这类病毒的出现提供了更大可能性。操作系统传染的计算机病毒目前广泛存在，"黑色星期五"即为此类病毒。

（3）可执行程序传染的计算机病毒。可执行程序传染的计算机病毒通常寄生在可执行程序中，一旦程序被执行，病毒也随之被激活。病毒程序首先被执行，并将自身驻留内存，然后设置触发条件，进行传染。

6. 按照计算机病毒的传播媒介分类

按照计算机病毒的传播媒介来分类，可分为单机病毒和网络病毒。

（1）单机病毒。单机病毒的载体是磁盘，病毒从软盘或U盘传入硬盘，感染系统，然后再传染给其他软盘或U盘，软盘或U盘又传染给其他系统。

（2）网络病毒。网络病毒的传播媒介不再是移动式载体，而是网络通道，这种病毒的传染能力更强，破坏力更大。

1.3.4　计算机病毒的表现形式

计算机受到病毒感染后，会表现出不同的症状，下面列出一些常见的现象。

（1）计算机不能正常启动。加电后计算机不能启动，或者可以启动，但所需要的时间比原来的启动时间长。有时会突然出现黑屏现象。

（2）系统运行速度降低。如果在运行某个程序时，发现读取数据的时间比原来长，存取文件的时间增加，那可能是病毒造成的。

（3）内存空间迅速变小。由于病毒程序要进驻内存，而且又能"繁殖"，因此会使内存空间变小，甚至变为"0"，从而导致内存溢出错误。

（4）文件内容和长度有所改变。一个文件存入磁盘后，它的长度和内容都不会发生改变，可是由于病毒的干扰，文件长度可能发生改变，文件内容也可能出现乱码现象。有时文件内容无法显示或显示后又消失。

（5）经常出现宕机现象。正常的操作是不会造成宕机的，如果计算机经常宕机，那可能是由于系统被病毒感染了。

（6）外部设备工作异常。因为外部设备受系统的控制，如果计算机被病毒感染了，那么外部设备在工作时可能会出现一些异常情况。

以上仅列出一些比较常见的计算机病毒的表现形式，在实际生活中，还会遇到一些其他的特殊现象，需要用户注意观察并进行判断。

1.3.5　计算机病毒的传播方式

计算机病毒的传播方式主要包括以下几种。

（1）移动存储设备。包括软盘、移动硬盘、U盘和光盘等。在这些存储设备中，U盘是使用最广泛的移动存储设备，也是病毒传染的主要途径之一。

（2）网络。随着互联网技术的迅猛发展，互联网在给人们的工作和生活带来极大便利的同时，也成为病毒滋生与传播的温床，当人们从互联网上下载或浏览各种资料时，病毒可能也就伴随这些有用的资料侵入用户的计算机系统。

（3）电子邮件。当电子邮件（E-mail）成为人们日常生活和工作的重要工具后，电子邮件成为病毒传播的最佳方式，近几年出现的危害性比较大的病毒多是通过电子邮件方式传播的。

1.3.6　计算机病毒的检测与防治

1. 病毒防治策略

要采用"预防为主，查杀为辅"的防治策略。

（1）不使用来历不明的移动存储设备（如光盘、U盘等），不浏览非法网站，不阅读来历不明的电子邮件。

（2）系统备份。要经常备份系统，以便被病毒侵害后能够进行快速恢复。

（3）安装防病毒软件，经常查毒、杀毒。

2. 杀毒软件

杀毒软件一般由查毒、杀毒及病毒防火墙三部分组成。

（1）查毒。杀毒软件对计算机中的所有存储介质进行扫描，若遇到与杀毒软件中的某个病毒特征值相同的代码，就向用户报告发现了某病毒。

由于新的病毒不断出现，为保证杀毒软件能不断认识这些新的病毒，杀毒软件供应商会及时收集世界上出现的各种病毒，并建立新的病毒特征库向用户发布，用户要及时下载新的病毒特征库抵御网络上层出不穷的病毒的侵袭。

（2）杀毒。在设计杀毒软件时，按病毒感染文件的相反顺序写一个程序，以查杀感染病毒，恢复文件。

（3）病毒防火墙。当外部进程企图访问防火墙所保护的计算机时，防火墙将直接阻止这种操作，或者询问用户并等待用户命令。

当然，杀毒软件具有被动性，一般需要先有病毒及其样本才能研制查杀该病毒的程序，不能查杀未知病毒。有些软件虽声称可以查杀新的病毒，但其实也只能查杀一些已知病毒的变种，而不能查杀一种全新的病毒。

3. 网络病毒的防治

（1）基于工作站的防治技术。工作站就像是计算机网络的大门，只有把好这道大门，才能有效防止病毒的侵入。工作站防治病毒的方法有3种：一是软件防治，即定期或不定期地用防病毒软件检测工作站的病毒感染情况，软件防治可以不断提高防治能力；二是在工作站中安装防病毒卡，防病毒卡可以达到实时检测的目的；三是在网络接口卡上安装防病毒芯片，它将工作站存取控制与病毒防护合二为一，可以更加实时有效地保护工作站及通向服务器的桥梁。实际应用中，应根据网络的规模、数据传输负荷等具体情况确定使用哪一种方法。

（2）基于服务器的防治技术。服务器是计算机网络的中心，是网络的支柱。网络瘫痪的一个重要标志就是服务器瘫痪。目前基于服务器的防治病毒的方法大多采用防病毒可装载模块（NLM），以提供实时扫描病毒的能力。有时也结合在服务器上安装防病毒卡等技术，目的在于保护服务器不受病毒的攻击，从而切断病毒进一步传播的途径。

（3）加强计算机网络的管理。单纯依靠技术手段不能十分有效地杜绝和防止计算机网络病毒蔓延，只有把技术手段和管理机制紧密结合起来，提高人们的防范意识，才有可能从根本上保护网络系统的安全运行。首先应从硬件设备及软件系统的使用、维护、管理、服务等各个环节制定严格的规章制度，对网络系统的管理员及用户加强法治教育和职业道德教育，规范工作程序和操作规程，严惩从事非法活动的集体和个人。其次，应有专人负责具体事务，及时检查系统中出现的病毒症状，在网络工作站上经常做好病毒检测工作。

网络病毒防治最重要的是：应制定严格的管理制度和网络使用制度，提高自身的防病毒意识；跟踪网络病毒防治技术的发展，尽可能采用行之有效的新技术、新手段，建立"防杀结合、以防为主、以杀为辅、软硬互补、标本兼治"的网络防病毒安全模式。

1.4 信息法律制度与信息道德规范

在信息化高度发展的今天，人们被现代信息技术所包围，人们的生活、学习越来越依赖信息技术构建的网络虚拟世界。各种不同文化背景、不同价值观和行为取向的人在这个虚拟世界里发生碰撞，如果没有完善的信息管理机制和技术防范手段，网络将无法有序运转，易产生各种问题并对人们的现实生活产生不良影响。基于此，各国纷纷提出了总体原则一致、细则各有不同的信息道德规范，制定了网络信息安全政策法规，旨在引导人们遵守信息法律制度，规范人们的行为。

1.4.1 信息法律制度

信息法律是指在信息活动过程中产生的社会关系的法律规范的总称，是对人们信息活动进行调控的法律措施，主要针对开发信息系统、处理信息的组织和对信息负有责任的个人。主要包括知识产权法、信息公开条例、电信条例、电子商务法、个人信息保护法、网络安全法、密码法等。

1.4.2 信息道德规范

在信息传播交流活动中，只有信息法律是不够的，还需要建立起信息道德规范，作为信息法律制度的补充，对人们的信息活动进行约束，以适应社会发展，符合社会道德规范。

信息道德是指在信息领域中用以规范人们相互关系的思想观念与行为准则，是指在采集、加工、存储、传播和利用信息等信息活动的各个环节中，人们的道德意识、道德规范和道德行为的表现。信息道德受社会整体道德水平的影响，是社会道德水平的反映。

信息道德是约束人们信息行为的一种手段，它通过社会舆论、传统习俗等，使人们形成一定的观念和习惯，以潜意识的形式存在于人们的头脑中，在信息活动中会促使人们自觉地通过自己的判断来规范自己的信息行为。

信息道德与信息法律有密切的关系，它们是从不同的角度实现对信息及信息行为的规范和管理。信息道德以其巨大的约束力潜移默化地规范人们的信息行为，是人们在外界的约束下自我形成的。对不自觉、缺乏道德约束的人或道德约束无法涉及的信息领域，就必须制定相应的信息法律，以法制手段调节、约束人们的信息活动。所以信息法律是强制规范人们信息行为的法律制度，如不遵守，则要承担法律后果。信息政策弥补了信息法律滞后的不足，其形式较为灵活，有较强的适应性和实时性，它在不违反现行法律的条件下由国家行政机关颁布，具有一定的强制性。信息道德、信息政策和信息法律三者相互补充、相辅相成，信息道德是信息政策和信息法律建立和发挥作用的基础，信息政策和信息法律的制定和实施必须考虑现实社会的道德水平，信息法律是信息道德和信息政策的强化，它们在不同层面共同规范了人们的信息行为。

1.4.3 知识产权与软件版权保护

在国家制定的一系列信息法律中，尤其值得一提的是有关知识产权的保护，在信息技术高速发展的今天，需要我们特别引起重视。

知识产权（Intellectual Property，IP），也称为"知识财产权"，是指"权利人对其所创作的智力劳动成果所享有的财产权利"，一般只在有限时期内有效。各种智力创造，比如发明、外观设计、文学和艺术作品，以及在商业中使用的标志、名称、图像，都可被认为是某一个人或组织所拥有的知识产权。知识产权是一种无形财产，具有专有性、时效性、地域性、认证性的特点。

知识产权是关于人类在社会生产实践中创造的智力劳动成果的专有权利。随着科学技术的发展，智力劳动成果在社会生产力的提高上所起的作用越来越大，为了保护成果创造人的利益，知识产权制度便应运而生。目前，我国关于知识产权保护的法律法规主要有《中华人民共和国知识产权保护法》《中华人民共和国专利法》《中华人民共和国商标法》《中华人民共和国著作权法》，还有《计算机软件保护条例》《信息网络传播权保护条例》等。这些法律法规的制定，为成果创造人的权益提供了法律保障，极大地调动了人们从事科学研究、技术创新和文艺创作的积极性，促进了人类文明进步和经济发展。

知识产权种类的划分，第1种是按智力创造活动和有形标识物划分的，将以保护人在文化、产业等各方面的智力创作活动为内容的归为一类，包括著作权和发明权；将以保护产业活动中的识别标志为内容的归为一类，包括商标权、商号权等。第2种是按精神创作活动和物质产业活动的成果来划分的，将以保护和促进精神文化为内容的归为著作权一类；将以保护和促进物质产业活动为内容的归为工业产权一类，如专利权等。

由于科学技术的进步，人类智能产物的表现形式也日益增多，如版面设计、计算机软件、专有技术、集成电路等，它们也受到知识产权保护，所以知识产权的范围在不断扩大。

需要我们注意的是，在网络技术高速发展的今天，出现了大量网络侵权行为。网络侵权行为按主体可分为网站侵权和网民侵权。网站侵权主要表现在，网站转载别的网站或他人的作品，如软件、文章、图片、音乐、动画等，既不注明出处和作者，也不向拥有著作权的网站和作者支付报酬，无论网站是否以赢利为目的，都构成了侵权。因为即使不以赢利为目的，但把属于别人的作品放在自己网站上供用户免费浏览、下载，也将间接造成著作权人的损失。网民侵权多为无意识的被动性侵权，例如，在论坛、博客、微信公众号等言论公开的虚拟社区领域，大多数网民并不知道自己使用别人的作品需要注明出处和作者，甚至要向作者支付报酬，虽然大多数网民主观上没有恶意，但确实构成了侵权。如果复制别人的作品以自己的名义发表就构成抄袭，属于主动的和恶意的侵权。不过，在自己的作品中引用（注明作品的出处和作者）是个例外，但著作权人明确声明未经同意不得使用（转载、复制）的，须事先征得著作权人的同意，否则也将构成侵权。

1.4.4 教师信息素养

要知道什么是信息素养，先要弄清楚什么是信息素质，这两个概念常常被混淆。

信息素质（Information Quality），是人类素质的一部分，是人在社会信息知识、信息意识、接受教育、内外环境等因素的影响下形成的一种稳定的、基本的、内在的个性心理品质。主要包含4个方面：信息意识、信息能力、信息道德、终身学习能力。其中信息能力是核心，即人们明确信息需求、选择信息、检索信息、分析信息、综合信息、评估信息、利用信息的能力。信息素质的形成既受后天环境因素的影响，又受先天个性因素的影响。

信息素养（Information Literacy）最早的标准定义由美国图书馆协会于1989年提出，是指个体能够认识信息，并且能够对信息进行检索、评估和有效利用的能力。随着信息技术的迅猛发展，信息素养的概念也在不断深化，现在普遍认为信息素养是一个含义广泛的综合性概念。信息素养是人们对信息文化适应和创新的能力。首先，信息素养是一种基本能力，是一种对信息社会的适应能力。其次，信息素养是一种综合能力，它涉及各方面的知识，是一个特殊的、涵盖面很广的能力，它包含人文的、技术的、经济的、法律的诸多因素，和许多学科有着紧密的联系。它不仅包括利用信息资源和信息工具的能力，还包括获取识别信息、加工处理信息、传递创造信息的能力，更重要的是我们要在信息活动中具有独立自主的学习态度和方法、批判精神、强烈的社会责任感和参与感、信息法律意识以及创新精神，不仅要适应信息文化，还要创新信息文化。掌握信息技术有助于信息素养的提高，但不是全部，信息素养是全方位的信息能力，信息技术只是它的一种工具。

信息素养的概念内涵由最初的"利用信息解决问题的技术、技能"逐渐发展成为包括信息意识、信息知识、信息能力、信息道德等涉及社会政治、经济、法律等各个领域的综合性概念。随着社会的不断发展，信息素养的内涵与外延会不断丰富和扩大。

从上述概念描述可以发现，信息素质和信息素养的概念高度相似，强调的都是信息能力，只是信息素养是由后天养成的，而信息素质部分与先天因素有关。

当然，由于个人的社会地位不同，工作性质不同，因此其信息素养水平的要求也不同。一般来说，根据在信息社会中与信息技术密切程度的不同可以将信息素养水平要求分为3个层次。

第1个层次是作为一般公民需要具有的基本信息素养，即公民信息素养，这是对所有公民最基本的要求。它要求公民具有最基本的信息能力，表现为：在信息意识上，是否接收信息、是否参与信息活动；在信息道德上，能否判断信息行为的对错；在信息知识上，是否知道最基本的信息知识；在信息能力上，是否会操作最基本的信息系统、工具或软件等，如最常用的信息技术系统的操作能力、通用软件的使用、基本信息的资源利用能力，掌握基本办公软件，能够收发电子邮件，能够在网络上进行基本的信息搜索等。

第2个层次是作为信息技术系统应用人员需要具有的信息素养，即应用者信息素养。应用者信息素养比公民信息素养要求高。由于应用者的应用领域不同，其信息知识和信息能力的具体要求也不同。一般来说，要有更宽广的信息知识、更强的信息能力、更高的信息道德修养。具体来说，要有本专业领域的信息知识；要有利用信息技术系统中的信息理解、选择、批判、收集、处理以及生成、表达等能力；要有通用工具软件的应用能力，本专业领域专用软件的应用能力，并能够充分发挥工具的功能，制作与开发出各种各样的信息产品。由于信息技术系统应用人员要更频繁地从事信息活动，因此他们需要更深地理解信息道德，更好地遵守信息法律。

第3个层次是针对信息技术系统开发人员提出的开发设计者信息素养。系统开发人员需要掌握更多的信息知识，拥有更强的信息能力，这样才能开发出更好的信息技术产品。他们通常有十分强烈的信息意识，由于深知信息技术的高科技性，他们相当注意信息产业的知识产权问题和安全问题。系统开发人员需要具有高度的信息道德修养和信息法律意识，才能开发出有益于人类社会发展的产品。

那么，作为教师或者师范生，要具备怎样的信息素养呢？并且怎样去努力培养学生的信息素养呢？

毫无疑问，教师作为一名公民，首先应该具有最基本的公民信息素养。要求了解信息技术的基本知识，拥有基础信息技术系统的基本操作能力，会使用基本的信息工具，对信息技术敢想敢用，能初步辨别信息的真伪。

其次，教师的基本职责是教书育人，承担着培养人类社会的继承者与接班人、未来社会的建设者的重任。从信息技术的角度来说，教书，就是要利用信息技术的手段向学生高效率地传授知识，这就要求教师具有较高的信息技术应用能力；育人，就是要在教育活动中培养学生的信息素养。因此对教师的信息素养要求必然高于公民信息素养。

教师的职业特点要求教师具有独特的应用者信息素养。

（1）从信息意识看。教师的信息意识是指教师对信息捕捉、分析、判断、吸收和应用的自觉程度。教师的信息意识包括教师的教育预见能力和对教育教学环境的潜在认识等。教育预见能力是指教师能根据当前社会各领域，尤其是信息技术的发展水平和方向，预见这些发展可能带来的影响，并采取具有前瞻性的教育措施和对策，制定更加科学的教育目标和教学策略。信息社会的教育，要求教师习惯于使用网络与其他信息技术手段来解决教育教学中的问题，教师要善于从网络纷繁复杂的信息中提取出与本学科有关的知识，不断了解和掌握本学科及相关学科的新动向，并将其与课本上的信息知识有机结合，注意信息技术与学科间的整合，以新的信息知识开阔学生视野，启迪学生思维。首先，在具体的教学过程中，教师要有意识地借助计算机和网络，帮助学生适应、使用它们，教会学生如何查找信息、发现知识；然后，教师要能够在学生面对众多信息困惑时，帮助他们选择和组织信息；最后，教师要教会学生面对信息的态度，教会学生以一种批判、创新的精神态度去对待眼前呈现出来的信息。

（2）从信息知识看。教师的信息知识除信息技术的基本知识外，还应包括作为教师应该掌握的与教育教学相关的信息技术知识。主要有以下3个方面的知识：一是了解信息技术在现代社会特别是教育领域中的地位与作用，了解信息技术发展的历史和趋势，掌握计算机系统的结构与组成，了解知识产权与信息安全等知识；二是了解信息技术在教学中应用的模式和基本理论，具有比较先进的、与信息技术相适应的教育思想和观念，掌握信息技术与学科教学整合的理论与实践知识；三是掌握现代信息技术的基本操作知识，掌握将互联网信息服务应用于教学工作的方法，熟悉与计算机和网络相关的其他信息技术的知识。

（3）从信息能力看。教师的信息能力主要包括两个层面的能力：一是掌握信息知识、驾驭信息和信息化环境下终身学习的能力，具体来说表现在利用信息设备和信息渠道获取信息、加工处理信息、创造信息以及批判性地评价信息的能力，信息技术系统的基本操作能力，各种软件尤其是本学科的专业软件的应用能力，教育资源的开发与利用能力，体现在对教育信息的采集、传播、组织、表达及加工处理等方面的能力，通过各种网络信息渠道、运用各种信息技术工具进行终身学习和研究的能力等；二是运用信息技术进行教育教学科研的能力。在新的形势下，教师要有信息化教育观念，树立信息化环境下新的教育观，教师不仅自身要具有利用信息技术进行教育教学的能力，还要有教会学生利用信息技术进行学习。在信息社会中，一位具有高度信息素养的教师应具有现代化的教育思想、教学观念，掌握现代化的教学方法和教学手段，对信息和网络积极认同，深入了解且具有良好的悟性，能熟练运用信息工具对信息资源进行有效的收集、组织、管理、运用，实现最优化的教育效果，能通过网络与学生家长或监护人进行交流，在教学中营造浓厚的现代信息技术运用氛围，在潜移默化的教育环境中培养学生的信息意识。其教育教学能力主要表现在运用信息技术进行教学设计的能力；运用信息技术工具，将数字化教育教学资源融合到课程教学过程中，采用信息技术设备、手段和形式（如多媒体课件）进行数字化教学的能力；运用信息技术工具科学评价教学效果的能力；还有能运用信息技术进行教学科研、不断总结教学经验、不断提升自身素质的能力。

（4）从信息道德看。教师不仅是教书，更重要的是育人，教师应时刻以高尚的师德示人。这就要求教师具有高尚的信息道德情操，更高的信息道德修养，成为信息道德的表率。除个人要遵守信息法律和信息道德规范外，教师还必须对信息的共享性及其他性质有充分的认识，在对信息的获取、加工、处理、存储、传播过程中要恪守信息道德与伦理规范，并言传身教，以身作则地教育学生。在教学中渗透信息道德规范教育，必须培养学生正确的信息道德修养，使他们能够遵守信息应用人员的道德规范，知道信息法律制度，知道知识产权保护，知道如何防止计算机病毒和其他计算机犯罪活动，不做不道德和违反法律、制度规定的活动。

本章小结

信息技术是关于信息的产生、收集、交换、存储、传输、显示、识别、提取、控制、加工和利用等的技术。现代信息技术最主要的是传感技术、通信技术和计算机技术。普通大众和一般的信息应用者主要是要掌握计算机技术。信息技术的飞速发展，给社会各领域带来了巨大的变化，给人们的生活、学习和工作方式带来了无穷的影响。但是，在信息化带给人们巨大福利的同时，也给人们带来了信息安全方面的担忧。在我们采取各种信息安全技术（如防火墙技术、防病毒技术等）的同时，还要重视信息法律制度的建立，以及公民信息道德素养的培养和提高。

作为教师，在自觉掌握、应用信息技术的同时，还肩负着培养下一代社会建设人才信息技术素养的重任，更需要具有强烈的信息意识、全面的信息知识储备、完善的信息技术应用能力、高尚的信息道德品质。

习 题

一、选择题

1. 信息化社会的技术特征是（　　）。
   A. 现代信息技术　　B. 计算机技术　　C. 通信技术　　D. 网络技术
2. 信息技术的根本目标是（　　）。
   A. 获取信息　　　　　　　　　　B. 利用信息
   C. 生产信息　　　　　　　　　　D. 提高或扩展人类的信息能力
3. 为确保学校局域网的信息安全，防止来自网络的黑客入侵，可采用（　　）实现一定的防范作用。
   A. 网管软件　　B. 邮件列表　　C. 防火墙软件　　D. 杀毒软件
4. 下列叙述中，正确的是（　　）。
   A. Word 文档不会带有计算机病毒
   B. 计算机病毒具有自我复制的能力，能迅速扩散到其他程序上
   C. 清除计算机病毒最简单的办法是删除所有感染了病毒的文件
   D. 计算机杀毒软件可以查出和清除任何已知或未知的病毒
5. 感染计算机病毒的可能原因是（　　）。
   A. 不正常关机　　　　　　　　　B. 光盘表面不清洁
   C. 违规操作　　　　　　　　　　D. 从正规网站下载文件
6. 下列关于计算机病毒的叙述中，错误的是（　　）。
   A. 计算机病毒具有潜伏性
   B. 计算机病毒具有传染性
   C. 感染过计算机病毒的计算机具有对该病毒的免疫性
   D. 计算机病毒是一组特殊的寄生程序

二、简答题

1. 什么是信息技术？什么是信息化？
2. 什么是信息安全？常见的信息安全措施有哪些？
3. 简述防火墙的作用。
4. 什么是数字签名技术？
5. 计算机病毒有哪些危害？如何防范计算机病毒？
6. 我国关于信息技术活动的法律制度有哪些？
7. 我国关于知识产权保护的法律制度有哪些？
8. 阐述信息素养的概念和教师应具有的信息素养要求。

第 2 章

计算机系统组成与相关概念

本章导读：
本章主要介绍计算机硬件系统、计算机软件系统、计算机工作原理、计算机系统配置及主要性能指标、计算机发展简史、计算机中的数制与存储单位、计算机中的数据编码等。

本章学习目标：
1. 了解计算机的发展、类型及其应用领域。
2. 掌握计算机中数据的表示、存储与处理。
3. 掌握计算机系统的结构组成，以及软件系统、硬件系统的基本概念。

2.1 计算机系统概述

一个完整的计算机系统由硬件系统和软件系统两部分组成。

计算机硬件系统是组成计算机物理设备的总称，由各种元器件和集成电路组成，它们可以是电子的、机械的、光电的元器件或装置，是计算机完成各项工作的物质基础。

计算机软件系统是在计算机硬件设备上运行的各种程序及相关文件的总称，例如，汇编程序、编译程序、操作系统、数据库管理系统、工具软件等。没有安装任何软件的计算机通常称为"裸机"，"裸机"是无法进行工作的。如果将硬件系统比喻为人的"大脑"，是系统的物质基础，那么可以将软件系统比喻为大脑中的"思想"，是系统的灵魂，二者相辅相成、缺一不可。硬件系统和软件系统相互依存，构成了一个可用的计算机系统，其结构如图 2-1 所示。

```
                            ┌─ 中央处理器 ┬─ 运算器
                    ┌─ 主机 ┤             └─ 控制器
                    │       └─ 内存储器 ┬─ 只读存储器（ROM）
          ┌─ 硬件系统 ┤                   └─ 随机存储器（RAM）
          │         │                    ┌─ 硬盘
          │         │         ┌─ 外存储器 ┼─ 移动硬盘
          │         │         │          ├─ U盘
          │         └─ 外部设备 ┤          └─ 光盘 ┬─ 只读型光盘
计算机系统 ┤                    ├─ 输入设备         └─ 可重写型光盘
          │                    ├─ 输出设备
          │                    └─ 其他设备
          │         ┌─ 应用软件
          └─ 软件系统 ┤
                    └─ 系统软件
```

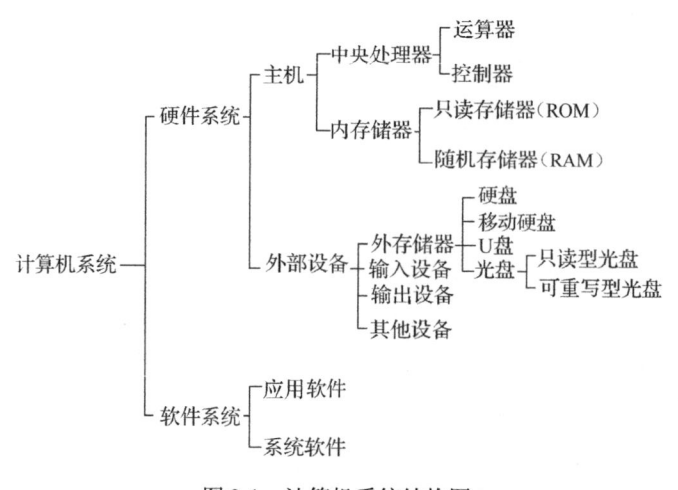

图 2-1 计算机系统结构图

计算机的发展过程充分证明了计算机硬件系统和软件系统的相互关系：一方面硬件系统的高速发展为软件系统的发展提供了支持，如果没有硬件系统的高速处理能力和大容量的存储，大型软件就将失去依托，无法发挥作用；另一方面，软件系统的发展也对硬件系统提出了更高的要求，促使硬件系统的更新和发展，软件系统在很大程度上决定着计算机应用功能的发挥。

2.2 计算机硬件系统

计算机硬件系统由主机和外部设备两部分组成。如图 2-2 所示为一台典型的计算机外观。

图 2-2 典型的计算机外观

2.2.1 主机

1. 中央处理器

中央处理器（Central Processor Unit，CPU）是计算机的核心部件，在计算机中也被称为微处理器。它是一个超大规模的集成电路器件，控制着整个计算机的工作。

CPU 是计算机的核心，计算机 CPU 的型号不同，其性能差别也很大。但无论哪种型号的 CPU，其内部结构基本相同。通常所说的 Athlon（TM）7850、酷睿 i7 计算机等实际上是指 CPU 的型号。其中运算器主要用于对数据进行算术运算和逻辑运算，即数据的加工处理；控制器主要用于分析指令、协调输入/输出操作和内存访问。

世界上第一块微处理器芯片是由英特尔（Intel）公司于 1971 年研制成功的，称为 Intel 4004，字长为 4 位；以后又相继出现了 8 位芯片的 Intel 8008 及其改进型号 Intel 8080；16 位芯片的 Intel 8086、Intel 80286；32 位芯片的 Intel 80386、Intel 80486；Pentium Pro（PⅡ）、Pentium Ⅲ（PⅢ）和 64 位 Athlon 64 芯片等。CPU 的生产厂商有 Intel、AMD 和威盛公司等，常见的 CPU 外观如图 2-3 所示。

图 2-3 CPU 的外观

2. 内存储器

内存储器即内存，也称主存，它直接与 CPU 相连，是计算机中必不可少的设备。通常，内存可分为只读存储器和随机存储器两类。

（1）只读存储器（Read Only Memory，ROM）。ROM 中的数据是由设计者和制造商事先编制好并固化在计算机中的程序，使用者只能读取，不能随意更改。计算机中的 ROM，最常见的就是主板上的 BIOS 芯片，主要用于检查计算机系统的配置情况，并提供最基本的输入/输出控制程序。ROM 的特点是断电后数据仍然存在。

（2）随机存储器（Random Access Memory，RAM）。RAM 中的数据既可读也可写，它是计算机工作的存储区，一切要执行的程序和数据都要先装入 RAM。CPU 在工作时将频繁地与 RAM 交换数据，而 RAM 又频繁地与外存交换数据。

RAM 的特点主要有两个：一是存储器中的数据可以反复使用，只有向存储器写入新数据时存储器中的内容才会更新；二是 RAM 中的信息随着计算机的断电而消失，所以说 RAM 是计算机处理数据的临时存储区，要想使数据长期保存起来，必须将数据保存在外存中。

计算机中的 RAM 大多是半导体存储器，基本上是以内存条的形式进行组织的，其优点是扩展方便，用户可根据需要随时增加内存。内存条的容量有 2GB、4GB 等，使用时只要将内存条插在主板的内存插槽上即可。常见的内存条外观如图 2-4 所示。

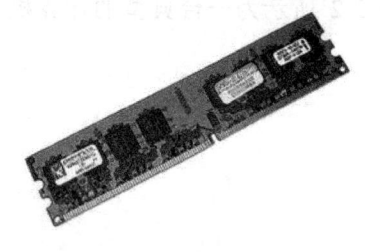

图 2-4　常见的内存条外观

2.2.2　外存储器

外存储器即外存，也称辅存，其作用是存放计算机工作时所需要的系统文件、应用程序、用户程序、文档和数据等。常见的外存有硬盘、移动硬盘、光盘和 U 盘 4 种。

1. 硬盘

硬盘是计算机中非常重要的存储设备，它对计算机的整体性能有很大的影响。硬盘一般安装在主机箱内，盘片由硬质合金制作，表面被涂上了磁性物质，用于存放数据。根据容量不同，一个硬盘一般由 2～4 块盘片组成，每个盘片的上下两面各有一个读/写磁头，与软盘磁头不同，硬盘磁头读/写时不与盘片表面接触，它们"浮"在离盘面 0.1～0.3μm 处。硬盘是一个非常精密的机械装置，磁道间只有百万分之几英寸的间隙，磁头传动装置必须把磁头快速且准确地移到指定的磁道上。硬盘的转速有 7200 转/分钟的，也有 10000 转/分钟的，转速越高硬盘读/写速度越快。

硬盘具有存储容量大、读/写速度快和稳定性好等特点，计算机上使用的硬盘容量有 500GB、1TB 等，还有的容量已超过 3TB。常见的硬盘外观如图 2-5 所示。

在使用硬盘时，应保持良好的工作环境，如适宜的温度和湿度，特别要注意防尘和防震，并避免随意拆卸。硬盘在使用前要进行分区和格式化，通常在 Windows 的"计算机"里看到的 C、D、E 盘等就是硬盘的逻辑分区。

2. 移动硬盘

图 2-5　硬盘的外观

移动硬盘是以硬盘为存储介质，强调便携性的存储设备。大多数的移动硬盘都以标准 IDE 硬盘为基础，只有很少部分以微型硬盘（1.8 英寸硬盘等）为基础。因为采用硬盘为存储介质，所以移动硬盘在数据的读/写模式上与标准 IDE 硬盘是相同的。移动硬盘多采用 USB、IEEE 1394、eSATA 等传输速度较快的接口，可以以较高的速度与系统进行数据传输。

移动硬盘的特点有以下几个方面。

（1）存储容量大。移动硬盘能在用户可以接受的价格范围内提供给用户较大的存储容量和很好的便携性。目前移动硬盘能提供 500GB、1TB、2TB、5TB 等容量，在一定程度上满足了用户的需求。

（2）传输速度快。移动硬盘大多采用 USB、IEEE 1394 等接口，能提供较高的数据传输速度。不过移动硬盘的数据传输速度在一定程度上受到接口速度的限制，尤其在 USB 1.1 接口规范的产品上，在传输较大数据时，将考验用户的耐心，而 USB 3.0 和 IEEE 1394 接口相对较好。

输出接口是指该移动硬盘所采用的与计算机系统相连接的接口种类，并不是其内部硬盘的接口类型。因为移动硬盘要通过接口才能与系统相连接，所以接口类型就决定着其与系统连接的性能表现和数据传输速度。

（3）使用方便。USB 接口已成为计算机中的必备接口。USB 设备在大多数版本的 Windows 操作系统中，无须安装驱动程序便可使用，具有真正的"即插即用"特性，使用起来灵活方便。

（4）可靠性提升。数据安全一直是移动存储用户最为关心的问题，也是人们衡量该类产品性能好坏的一个重要标准。移动硬盘以高速、大容量、轻巧便捷等优点赢得了许多用户的青睐，而更大的优点在于其存储数据的可靠性。移动硬盘与笔记本电脑硬盘的结构类似，多采用硅氧盘片。这是一种比铝、磁更为坚固耐用的盘片材质，并且具有更大的存储容量和更好的可靠性，提高了数据的完整性。采用以硅氧为材料的磁盘驱动器，盘面更加平滑，有效地降低了不规则盘面对数据可靠性和完整性的影响，同时，更高的盘面硬度使移动硬盘具有更高的可靠性。

3. 光盘

光盘是利用光学方式进行信息读/写的存储设备，要使用光盘，计算机必须配置光盘驱动器（CD-ROM 驱动器）。光盘及光盘驱动器的外观如图 2-6 所示。

光盘驱动器简称为光驱，其速度对于观看动画和电影十分重要，速度过慢会导致图像跳动和声音不连续。光驱的速度是指传输数据的速度，光驱最早的速度为 150kbit/s，并将其规定为单速。目前，光驱的速度越来越快，都以单速的倍数表示其速度，并表示为多少 X 的形式。比如，某光驱的速度为 48X，就是说该光驱每秒钟可传送 48×150kbit/s 的数据。光驱的传输速度越快，播放图像和声音就越流畅。

光盘是存储信息的介质，按用途可分为只读型光盘和可重写型光盘两种。只读型光盘包括 CD-ROM 和一次写入型光盘。CD-ROM 由厂家预先写入数据，用户不能修改，这种光盘主要用于存储文献和不需要修改的信息。一次写入型光盘的特点是可以由用户写入信息，但只能写一次，写后将永久保存在光盘上，不可修改。可重写型光盘类似于磁盘，可以重复读/写，它的材料与只读型光盘有很大的不同，是磁光材料。

光盘具有存储容量大、可靠性高等特点，只要存储介质不发生问题，光盘上的信息就将永远存在。

4．U 盘

U 盘是采用闪存芯片作为存储介质的一种新型移动存储设备，因其采用标准的 USB 接口与计算机连接而得名。U 盘的外观如图 2-7 所示。

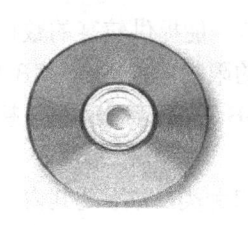

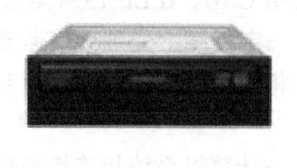

图 2-6　光盘及光盘驱动器的外观　　　　　　图 2-7　U 盘的外观

和传统的存储介质不一样的是，U 盘具有存储容量大、体积小、重量轻、数据保存期长、可靠性好和便于携带等优点。U 盘是一种无驱动器、即插即用的移动存储介质，是移动办公及文件交换的理想存储产品。

U 盘在使用中应注意：

（1）必须等指示灯停止闪烁（停止读/写数据）时方可拔除。

（2）拔除前，应先单击任务栏右侧的"安全删除硬件并弹出媒体"图标，然后单击"弹出 USB Mass Storage Device"命令，在计算机显示"安全地移除硬件"后才能拔下 U 盘。

（3）不使用 U 盘的时候，应该把 U 盘放在干燥阴凉的地方，避免阳光直射 U 盘。

（4）使用 U 盘时要注意小心轻放，防止跌落造成外壳松动。

（5）避免触摸 U 盘的 USB 接口，以免引起接触不良，导致计算机识别不到 U 盘。

2.2.3　输入设备

输入设备用于将各种信息输入到计算机的存储设备中。常用的输入设备有键盘、鼠标、扫描仪、摄像头、数码照相机等。

1．键盘

键盘是计算机的主要输入设备，是实现人机对话的重要工具。通过它可以输入程序、数据、操作命令，也可以对计算机进行控制。

（1）键盘的结构。键盘中有一个微处理器，用来对按键进行扫描、生成键盘扫描码并对数据进行转换。现今计算机的键盘已标准化，多数为 104 键。用户使用的键盘是组装在一起的一组按键矩阵，不同种类的键盘分布基本一致。以常见的标准 104 键盘为例，其布局如图 2-8 所示。

（2）键盘接口。传统的键盘通过一个有 5 芯电缆的插头与主板上的 DIN 插座相连，使用串行数据传输方式，而现在越来越多的键盘采用 USB 接口或无线接口与计算机相连。

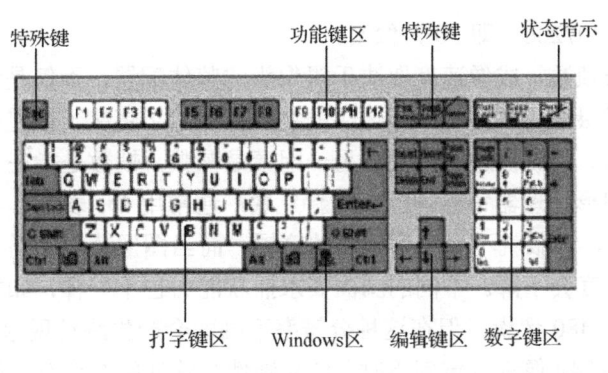

图 2-8 标准 104 键盘布局

2. 鼠标

鼠标也是重要的输入设备，其主要功能是用于控制显示器上的光标并通过菜单或按钮向系统发出各种操作命令。

（1）鼠标的结构。鼠标的类型、型号很多，按结构可分为机械式和光电式两类。机械式鼠标内有一个滚动球，在普通桌面上移动即可使用。光电式鼠标内有一个光电探测器，是通过光学原理实现移动和操作功能的。鼠标有 2 键与 3 键之分，常见的 3 键鼠标的外形如图 2-9 所示。通常，左键用于确定操作，右键用于打开快捷菜单操作。

（2）鼠标接口。鼠标采用串口、PS/2、USB 和无线接口 4 种接口类型，串口鼠标已不多见，现在通常采用的是 USB 接口或无线接口的鼠标。

图 2-9 常见的 3 键鼠标的外形

3. 扫描仪

扫描仪是进行文字和图片输入的重要设备之一。它可以通过扫描将大量的文字和图片信息输入计算机，以便计算机对这些信息进行识别、编辑、显示或输出。扫描仪有黑白和彩色两种。扫描仪的主要性能指标是扫描分辨率 dpi（每英寸的点数）和色彩位数。扫描分辨率越高，扫描质量就越好，一般的扫描分辨率为 2400×4800 像素。

4. 摄像头

常见的摄像头外观如图 2-10 所示。

（1）感光器。一般摄像头的感光器可分为两类：一类是电荷耦合元器件（Charge Coupled Device，CCD），它具有灵敏度高、抗震动、体积小等优点，但价格方面也相对较高；另一类是互补型金属氧化物半导体（Complementary Metal Oxide Semiconductor，CMOS），它具有低功耗、低成本的特点，但分辨率、动态范围和噪声等方面不尽人意。

图 2-10 摄像头外观

（2）像素。像素是指摄像头感光元器件上的光敏单元的数量，光敏单元的数量越多，摄像头捕捉到的图像信息就越多，图像分辨率也就越高，相应的屏幕图像就越清晰。利用像素值，可以计算出最大分辨率，例如，一款摄像头的最大分辨率为 640×480

像素，则 640×480 = 307200，即 30 万像素。

（3）成像速度与帧数。成像速度取决于摄像头的整体配置，不仅是镜头，摄像头其他元器件的配置也决定了摄像头的好坏。摄像头的主要部分除了镜头，最重要的就是感应器、数据处理器和外围电路。与成像速度有关的另一因素是帧数，帧数是指在 1 秒内传输图片的数量，也可以理解为图形处理器每秒钟能够刷新几次，通常用 fps 表示。如果视频播放速度达到 30fps（30 帧/秒），肉眼就不会感到画面的停顿，而当图像分辨率增加时，由于网络带宽的限制，视频播放速度会下降。不同的画面要求捕获能力也不一样，如数字摄像头捕获画面的最大分辨率为 640×480 像素，但在这种分辨率下画面会产生跳动现象，无法达到 30fps 的捕获效果。当在 320×240 像素分辨率下时，依靠硬件与软件的结合有可能达到标准速率的捕获指标，所以对于完全的视频捕获速度，只是一种理论指标。

（4）色深。摄像头的色深通常为 24 位，就是对 Red、Green、Blue 三原色，各使用 8bit 来表示图像中的颜色（即 2^8，为 256 种颜色），也就是说摄像头可以显示 256×256×256= 16777216 种颜色。

（5）输出接口。输出接口是指摄像头与计算机连接的接口类型，目前的摄像头主要是 USB 接口，不过要注意 USB 接口的版本。USB 1.1 可提供 12Mbit/s 的数据传输速率，USB 2.0 可以提供 480Mbit/s 的数据传输速率。

（6）调焦。质量好的摄像头镜头可以通过手动的方式调节焦距，这样无论将摄像头置于哪一个位置，通过调节焦距后都能获得清晰的图像，通常可以利用镜头外侧的调节装置进行调节。

5. 数码照相机

图 2-11 数码相机外观

数码照相机（Digital Still Camera，DSC）简称数码相机，是一种利用电子传感器把光学影像转换成电子数据的照相机。传统相机在胶卷上靠溴化银的化学变化来记录图像，而数码相机的传感器是一种光感应式的 CCD 或 CMOS。数码相机是一种使用电子影像感应器取代胶卷的相机，常见的数码相机外观如图 2-11 所示。

（1）图像传感器。可分为 CCD 和 CMOS 两种。CCD 芯片的数码相机比 CMOS 的更灵敏，可在昏暗的光线下照出较好的相片，采用 CCD 芯片的数码相机照出的相片比 CMOS 清楚。

（2）焦距。在传统相机上，焦距指的是镜头中心点到感光胶卷之间的距离。在数码相机上，焦距就是镜头中心点到图像传感器之间的距离。数码相机镜头上标明的焦距值比传统相机小得多，如 Nikon COOLPIX 995 相机的焦距为 8～32mm，这是由于在数码相机的设计过程中镜头的实际焦距比传统的 35mm 胶卷的相机的焦距要短。通常在数码相机的资料或说明书中提到的焦距等效于传统相机的焦距，如 Nikon COOLPIX 995 相机的焦距相当于传统相机的 38～115mm 焦距。

（3）聚焦。有些数码相机有固定焦点的镜头，表示焦点是不能改变的。许多数码相机有手动聚焦，允许使用者把焦点调整为不同的距离。设置中有微距模式，用于拍摄近距离的物体；肖像模式，用于拍摄人物；风景模式，用于拍摄远距离的物体等。数码相机的镜头可具有极短焦距，因此可具有非常大的景深。

（4）光圈和快门。大多数数码相机都有按程序自动曝光的工作方式。有些高档机型还提供光圈优先自动曝光，即先选择光圈设置，然后数码相机会根据照相时光线的情况，调整快门速度，提供正确的曝光。大多数数码相机至少有两种光圈设置：一种用于光线暗的场合，另一种用于明亮的场合。

（5）测光方式。与曝光有关的因素是数码相机的测光方式，测光方式决定了当数码相机确定正确的曝光量的时候是如何估计可用光的。常见的几种测光方式有：矩阵测光，有时这种方法被称为多区测光，是把取景区划分成小格（矩阵），分析每个小格中多个不同点的光线，据此来选择拍摄场景中明暗部分的综合最佳曝光数据；中心加权测光，它测量整个场景的光线，但是比较重视（权重）场景中心部分的光线，对于希望拍摄场景中心部分的情况来说，应该使用这种测光方法；点测光，它仅仅测量场景中心区域的光线，当背景的亮度比物体的亮度高时采用这种方式最有效。

（6）闪光灯。数码相机一般都内置了闪光灯，可以在较暗或光线不足的环境下进行拍照。其闪光模式有自动闪光、强制闪光、防红眼闪光和不闪光等。

（7）LCD 显示屏。绝大多数数码相机都有一个 LCD（彩色液晶）显示屏。LCD 显示屏就像一台微型的计算机显示器，能显示出相机中存储的图像。LCD 显示屏也用来显示菜单，使用户可以修改照相机的设置，并从相机的存储器中删除不想要的图像。

2.2.4 输出设备

输出设备用于将计算机处理的结果、用户文档、程序及数据等信息进行输出。这些信息可以通过打印机打印在纸上，或通过显示器显示在屏幕上等。常用的输出设备有显示器、打印机等。

1. 显示器

显示器是计算机的主要输出设备，用于将相关信息显示在屏幕上。

（1）显示器的分类。常见的显示器外观如图 2-12 所示，显示器有多种类型和规格，按工作原理可分为 CRT 显示器、液晶显示器等，按显示效果可以分为单色显示器和彩色显示器等，按分辨率可分为低分辨率、中分辨率和高分辨率显示器等。分辨率是显示器的一项重要性能指标，指屏幕上可以显示的像素个数，如分辨率 1024×768 像素，表示屏幕水平方向有 1024 个像素点，垂直方向有 768 个像素点。

（2）显卡。显示器与主机相连必须配置适当的显示适配器，即显卡，常见的显卡的外观如图 2-13 所示。显卡的功能主要有两个：一个是用于主机与显示器数据格式的转换；另一个是显卡不仅把显示器与主机连接起来，同时还起到处理图形数据、加速图形显示等作用。

2. 打印机

打印机是计算机的基本输出设备之一。为了长期保存计算机输出的内容，可以用打印机打印出来。打印机按打印方式可分为点阵打印机、喷墨打印机和激光打印机。常见的打印机的外观如图 2-14 所示。

图 2-12　显示器的外观　　　　图 2-13　显卡的外观　　　　图 2-14　打印机的外观

（1）点阵打印机。又称为针式打印机，属于击打式打印机类。其打印头有 9 针、24 针等。

（2）喷墨打印机。它使用很细的喷嘴把油墨喷射在纸上，从而实现字符或图形的输出。喷墨打印机与点阵打印机相比，具有打印速度快、打印质量好、噪声小、便宜等特点，但其耗材（墨盒）比较贵。

（3）激光打印机。它是激光技术与复印技术相结合的产物，属于非击打式的页式打印机。具有打印速度快、打印质量高等特点，但打印机价格比较贵。

打印机与计算机的连接采用并口或 USB 接口，将打印机与计算机连接后，必须要安装相应的打印机驱动程序才可以使用打印机。

2.2.5　其他设备

随着计算机系统功能的不断扩大，计算机连接的外部设备个数越来越多，种类也越来越多。

1. 声卡

声卡是处理声音信息的设备，也是多媒体计算机的核心设备。声卡可分为两种：一种是独立声卡，必须通过接口才能接入计算机；另一种是集成声卡，它集成在主板上。声卡的主要作用是对各种声音信息进行解码，并将解码后的结果送入音箱播放。声卡一般有以下几个端口：

- LINE IN　在线输入
- MIC IN　话筒输入
- SPEAKER　扬声器输出
- MIDI　乐器数字接口或游戏杆接口

安装声卡只要将其插到计算机主板的任何一个 PCI 总线插槽中即可，在完成了声卡的硬件连接后，还需要安装相应的声卡驱动程序才可以使用声卡。

2. 视频卡

视频卡是多媒体计算机中的主要设备之一，其主要功能是将各种制式的模拟信号数字化，并将这种信号压缩或解压后与 VGA 信号叠加显示；也可以把电视、摄像机等外界的动态图像以数字形式捕获到计算机的存储设备上，对其进行编辑或与其他多媒体信号合成后，再转换成模拟信号播放出来。

将视频卡插入计算机的任何一个 PCI 总线插槽中，即可完成视频卡的硬件连接，然后安装相应的视频卡驱动程序即可使用视频卡。

3. 调制解调器

调制解调器（Modem）是用来将数字信号与模拟信号进行转换的设备。由于计算机处理的是数字信号，而电话线传输的是模拟信号，当通过拨号进行上网时需要在计算机和电话之间连接一台调制解调器。调制解调器可以将计算机输出的数字信号转换为适合电话线传输的模拟信号，在接收端再将接收到的模拟信号转换为数字信号交由计算机处理。

调制解调器通常分为内置式与外置式两种：内置调制解调器是指插在计算机扩展槽中的调制解调器卡；外置调制解调器是指通过串行接口或 USB 接口连接到计算机的调制解调器卡，其外观如图 2-15 所示。

图 2-15 外置调制解调器的外观

2.3 计算机软件系统

软件系统中的软件内容丰富、种类繁多，通常根据软件用途可将其分为系统软件和应用软件两类，这些软件都是用程序设计语言编写的程序，如图 2-16 所示。

```
            ┌ 系统软件 ┌ 操作系统，如Windows、Linux、UNIX
            │         │ 语言处理程序，如C、Java
软件系统 ┤         └ 数据库管理系统，如Oracle、SQL Server
            │         ┌ 字处理软件，如Word、WPS Office（文字组件）
            └ 应用软件 ┤ 表处理软件，如Excel、WPS Office（表格组件）
                      └ 其他应用软件，如多媒体制作软件、财务管理软件
```

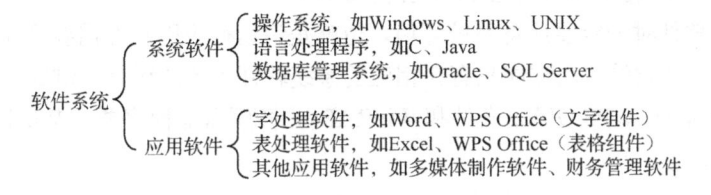

图 2-16 软件系统分类

2.3.1 系统软件

系统软件是指管理、控制和维护计算机系统的硬件资源与软件资源的软件。例如，实现对 CPU、内存、打印机的分配与管理，对磁盘的维护与管理，对系统程序文件与应用程序文件的组织和管理等。常用的系统软件有操作系统、语言处理程序和数据库管理系统，其核心是操作系统。

系统软件是计算机正常运行不可缺少的，一般由计算机生产厂家研制或软件人员开发。其中一些系统软件程序，在计算机出厂时直接写入 ROM 芯片，如系统引导程序、基本输入/输出系统、诊断程序等；有一些直接安装在计算机的硬盘中，如操作系统；也有一些保存在活动介质上供用户购买，如语言处理程序等。

1. 操作系统

操作系统用于管理和控制计算机硬件和软件资源，是由一系列程序组成的。操作系统是直接运行在裸机上的最基本的系统软件，是系统软件的核心，任何其他软件必须在操作系统的支持下才能运行。常见的操作系统有 Windows、Linux、UNIX 等。

2. 语言处理程序

程序是计算机语言的具体体现，是为解决实际问题而编写的。对于用高级语言编写的程序，计算机是不能直接识别和执行的。若要执行高级语言编写的程序，首先要将高级语言编

写的程序翻译成计算机能识别和执行的二进制机器指令，然后才能供计算机执行。

3. 数据库管理系统

数据库管理系统的作用就是管理数据库，具有建立、编辑、维护和访问数据库的功能，并保障数据的独立、完整和安全。按数据模型的不同，数据库管理系统可分为层次模型、网络模型和关系模型等，如 Oracle 10g、SQL Server 2005 都是典型的关系型数据库管理系统。

2.3.2 应用软件

除系统软件以外的所有软件都称为应用软件，它们是由计算机生产厂家或软件公司为支持某一应用领域、解决某个实际问题而专门研制的应用程序。例如，办公软件 WPS Office、计算机辅助设计软件 Auto CAD、图形处理软件 Photoshop、压缩/解压缩软件 WinRAR、防病毒软件等。用户通过这些应用程序完成自己的任务。例如，利用 WPS Office 创建文档，利用防病毒软件清除计算机病毒，利用压缩/解压缩软件压缩和解压缩文件，利用 Outlook 软件收发电子邮件，利用图形处理软件绘制图形等。

在使用应用软件时一定要注意系统环境，也就是说运行应用软件需要系统软件的支持。在不同的系统软件下开发的应用程序只有在相应的系统软件下才能运行。例如，ARJ 解压缩程序要在 DOS 环境下运行，WPS Office 套件和 WinRAR 压缩/解压缩程序要在 Windows 环境下运行。

1. 字处理软件

用来编辑各类文稿，并对其进行排版、存储、传送和打印等的软件称为字处理软件，它在日常生活中应用广泛。典型的字处理软件有 Microsoft（微软）公司的 Word、金山公司的 WPS Office（文字组件）等。

2. 表处理软件

表处理软件即电子表格软件，可以用来快速、动态地建立表格数据，并对其进行各类统计、汇总。这些电子表格软件还提供了丰富的函数和公式演算能力、灵活多样的绘制统计图表的能力和存储数据库中数据的能力等，常用的电子表格软件有 Microsoft 公司的 Excel、金山公司的 WPS Office（表格组件）等。

3. 其他应用软件

随着计算机的广泛应用，辅助各行各业的软件如雨后春笋，层出不穷，如多媒体制作软件、财务管理软件、大型工程设计软件、服装裁剪软件、网络服务工具，以及各种各样的管理信息系统等。这些应用软件不需要用户学习计算机编程，即可得心应手地解决本行业中的各种问题。

2.4 计算机工作原理

众所周知，在科学计算和统计等工作中，利用计算机能迅速地给出结果，特别是对于那些复杂的计算和统计，计算机准确、快速和高效计算的特点就表现得更加突出。现在的计算机主要是基于"程序和存储控制"这一原理设计的,由于这一原理最初是由冯·诺依曼提出的,所以称为冯·诺依曼原理。

计算机是依靠硬件和软件的配合工作的,计算机的工作过程就是指令、程序执行的过程。

2.4.1 计算机指令

1. 指令

指令是计算机完成某一操作而发出的指示或命令。指令由操作码和操作数两部分组成。操作码表示执行什么操作,操作数则指明参加操作的数本身或它所在的地址。因为计算机只能识别二进制数,所以计算机的所有指令都必须以二进制数的形式来表示,指令也像数据一样存放在计算机的存储器中。

2. 指令系统

一台计算机所有指令的集合称为该计算机的指令系统,指令系统不仅是硬件设计的依据,而且是使用者编制程序的基本依据,也是衡量计算机性能的一个指标。不同的计算机有不同的指令系统。通常一条指令对应一种操作,一台计算机能执行什么样的操作,能进行多少操作,都是由指令系统决定的。

3. 指令的执行过程

计算机执行一条指令分为 3 步:第 1 步是取指令,将要执行的指令从内存取到控制器中;第 2 步是分析指令;第 3 步是执行指令,即执行完成该指令相应的操作。

2.4.2 计算机语言

要想让计算机工作,就必须使用计算机能够识别和接收的计算机语言。计算机语言可以分为 3 个层次:机器语言、汇编语言和高级语言。

1. 机器语言

机器语言是由二进制代码"0"和"1"组成的机器指令的集合,是计算机能够直接识别和执行的语言。机器语言占用内存最少,执行速度最快。但机器语言是面向机器的语言,指令代码不易阅读和记忆,编写程序十分复杂,而且不同类型的计算机具有不同的机器语言(指令系统),使用的局限性很大。

2. 汇编语言

汇编语言是用助记符表示指令功能的计算机语言。汇编语言将操作内容和操作对象用人们容易记忆的符号来表示,使程序的编制和阅读简单了许多。例如,"相加"操作用 ADD 表示,"相减"操作用 SUB 表示。

由于计算机只能识别机器语言,所以使用汇编语言编制的程序(源程序)必须经过"汇编"(将汇编语言源程序转换成机器语言表示的目标程序)才能被计算机识别和执行。汇编语言也是面向机器的语言,只不过用助记符将机器语言符号化了。因此,汇编语言仍然缺乏通用性。

3. 高级语言

高级语言是最接近人类语言和数学语言的计算机语言。高级语言是面向用户和对象的语言，具有直观、易学、便于交流的特点，并且不受机型的限制。

使用高级语言编制的源程序不能由计算机直接执行，必须经过"编译"或"解释"转换成目标程序，才能被计算机识别和执行。高级语言的种类很多，如有 Java 语言、C 语言、.Net 语言等。

2.5 计算机系统配置及主要性能指标

2.5.1 计算机系统配置

计算机系统配置一般包括硬件系统配置和软件系统配置两部分。

硬件系统配置一般包括 CPU、内存、软盘、硬盘、光盘、显示器和相应的接口配置等。CPU 决定了计算机的档次，其他部件的配置则应根据实际需要，与 CPU 配套选用。同样的 CPU 可以配置不同容量的内存、外存和不同的外部设备。同一型号的 CPU，性能上也分不同的级别。以下是两款具有代表性的计算机配置。

- 联想 ThinkPad S3 20AX0006CD 笔记本的配置

CPU：英特尔® 酷睿™ i5-3337U 处理器

内存：4GB

硬盘：500GB SATA

显示器：14.0 英寸+HD 高分辨率+Antiglare LED 背光显示屏

其他设备：英特尔®N2230BGN、千兆以太网卡、2X USB 3.0（1 Powered USB）、RJ45、四合一读卡器、HDMI、耳机麦克风二合一接口、Lenovo Onelink 扩展坞接口等。

- IdeaCentre A730-至尊型台式计算机的配置

CPU：英特尔® 酷睿™ i7-4700M 处理器

内存：8GB DDR3

硬盘：1TB SSD 固态混合硬盘

显示器：27 英寸+QHD 超高分辨率+十点触摸 LED 显示屏

显卡：GeForce GT745A 128bit 2GB 显卡

其他设备：720P 高清摄像头、内置无线网卡、内置高保真 2.0 多媒体音箱等。

软件系统配置一般先配置操作系统，如 Windows 7 中文版等。至于其他的软件，用户应根据系统硬件性能和工作需要进行合理配置，如办公软件（Office 2010、WPS Office）、数据库管理系统、工具软件（WinRAR、下载工具）等。

2.5.2 计算机主要性能指标

一台计算机功能的强弱或性能的好坏，不是由某项指标来决定的，而是由它的系统结构、指令系统、硬件组成、软件配置等多方面的因素综合决定的。对于大多数普通用户来说，大体可以从以下几个指标来衡量计算机的性能。

1. 字长

一般来说，字长是计算机内部一次可以处理的二进制数码的位数。在其他指标相同时，字长越长，计算机处理数据的能力就越强。计算机的字长分为 32 位、64 位等。

2. 运算速度

运算速度是衡量计算机性能的一项重要指标。通常所说的计算机运算速度（平均运算速度），是指计算机每秒执行的指令条数，一般用"百万条指令/秒"（Million Instruction Per Second，MIPS）来描述。计算机也经常采用主频来描述运算速度，例如，酷睿 i7 980X 的主频为 3330MHz。一般来说，CPU 的主频越高，运算速度就越快。

3. 内存容量

CPU 可以直接访问内存，初始数据、中间结果和最终结果都会暂时存放在内存中。内存容量的大小反映了计算机即时存储和处理信息的速度。随着操作系统的升级，应用软件内容的不断丰富及其功能的不断扩展，人们对计算机内存容量的需求也不断提高。例如，运行 Windows Server 2000 操作系统至少需要 128MB 的内存容量，运行 Windows Server 2003 操作系统至少需要 256MB 的内存容量，运行 Windows 7 操作系统至少需要 1GB 的内存容量。内存容量越大，系统处理数据的速度就越快。大多使用容量为 2GB、4GB 的内存。

以上 3 项指标是计算机的主要性能指标。除了这些指标，还有一些其他指标，例如，外存的容量、配置外部设备（如显示器）的性能指标以及配置系统软件的情况等。另外，各项指标之间也不是彼此孤立的，在实际应用时，应该把它们综合起来考虑，而且还要遵循"性能价格比"最优的原则。

2.6 计算机发展简史

2.6.1 计算机发展概述

1. 第 1 台计算机

1822 年，英国人 Charles Babbage 提出了"自动计算机"的概念，1834 年他设计的差分机及分析机已经具备了现代计算机的基本组成部件。20 世纪中期，电子技术迅速发展。1946 年，美国宾夕法尼亚大学的 John Mauchly 和 Presper Eckert 博士研制成功了世界上第 1 台真正意义上的电子数字计算机——ENIAC（Electronic Numerical Integrator And Computer，电子数字积分计算机）。它使用了 18000 多个电子管，5000 多个继电器和电容器，耗电达 150kW，重达 30t，占地 170m^2，加、减法运算的速度只有 5000 次/秒，并且是按照十进制来进行运算的，运行时还需要一些辅助设备。虽然 ENIAC 体积庞大，稳定性和可靠性都比较差，但是这个庞然大物的出现还是开创了人类科技的新纪元，也拉开了人类第 4 次科技革命（信息革命）的帷幕。

2. 计算机的发展

计算机从原理上分为模拟计算机和数字计算机。模拟计算机用连续变化的物理量来表示测量的数据，从而模拟某一变化过程，它主要应用于仿真研究。数字计算机则以离散的数字量来表示数据。目前模拟计算机所能做的工作都可由数字计算机来完成，因此数字计算机应用十分广泛，人们通常所说的电子计算机均指电子数字计算机。

从第1台电子数字计算机诞生至今，计算机有了飞速的发展。在计算机的发展过程中，电子元器件的变更起到了决定性的作用，它是计算机更新换代的主要标志。按照计算机采用的电子元器件来划分计算机的时代，可以把计算机的发展划分为如下几代。

① 第1代计算机（1946—1958年）：电子管计算机。采用电子管作为基本元器件，其主要特点是内存容量小、运算速度慢（几千次/秒）、机器体积大、重量大、功耗大、成本高、可靠性差。主要应用于科学计算领域。

② 第2代计算机（1959—1964年）：晶体管计算机。采用晶体管作为基本元器件，其特点是内存容量加大，运算速度加快（几十万次/秒），减小了体积、重量、功耗及成本，提高了计算机的可靠性。主要应用于数据处理和科学计算领域。

③ 第3代计算机（1965—1971年）：中、小规模集成电路计算机。基本电子元器件是中、小规模集成电路，与晶体管相比，其特点是运算速度进一步加快（几十万至几百万次/秒），体积更小，功耗更低，而且可靠性更高，成本更低。主要应用于科学计算、数据处理和生产工程控制等领域。

④ 第4代计算机（1972年至今）：大规模、超大规模集成电路计算机。内存容量大大增加，运算速度可达几千万次/秒，甚至是几万亿次/秒。

计算机更新换代的显著特点是体积缩小，重量减轻，速度提高，成本降低，可靠性增强。微型计算机是我们目前接触最多的计算机。

2.6.2 计算机的特点

计算机之所以能成为现代信息处理的重要工具，主要是因为它具有以下一些突出特点。

（1）运算速度快。计算机的运算速度一般都在几百万次/秒至几亿次/秒之间，甚至更快。

（2）计算精度高，可靠性好。计算机用于数值计算可以达到千分之一到几百万分之一的精度，而且可连续无故障运行时间也是其他运算工具无法比拟的。

（3）自动化程度高。计算机的设计采用了"存储程序"的思想，只要启动计算机执行程序，即可自动地完成预先设定的处理任务。

（4）具有超强的记忆和存储功能。计算机可以存储大量的资料、数据和其他信息。

（5）具有逻辑判断功能。计算机能根据判断的结果自动转向执行不同的操作或命令。

（6）通用性强。计算机能应用到各个不同的领域，进行各种不同的信息处理。

2.6.3 计算机的应用

人类发明计算机的初衷是解决复杂的科学计算问题。但计算机发展到现在，其应用已远远超过了科学计算的范围，几乎渗透到了社会的各个领域，推动着国民经济的发展。概括起来，主要有以下几个方面。

（1）科学计算。科学计算又称数值计算，即科学研究或工程设计中提出的数学问题的计算。

（2）数据和信息处理。数据和信息处理是指对数据量大但计算方法简单的一类数据进行加工、合并、分类等方面的处理。它广泛应用于信息管理系统和办公自动化系统中。

（3）自动控制。用计算机对各种生产过程进行自动控制，不仅可以提高生产效率，而且可以提高生产质量，现在广泛应用于工业、交通和军事领域。例如，自动控制高楼大厦内的电梯等。

（4）计算机辅助系统。用于帮助工程技术人员进行各种工程设计工作，以提高设计质量，缩短设计周期，提高自动化水平。计算机辅助系统主要包括计算机辅助设计（Computer Aided Design，CAD）、计算机辅助教学（Computer Aided Instruction，CAI）、计算机辅助制造（Computer Aided Manufacture，CAM）等。

（5）人工智能。人工智能一般是指模拟人的大脑工作方式，进行推理和决策的思维过程。计算机强大的逻辑判断能力使它能够胜任这方面的工作。

（6）计算机网络。计算机网络把本地的、外地的，甚至世界各地的计算机连接起来，共享计算机的丰富资源。例如，互联网等。

2.6.4 计算机的分类

可以按照不同的标准对计算机进行分类。

（1）按照处理信息的不同，可以将计算机分为模拟计算机和数字计算机。模拟计算机主要处理模拟信息，而数字计算机主要处理数字信息。

（2）按照用途可以将计算机分为专用机和通用机。通用机适合解决各个方面的问题，它使用领域广泛，通用性强。专用机用于解决某个特定方面的问题。

（3）按照性能指标可以将计算机分为以下几类。

① 巨型机。在国防技术和现代科学计算上都要求计算机有很高的运算速度和很大的容量。因此，研制巨型机是一个很重要的发展方向。研制巨型机也是衡量一个国家经济实力和科学水平的重要标志。

② 大、中型机。这类计算机具有较高的运算速度，每秒可以执行几亿条指令，而且有较大的存储空间，往往用于科学计算、数据处理等领域。

③ 小型机。这类计算机规模较小、结构简单，对运行环境的要求较低，主要用来辅助巨型机。

④ 微型机。这类计算机就是平时我们所说的个人计算机，它体积小巧轻便，应用广泛。

⑤ 服务器。服务器是在网络环境下为多个用户提供服务的共享设备，一般分为文件服务器、邮件服务器、DNS 服务器、Web 服务器等。

⑥ 工作站。工作站通过网络连接可以相互进行信息传送，实现资源、信息的共享。

2.7 计算机中的数制与存储单位

计算机是处理信息的工具，数字计算机能够处理的都是数字化的信息，日常生活中人们采用十进制的计数方法，但是计算机内部却采用二进制进行计数和运算，所以掌握计算机中数制的表示和数制间的转换是十分重要的。

2.7.1 数制的概念

1. 进位计数制

计算机的数制采用进位计数制。

所谓进位制是指按照进位的原则来进行计数。例如，十进制按照"逢十进一，借一当十"的原则进行计数。

计数制由基本数码（通常称为基码）、基数和位权 3 个要素组成。一个数的基码就是组成该数的所有数字和字母，所用不同数字的个数即基码的个数称为该进位制的基数或简称基，每个数字在数中的位置称为位数，每个位数对应的值称为位权。各数制中位权的值为基数的位数次幂。例如，一个十进制数由 0~9 共 10 个基码组成，基数是 10，位权为"10^0（个），10^1（十），10^2（百），…"。任何一个数的大小等于其各位上数字与其对应位权的乘积之和。

2. 十进制

十进制的基码是 0，1，2，…，9 共 10 个不同的数字，在进行运算时采用的是"逢十进一，借一当十"的规则。基数为 10，数位有百位、千位等，对应的位权为 10^2、10^3 等。例如，十进制数 156.24 可以表示为 $1×10^2+5×10^1+6×10^0+2×10^{-1}+4×10^{-2}$。

3. 二进制

在二进制中，晶体管截止和导通的规律采用数字"0"和"1"来表示，所以二进制的基码是 0、1 两个数字，在进行运算时采用的是"逢二进一，借一当二"的规则，基数为 2，位权是以 2 为底的幂。例如，二进制数 110011 可以表示为 $1×2^5+1×2^4+0×2^3+0×2^2+1×2^1+1×2^0$。

4. 八进制和十六进制

八进制的基码是 0，1，2，…，7 共 8 个数字，在进行运算时采用的是"逢八进一，借一当八"的规则，基数为 8。

十六进制的基码是 0，1，2，…，9 共 10 个数字和 A，B，C，D，E，F 共 6 个字母，6 个字母分别对应十进制中的 10，11，12，13，14，15，在进行运算时采用的是"逢十六进一，借一当十六"的规则，基数为 16。

各数制用下标来区别，如（1001001）$_2$ 表示二进制数，（245）$_8$ 表示八进制数，（64D）$_{16}$ 表示十六进制数。

各数制的表示方法如表 2-1 所示。

表 2-1 各数制的表示方法

数 制	进 位 规 则	基 数	基 码	位 权	数制标识
二进制	逢二进一，借一当二	2	0，1	2^i（i 为整数）	B
八进制	逢八进一，借一当八	8	0~7	8^i（i 为整数）	O
十进制	逢十进一，借一当十	10	0~9	10^i（i 为整数）	D
十六进制	逢十六进一，借一当十六	16	0~9，A~F	16^i（i 为整数）	H

各数制的对应关系如表 2-2 所示。

表 2-2 各数制的对应关系

十 进 制 数	二 进 制 数	八 进 制 数	十六进制数
0	0	0	0
1	1	1	1
2	10	2	2
3	11	3	3
4	100	4	4
5	101	5	5
6	110	6	6
7	111	7	7
8	1000	10	8
9	1001	11	9
10	1010	12	A
11	1011	13	B
12	1100	14	C
13	1101	15	D
14	1110	16	E
15	1111	17	F

2.7.2 各数制间的转换

为了适应不同问题的需要，不同数制之间经常需要相互转换。以下是不同数制间的转换关系。

1. 任意进制数转换成十进制数

二进制数、八进制数、十六进制数以至任意进制数转换成十进制数的方法都是一样的，只需将其各位上的数字与其对应位权值的乘积相加，所得之和即为对应的十进制数。

【例 2-1】 分别将二进制数 $(1101011.01)_2$ 和十六进制数 $(C64E)_{16}$ 转换成十进制数。

$(1101011.01)_2 = 1\times2^6+1\times2^5+0\times2^4+1\times2^3+0\times2^2+1\times2^1+1\times2^0+0\times2^{-1}+1\times2^{-2}=107.25$

$(C64E)_{16} = 12\times16^3+6\times16^2+4\times16^1+14\times16^0=50766$

2. 十进制数转换成二进制数、八进制数、十六进制数

十进制数转换成二进制数、八进制数、十六进制数，整数部分和小数部分的转换是不同的，转换规则如下：

规则 1　整数转换采用"除以基数取其余逆排"法。

规则 2　小数转换采用"乘以基数取其整顺排"法。

规则 3　含整数和小数的混合数，将整数部分和小数部分分开转换后再合并。

【例 2-2】 把十进制数 47 转换成二进制数。

根据规则 1，用"除以 2 取其余逆排"法，如图 2-17 所示。

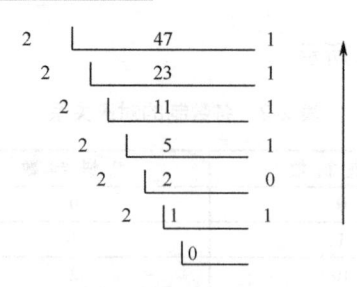

```
            2 |  47   1
            2 |  23   1
            2 |  11   1
            2 |   5   1
            2 |   2   0
            2 |   1   1
                |   0
```

图 2-17　十进制数 47 转换成二进制数

所以 $(47)_{10}=(101111)_2$。

【例 2-3】 把十进制数 0.125 转换成二进制数。

根据规则 2，采用"乘以 2 取其整顺排"法，如图 2-18 所示。

```
        0.125       取整
      ×   2
        0.25         0
      ×   2
        0.5          0
      ×   2
        1            1
```

图 2-18　十进制数 0.125 转换成二进制数

所以 $(0.125)_{10}=(0.001)_2$。

【例 2-4】 把十进制数 47.125 转换成二进制数。

根据规则 3，$(47.125)_{10}=(101111.001)_2$。

【例 2-5】 把十进制数 3380.365 转换成八进制数。

根据规则 1 和规则 2，分别把整数部分和小数部分转换成八进制数，如图 2-19 和图 2-20 所示。

```
       8 | 3380   4
       8 |  422   6
       8 |   52   4
       8 |    6   6
            0
```

图 2-19　整数部分转换成八进制数

所以 $(3380)_{10}=(6464)_8$。

```
        0.365      取整
      ×   8
        0.92        2
      ×   8
        0.36        7
      ×   8
        0.88        2
      ×   8
        0.04        7
```

图 2-20　小数部分转换成八进制数

所以（0.365）$_{10}$=（0.2727）$_8$（保留 4 位小数）。
根据规则 3，（3380.365）$_{10}$=（6464.2727）$_8$。

3. 二进制数转换成八进制数、十六进制数

由于 1 位八进制数可以用 3 位二进制数来表示（$8^1=2^3$），所以二进制数转换成八进制数只需要以小数点为起点，整数部分向左每 3 位二进制数为一组，不足 3 位时高位补 0，小数部分向右每 3 位二进制数为一组，不足 3 位时低位补 0，再用 1 位八进制数表示这 3 位二进制数即可。

同样，由于 1 位十六进制数可以用 4 位二进制数来表示（$16^1=2^4$），所以二进制数转换成十六进制数只需要以小数点为起点，整数部分向左每 4 位二进制数为一组，不足 4 位时高位补 0，小数部分向右每 4 位二进制数为一组，不足 4 位时低位补 0，再用 1 位十六进制数表示这 4 位二进制数即可。

【例 2-6】 将二进制数 11001101.11011 转换成八进制数和十六进制数。

二进制数： 011　001　101.110　110　　二进制数： 1100　1101.1101　1000
八进制数：　3　　1　　5．6　　6　　　 十六进制数：　C　　D．D　　8
所以（11001101.11011）$_2$=（315.66）$_8$。
　　（11001101.11011）$_2$=（CD.D8）$_{16}$。

4. 八进制数、十六进制数转换成二进制数

八进制数、十六进制数转换成二进制数是二进制数转换成八进制数、十六进制数的逆运算。只需将八进制数的每一位数转换成对应的 3 位二进制数或者将十六进制数的每一位数转换成对应的 4 位二进制数，就能实现八进制数或十六进制数转换成二进制数的运算。

【例 2-7】 将十六进制数 8DA2.95 转换成二进制数。

十六进制数：　8　　　D　　　A　　　2　．　9　　　5
二进制数：　1000　1101　1010　0010　．1001　0101
所以（8DA2.95）$_{16}$=（1000110110100010.10010101）$_2$。

2.7.3 二进制的算术运算和逻辑运算

1. 二进制的算术运算

① 二进制加法规则。

0+0=0　　　　　　　　0+1=1
1+0=1　　　　　　　　1+1=0（向高位进 1）

② 二进制减法规则。

0-0=0　　　　　　　　1-1=0
1-0=1　　　　　　　　0-1=1（向高位借 1）

③ 二进制乘法规则。

0×0=1×0=0×1=0　　　　1×1=1

2. 二进制的逻辑运算

① "与" 运算 (AND)。

"与" 运算又称为逻辑乘法运算，可以用符号 "·" 或 "∧" 表示。A、B 两个逻辑变量的 "与" 运算规则是只有两个变量同时为 "1" 时，"与" 运算的结果才为 "1"；否则，"与" 运算的结果就为 "0"。"与" 运算举例如表 2-3 所示。

表 2-3 "与" 运算举例

A	B	A∧B
0	0	0
0	1	0
1	0	0
1	1	1

② "或" 运算 (OR)。

"或" 运算又称为逻辑加法运算，可以用符号 "+" 或 "∨" 表示。A、B 两个逻辑变量的 "或" 运算规则是只有两个变量同时为 "0" 时，"或" 运算的结果才为 "0"；否则，"或" 运算的结果就为 "1"。"或" 运算举例如表 2-4 所示。

表 2-4 "或" 运算举例

A	B	A∨B
0	0	0
0	1	1
1	0	1
1	1	1

③ "非" 运算 (NOT)。

变量 A 的 "非" 运算就是取其相反的结果，可以用符号 "$\overline{A}$" 表示。"非" 运算举例如表 2-5 所示。

表 2-5 "非" 运算举例

A	$\overline{A}$
0	1
1	0

3. 运算时数据的表示形式

在计算机中用来进行计算的数据有两种表示形式：无符号数和有符号数。无符号数是指寄存器内的数不存在符号位，每一位都用来存放数值。而如果有符号位，则寄存器中需要留出一位来存储符号。因此，在机器字长相同的情况下，有符号数和无符号数的取值范围是不同的。一般在寄存器中是用最高位来表示符号位的，所以无符号数的表示最大值可以为有符号数的两倍。例如，机器字长为 16 位，则有符号数的表示范围为 -32768 到 +32767，无符号数的表示范围为 0 到 65535。

对于有符号数而言，若要能使机器识别其"正"和"负"，则必须将其符号位准确表示出来。在计算机的二进制数值系统中，所有的信息都用"0"和"1"表示，这正好与"正"和"负"这两种截然对立的状态相对应。因此，在计算机中对于有符号数的符号位也可以使用"0"和"1"来表示，其中用"0"表示"正"，用"1"表示"负"，且规定将符号位放在有效数字的前面。将符号数字化的数称为机器数，带符号的数称为真值。在计算机的算术运算中，为了让有符号数的符号位参加运算，需要将数字化的编码进行进一步处理。符号位和数值位构成的编码的常见方式有：原码、补码和反码。

① 原码表示法。

原码是计算机机器数中最简单的一种表示形式。其中符号位为 0 表示正数，符号位为 1 表示负数，符号位之外的数值位为真值的绝对值。所以原码又称为带符号的绝对值表示。

求原码的规则如下：

任意整数或者小数的原码只需要将真值的符号位数字化，即"+"用 0 表示，"-"用 1 表示，而除符号位之外的数值位保持不变。

例如，对于正整数 X=+1101000，则

　　　　[X]$_原$=01101000

　　对于负整数 X=-1101000，则

　　　　[X]$_原$=11101000

例如，对于正小数 X=+0.100101，则

　　　　[X]$_原$=0.100101

　　对于负小数 X=-0.100101，则

　　　　[X]$_原$=1.100101

根据以上规则，可以将真值转换成原码，反过来，也可以将原码转换成真值。

例如，已知[X]$_原$=1.100101，则由规则可得

　　　　X=-0.100101

　　已知[X]$_原$=11101000，则由规则可得

　　　　X=-1101000

注意，当 X=0 时

　　　　[+0.0000]$_原$=0.0000

　　　　[-0.0000]$_原$=1.0000

由此可见，[+0]$_原$并不等于[-0]$_原$。在原码中，0 有两种表示形式。

从上可以看出，原码表示法非常简单直观，且容易和真值进行转换，但是使用原码进行加减运算时，非常不方便。例如，当两个真数的符号位不同但要进行加法运算时，先要判断两个数的绝对值大小，然后将绝对值大的减去绝对值小的，运算结果的符号以绝对值大的数为准。运算步骤复杂、费时，即使是加法运算，结果也要使用减法运算才能实现，这就要求计算机不仅有加法器，还要有减法器。因此，在计算机中还需要其他的数据编码表示法。

② 补码表示法。

补码表示法是根据数学上的同余概念引申而来的，主要思路是采用加法运算来代替减法运算，即将减法变成加法。这是补码和原码相比最大的优点，所以在计算机中广泛地采用补码进行加减法运算。

求补码的规则如下：

规则 1　正数的补码与原码相同，即$[X]_{补}=[X]_{原}$。

规则 2　负数的补码为：保持原码的符号位不变（即 1），然后将其数值位一一取反，再在最低位加 1。

例如，X=-1001000，则

　　　　$[X]_{原}$=11001000，$[X]_{补}$=10111000

又如，X=-0.1001，则

　　　　$[X]_{原}$=1.1001，$[X]_{补}$=1.0111

根据以上规则，可以根据原码求出补码，反过来，也可以根据补码求出原码。

对于正数：$[X]_{原}=[X]_{补}$

对于负数：$[X]_{原}=[[X]_{补}]_{补}$

例如，$[X]_{补}$=0.1100110，则$[X]_{原}$=0.1100110

　　　　$[X]_{补}$=1.1101001，则$[X]_{原}$=1.0010111

注意，0 的补码只有一种表示形式。

③ 反码表示法。

反码表示法与补码表示法有许多相同之处，且反码通常用来作为由原码求补码或者由补码求原码的中间过渡。

求反码的规则如下：

规则 1　正数的反码与原码相同，即$[X]_{反}=[X]_{原}$。

规则 2　负数的反码为：保持原码的符号位不变（即 1），然后将其数值位一一取反。

例如，$[X]_{原}$=0.1011100，则$[X]_{反}$=0.1011100

　　　　$[X]_{原}$=1.0110110，则$[X]_{反}$=1.1001001

注意，0 的反码有两种表示形式。$[+0.0000]_{反}$=0.0000，$[-0.0000]_{反}$=1.1111。

综上所述，对 3 种编码方式的数据表示方法的特点归纳如下。

① 最高位都为符号位。

② 如果真值为正，则原码、补码和反码表示形式相同，符号位都为 0，且数值部分与真值相同。

③ 如果真值为负，则原码、补码和反码表示形式各不相同，但符号位都为 1，而数值部分与真值的关系为：补码为原码的取反加 1，反码为原码的每位取反。

2.7.4　数据的存储单位

计算机可以存储大量的数据，并且对其进行运算。根据存储数据的大小，计算机存储容量的单位有很多类别。以下介绍一些常用的存储单位。

（1）位（bit）：它是二进制数存储的最小单位，1 位二进制数（0 或 1）称为 1 位，记为 bit。

（2）字节（Byte）：由 8 位二进制数组成 1 个字节，通常用 B 表示。字节是计算机存储容量的基本单位。

（3）字（Word）：由若干个字节组成 1 个字，1 个字可以存储 1 条指令或 1 个数据，字的长度称为字长。字长是指 CPU 能够直接处理的二进制代码的位数，字长越长，占的位数越多，处理的信息量就越大，计算的精度越高，速度越快。字长是计算机性能的一个重要指标。常见的微型机字长有 32 位和 64 位。

（4）计算机的存储容量单位通常用 B、KB、MB、GB、TB 表示，它们的转换关系如下：

1B=8bit
1KB=2^{10}B=1024B
1MB=2^{10}KB=1024KB
1GB=2^{10}MB=1024MB
1TB=2^{10}GB=1024GB

2.8　计算机中的数据编码

选用少量的基本符号和一定的组合原则来表示大量复杂的数据称为数据编码。例如，我们用 10 个阿拉伯数字表示所有的数字是十进制数编码；用 26 个英文字母表示英文词汇是字符编码；计算机内部采用"0"和"1"的组合（二进制数）来表示数据，称为二进制数编码。

2.8.1　ASCII 编码

字符是计算机处理最多的信息，为使字符能被计算机处理，必须对字符进行信息编码。

ASCII（American Standard Code For Information Interchange）码是美国信息交换标准代码的简称，是目前计算机信息编码中用得最多的一种字符。ASCII 码占用 1 个字节，有 7 位 ASCII 码和 8 位 ASCII 码两种，7 位 ASCII 码称为标准 ASCII 码，8 位 ASCII 码称为扩充 ASCII 码。标准 ASCII 码用 7 位二进制数表示 128 个字符，表 2-6 列出了 7 位 ASCII 码字符编码表。

表 2-6　7 位 ASCII 码字符编码表

低　位	高　位							
	000	001	010	011	100	101	110	111
0000	NUL	DC0	SP	0	@	P	、	p
0001	SOH	DC1	!	1	A	Q	a	q
0010	STX	DC2	"	2	B	R	b	r
0011	ETX	DC3	#	3	C	S	c	s
0100	EOT	DC4	$	4	D	T	d	t
0101	EXQ	ERR	%	5	E	U	e	u
0110	ACK	SYN	&	6	F	V	f	v
0111	BEL	ETB	'	7	G	W	g	w
1000	BS	CAN	(	8	H	X	h	x
1001	HT	EM	)	9	I	Y	I	y
1010	LF	SUB	*	:	J	Z	j	z
1011	VT	ESC	+	;	K	[	k	(
1100	FF	FS	,	<	L	\	l	:

续表

低 位	高 位							
	000	001	010	011	100	101	110	111
1101	CR	GS	-	=	M	]	m	}
1110	SO	RS	.	>	N	↑	n	~
1111	SI	US	/	?	O	_	o	EDL

2.8.2 汉字编码

汉字与西方文字不同，西方文字是拼音文字，仅用为数不多的字母和其他符号即可组成大量的单词、句子，这与计算机可以接收的信息形态和特点基本一致，所以处理起来比较容易。例如，对英文字符的处理，7 位 ASCII 码字符编码表中的字符即可满足使用需求。英文字符在计算机上的输入/输出也非常简单，因此，英文字符的输入、存储、内部处理和输出都可以只用同一种编码（如 ASCII 码）。而汉字是一种象形文字，字数极多且字形复杂，每一个汉字都有"音、形、义"三要素，同音字、异体字也很多，这些都给计算机处理带来了很大的困难。为此，必须将汉字代码化，即对汉字进行某种形式的编码。

每一个汉字的编码都包括输入码、交换码、内部码和字形码。在计算机的汉字信息处理系统中，处理汉字时要进行如下的代码转换：输入码→交换码→内部码→字形码。

1. 输入码

为了利用计算机上现有的标准西方文字键盘来输入汉字，必须为汉字设计输入码。输入码也称为外码。目前，汉字输入码方式很多，按照不同的设计思想，可把这些数量众多的输入码归纳为 4 大类：数字编码、拼音码、字形码和音形码。目前应用最广泛的是拼音码和字形码。

① 数字编码：数字编码是用等长的数字串为汉字逐一编号，以这个编号作为汉字的输入码。例如，区位码、电报码等都属于数字编码。数字编码的规则简单，易于和汉字的内部码转换，但难以记忆，仅适用于某些特定部门。

② 拼音码：拼音码是以汉字的读音为基础的输入码。拼音码使用方法简单，一学就会，易于推广，缺点是重码率较高（因汉字同音字多），在输入时常要进行屏幕选字，对输入速度有影响。拼音码是按照汉语拼音编码输入的，因此在输入汉字时，要求读音标准，不能使用方言。拼音码特别适合对输入速度要求不是太高的非专业录入人员使用。

③ 字形码：字形码是以汉字的字形结构为基础的输入码。在微型机上广为使用的五笔字型（王码）是字形码的典型代表。五笔字型的主要特点是输入速度快，但这种输入方法因要记忆字根、练习拆字，前期需要花费较多时间学习。此外，有极少数的汉字拆分困难，给出的编码与汉字的书写习惯不一致。

④ 音形码：音形码是兼顾汉字的读音和字形的输入码。目前使用较多的音形码是智能 ABC 和自然码。

2. 交换码

交换码用于汉字外部码和内部码的交换。我国于 1981 年施行的《信息交换用汉字编码字符集·基本集》(GB2312—80)是交换码的国家标准，也称为国标码。GB2312—80 中共有 7445 个字符符号，包括汉字符号 6763 个，非汉字符号 682 个。还有一级汉字 3755 个（按汉语拼音字母顺序排列），二级汉字 3008 个（按部首笔画顺序排列）。GB2312—80 规定，所有的国标码汉字及符号组成一个 94×94 的方阵。在此方阵中，每一行称为一个"区"，每一列称为一个"位"。这个方阵实际上组成一个有 94 个区（编号由 01 到 94），每个区有 94 个位（编号由 01 到 94）的汉字字符集。一个汉字所在的区号和位号的组合就构成了该汉字的"区位码"。其中，高两位为区号，低两位为位号。这样区位码可以唯一地确定某一汉字或字符；反之，任何一个汉字或符号都对应一个唯一的区位码，没有重码。区位码分布情况如下：

1 区——键盘上没有的各种符号；

2 区——各种序号；

3 区——键盘上的各种符号（按中文方式给出）；

4～5 区——日文字母；

6 区——希腊字母；

7 区——俄文字母；

8 区——标识拼音声调的母音及拼音字母名称；

9 区——制表符号；

10～15 区——未用；

16～55 区——一级汉字（按拼音字母顺序排列）；

56～87 区——二级汉字（按部首笔画顺序排列）；

88～94 区——自定义汉字。

由上可以看出，所有汉字与符号的 94 个区，可以分为 4 个组：

1～15 区为图形符号区，其中 1～9 区为标准符号区，10～15 区为自定义符号区；

16～55 区为一级汉字区，包含 3755 个汉字，这些区中的汉字按汉语拼音顺序排列，同音字按笔画顺序排列；

56～87 区为二级汉字区，包含 3008 个汉字，这些区中的汉字是按部首笔画顺序排列的；

88～94 区为自定义汉字区。

国标码规定，每个汉字（包括非汉字的一些符号）用 2 个字节表示。每个字节的最高位为 0，只使用低 7 位，而低 7 位的编码中又有 34 个字符是用于控制的，这样每个字节只有 128−34=94 个编码用于汉字。2 个字节就有 94×94=8836 个汉字编码。在表示一个汉字的 2 个字节中，高字节对应编码表中的行号，称为区号；低字节对应编码表中的列号，称为位号。

3. 内部码

内部码是汉字在计算机内的基本表示形式，是计算机对汉字进行识别、存储、处理和传输时所用的编码。内部码也是双字节编码，将国标码 2 个字节的最高位都置为 1，即转换成汉字的内部码。计算机信息处理系统就是根据字符编码的最高位是 1 还是 0 来区分是汉字字符还是 ASCII 码字符的。

4. 字形码

字形码是表示汉字字形信息（汉字的结构、形状、笔画等）的编码，用来实现计算机对汉字的输出（显示、打印）。由于汉字是方块字，因此字形码最常用的表示方式是点阵形式，有 16×16 点阵、24×24 点阵、48×48 点阵等。例如，16×16 点阵的含义是用 256（16×16=256）个点来表示一个汉字的字形信息。每个点有"亮"和"灭"两种状态，用一个二进制位的"1"或"0"来对应表示。因此，存储一个 16×16 点阵的汉字需要 256 个二进制位，共 32 个字节，24×24 点阵的汉字需要 576 个二进制位，共 72 个字节。

以上的点阵形式可根据汉字输出的不同需要进行选择，点阵的点数越多，输出的汉字就越精细、美观。

本章小结

本章主要介绍了计算机系统的组成及各组成部分的功能。通过对本章的学习，我们知道了计算机系统是由硬件系统和软件系统两大部分组成的，计算机软件系统又可分为系统软件和应用软件，计算机硬件系统是计算机的骨架和基础，其核心的硬件基础是数字电路，数学理论基础是二进制。数据的电路表示和运算是计算机基础理论中最难理解的部分，本章从生活中的实例出发，逐步介绍了计算机硬件原理，以通俗的语言，浅显的实例对计算机硬件的组成做了全面介绍，目的在于让读者能明白计算机工作的基本原理，从而从较深层面理解计算机，为今后深层次的应用打下基础。

习 题

一、选择题

1. 一个完整的计算机系统是由（　　）两大部分组成的。
   A．系统硬件和系统软件　　　　　　B．操作系统和用户系统
   C．硬件系统和软件系统　　　　　　D．操作系统和软件系统
2. 移动硬盘常用的接口是（　　）。
   A．COM　　　B．USB 1.1　　　C．IEEE 1394　　　D．USB 2.0
3. 某学校的成绩管理软件属于（　　）。
   A．工具软件　　B．应用软件　　C．系统软件　　D．字处理软件
4. 计算机在工作中电源突然中断，则计算机中（　　）全部丢失，再次通电后也不能恢复。
   A．U 盘中的信息　　　　　　　　　B．ROM 中的信息
   C．RAM 中的信息　　　　　　　　　D．硬盘中的信息
5. 具有多媒体功能的计算机常用 CD-ROM 作为外存储设备，它属于（　　）。
   A．只读存储器　　B．只读光盘　　C．只读硬磁盘　　D．字处理软件
6. 下列设备中，属于输出设备的是（　　）。
   A．显示器　　　B．键盘　　　　C．鼠标　　　　D．扫描仪
7. 计算机能够直接识别和执行的语言是（　　）。

A．汇编语言　　　B．高级语言　　　C．C 语言　　　D．机器语言
8. 在计算机中，存储信息速度最快的设备是（　　）。
   A．内存　　　B．Cache　　　C．软盘　　　D．硬盘
9. 操作系统是管理和控制计算机（　　）资源的系统软件。
   A．CPU 和存储设备　　　　　　　B．主机和外部设备
   C．硬件和软件　　　　　　　　　D．系统软件与应用软件
10.（　　）是计算机的核心部件。
   A．主板　　　B．CPU　　　C．RAM　　　D．Cache
11. 以下属于外部存储设备的是（　　）。
   A．RAM　　　B．ROM　　　C．硬盘　　　D．Cache
12. 在微型机中，硬盘驱动器属于（　　）。
   A．内存储器　　　B．外存储器　　　C．输入设备　　　D．输出设备
13. 在下列设备中，既是输入设备又是输出设备的是（　　）。
   A．显示器　　　B．磁盘驱动器　　　C．键盘　　　D．打印机
14. 内存储器存储单元数目的多少取决于（　　）。
   A．字长　　　　　　　　　　　　B．地址总线的宽度
   C．数据总线的宽度　　　　　　　D．字节数
15. 数据一旦存入（　　）后，所存储的数据只能读取，不能改变，也无法将新数据写入。
   A．磁芯　　　　　　　　　　　　B．只读内存
   C．硬盘　　　　　　　　　　　　D．随机存取内存
16. 在微型机系统中，VGA 的含义是（　　）。
   A．微型机型号　　　　　　　　　B．键盘型号
   C．显示标准　　　　　　　　　　D．显示器型号
17. 所谓"裸机"是指（　　）。
   A．不装备任何软件的计算机　　　B．只安装操作系统的计算机
   C．单片机　　　　　　　　　　　D．单板机
18. 软件是指（　　）。
   A．系统程序和数据库　　　　　　B．应用程序和文档文件
   C．存储在硬盘和软盘上的程序　　D．各种程序和相关的文档资料
19. 软件系统主要由（　　）组成。
   A．操作系统、编译系统　　　　　B．系统软件、应用软件
   C．应用软件、操作系统　　　　　D．系统软件、数据库系统
20. 在软件方面，第 1 代计算机主要使用（　　）。
   A．机器语言　　　　　　　　　　B．高级语言
   C．数据库管理系统　　　　　　　D．BASIC 和 FORTRAN

二、填空题

1. 添加一台打印机实际上是添加该打印机的_____程序。
2. 计算机各部件之间传输的公共通路称为总线，一般总线分为数据总线、_____和_____。

3．写出下列英文缩写的中文含义：CPU_____；ROM_____；RAM _____；Cache_____；CB_____；CD-ROM_____；DB _____；AB_____。

三、简答题

1．简述计算机存储设备的分类、功能及其特点。
2．计算机软件按其用途可分为哪些？简述其主要作用。
3．衡量计算机主要性能的指标有哪些？

第 3 章

操作系统应用基础

本章导读：

操作系统（Operating System，OS）是管理和控制计算机硬件与软件资源的计算机程序，是直接运行在"裸机"上的最基本的系统软件，任何其他软件都必须在操作系统的支持下才能运行。本章介绍操作系统的概念，计算机的启动过程，操作系统的作用、功能及操作系统的文件管理等。

本章学习目标：

1. 理解操作系统的概念、基本功能、发展与分类。
2. 掌握 Windows 7 操作系统的基本操作和系统设置。
3. 熟练掌握文件及文件夹的相关操作。

3.1 操作系统的概念

当我们打开计算机，面对屏幕上出现的启动画面时，应该一点儿也不会感到陌生。但是，计算机在显示这些启动画面时都做了些什么工作呢？计算机启动过程是个很复杂的过程，在通电自检短暂的几秒钟里，计算机要完成许多检测步骤并加载操作系统。下面我们以 Windows 系统为例，介绍从打开电源开关到出现 Windows 桌面的过程中，计算机都做了哪些工作。

图 3-1 介绍的便是计算机在打开电源开关（或按 Reset 键）后进行冷启动时要完成的各种初始化工作。如果我们从 Windows 中选择重新启动计算机来进行热启动，那么将跳过机器自检过程，直接从系统引导开始。

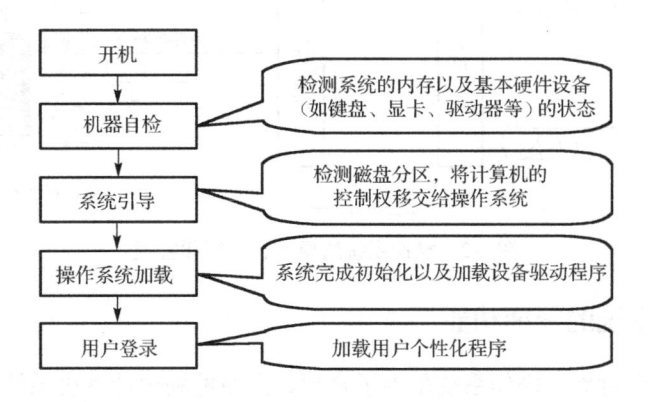

```
开机
  ↓
机器自检 ── 检测系统的内存以及基本硬件设备
            （如键盘、显卡、驱动器等）的状态
  ↓
系统引导 ── 检测磁盘分区，将计算机的
            控制权移交给操作系统
  ↓
操作系统加载 ── 系统完成初始化以及加载设备驱动程序
  ↓
用户登录 ── 加载用户个性化程序
```

图 3-1　计算机的冷启动过程

启动成功后，操作系统就常驻在内存中了，且一直处于工作状态，负责全面管理计算机。应用程序则在需要时才调入内存，然后才能使用；一旦运行完毕，即从内存中消失。

3.2 操作系统概述

计算机由多个部件组成，需要一位"管家"来协调各部分的工作，这就是操作系统。操作系统有多种，常见的有 Windows、UNIX 和 Linux 等。

操作系统是控制和管理计算机硬件和软件资源，合理组织计算机工作流程，以及方便用户使用计算机资源的程序与数据的集合。操作系统是用户与计算机的接口，用户通过操作系统可以方便地使用计算机。计算机的各个组成部分在操作系统的统一指挥下协调配合地进行工作。例如，识别从键盘上输入的命令和数据，在显示器上显示工作状态和结果，将数据存放在磁盘上或从磁盘上取出。

以键盘为例，开机以后，"管家"就一直监视用户是否按动键盘上的键，如果按了，立刻识别按了哪一个键，如果按的是字符键，就在显示器的光标位置把它显示出来。又如"管家"对磁盘驱动器的管理，用户通过 Word 软件输入了一篇文章以后，如果选择"保存文件"，"管家"就立即将这篇文章存储到磁盘中。至于具体存储在磁盘的什么位置，用户不必知道，全由"管家"负责。在使用时，只需找到该文件，"管家"可以立即把文件从磁盘中读入内存，并显示在屏幕上。

可以将操作系统形象地比喻为一个乐团的指挥。作为乐团的指挥，必须熟知每一件乐器的特性、每一个乐手的专长，指挥、协调所有的乐手和乐器，使乐手都能按照要求发挥自己的作用，去完成每一首乐曲的演奏。操作系统调度、分配和管理所有的硬件设备，使其和软件系统统一协调运行，以满足用户实际操作的需求，如图 3-2 所示。因此操作系统的主要作用是：

- 屏蔽底层硬件差异，使用户不必考虑不同硬件的不同来源和型号；
- 应用集成，对各种不同的应用程序提供同样的操作和管理方式；
- 高级管理，维护系统环境的稳定安全。

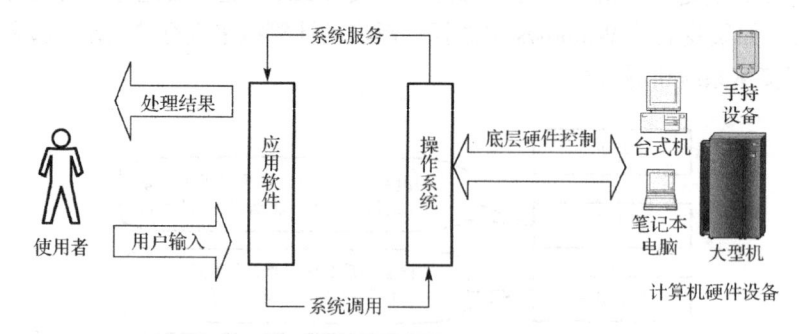

图 3-2 操作系统的调度、分配和管理

3.2.1 操作系统的管理功能

从资源管理的角度看，操作系统是为了合理、方便地利用计算机系统，而对其硬件资源和软件资源进行管理的软件。它是系统软件中最基本的一种软件，也是每个使用计算机的人员必须学会使用的一种软件。

操作系统具有5大管理功能，即作业管理、存储管理、CPU管理、文件管理和设备管理，如图3-3所示。这些管理功能是由一套规模庞大而复杂的程序来实现的。

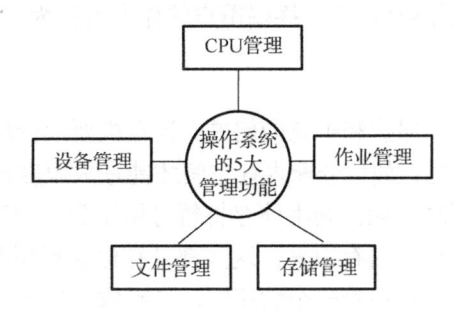

图3-3 操作系统的5大管理功能

1．作业管理

作业管理解决允许谁来使用计算机和怎样使用计算机的问题。在操作系统中，把用户请求计算机完成一项完整的工作任务称为一个作业。当有多个作业同时要求使用计算机时，允许哪些作业进入，不允许哪些作业进入，对于已经进入的作业应当怎样安排它的执行顺序，这些都是作业管理的任务。

作业从提交给系统，直到完成后退出系统前，在整个活动过程中会处于不同的状态。通常，作业状态分为4种：提交、后备、执行和完成。批处理作业状态如图3-4所示。

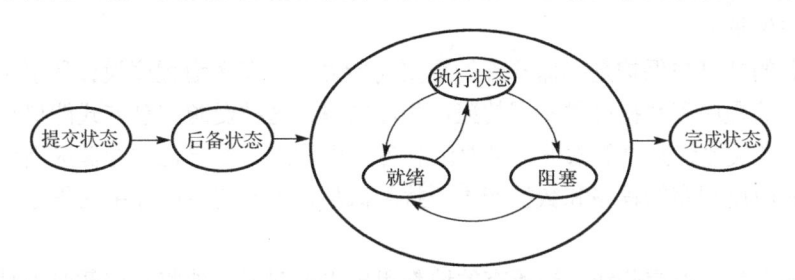

图3-4 批处理作业状态

把用户根据操作系统提供的手段来说明加工步骤的方式称为"作业控制方式"，包括批处理方式和交互处理方式。对于这两种作业控制方式可以用下面的例子来加以说明。

老板指着伙计说："你先去买一批货回来，然后把会议室打扫干净，接着去托儿所把我儿子接回家，不许偷懒。回头我再检查你的工作。"，这就是批处理方式。

教官对着学员命令道："立正！"，学员马上立正。教官又命令："卧倒！"，学员不能不照办，如果做得不好，教官很可能会让他重做。这就是交互处理方式。

批处理方式也称为脱机控制方式或自动控制方式。用户使用操作系统提供的"作业控制语言"对作业执行的控制意图写一份"作业控制说明书"，然后连同该作业的源程序和初始数据一同提交给操作系统，操作系统按照用户说明的控制意图来自动控制作业的执行。这种控制方式称为"批处理方式"，把采用批处理方式的作业称为"批处理作业"。

交互处理方式也称为联机控制方式。用户使用操作系统提供的"操作控制命令"来表达对作业执行的控制意图。用户逐条输入命令，操作系统把命令执行情况通知用户并让用户再输入下一条命令，从而控制作业执行，直到结束。这种方式适合终端用户使用。采用交互处理方式的作业称为"交互式作业"，来自终端用户的作业也称为"终端作业"。

2. 存储管理

存储管理解决内存分配、保护和扩充的问题。计算机要运行程序就必须要有一定的内存空间。当多个程序都在运行时，如何分配内存空间才能最大限度地利用有限的内存空间为多个程序服务，当内存不够用时，如何利用外存将暂时用不到的程序和数据存放到外存中去，而将急需使用的程序和数据读入内存中来，这些都是存储管理所要解决的问题。

操作系统如同一个地主，管理着一个大庄园，当有农户需要租用田地时，地主就分配一块地让他种（在操作系统中，称为内存的分配）。等到地里长出了果实，结果出来后，地主还得来收回这块地（在操作系统中，称为内存的回收）。

内存的分配和回收是存储管理的主要功能之一。无论采用哪一种管理和控制方式，能否把外存中的数据和程序调入内存，取决于能否在内存中为它们安排合适的位置。因此，存储管理模块要为每一个并发执行的应用程序分配内存空间。另外，当应用程序执行结束后，存储管理模块又要及时回收该应用程序所占用的内存空间，以便给其他应用程序分配空间。

庄园里还有一些大家共同可以使用的地方，比如花园、工具房等，大家可以进去，也可以使用，但是不许改变任何现有的东西。还有，每个农户只能在自己已分配的地里种植，如果有人到别人地里或地主的花园里"摘花偷食"，可能会被处罚（在操作系统中，称为内存信息的共享与保护）。

内存信息的共享与保护是存储管理的重要功能之一。在多道程序设计环境下，内存中许多用户或系统的程序和数据可供不同的应用程序共享。这种资源共享方式能提高内存的利用率。相反，除了被允许共享的部分，又要限制各应用程序只在自己的存储区活动，各应用程序不能对别的应用程序的程序和数据产生干扰和破坏，因此需对内存中的程序和数据采取保护措施。

当然，地主为了多赚些钱，当所有的地都租出去的时候，他将有些暂时不种的地（其实已租给他人）暂存起来，并将这块地租给别人种（在操作系统中，这就是"虚拟存储"）。

虚拟存储器的核心思想是程序运行的局部性原理，当一个程序运行时，在一小段时间内，只会用到程序和数据的很小一部分，仅把这部分程序和数据装入内存中即可。更多的部分可以在用到时随时从磁盘中调入内存。在操作系统和相应硬件的支持下，数据和程序在磁盘和内存之间按程序运行的需要自动成批量地完成交换，如图 3-5 所示。

当前计算机系统采用 3 种运行原理不同、性能差异很大的存储介质，来分别构建高速缓冲存储器、内存和虚拟存储器。三级结构的存储器系统如图 3-6 所示。

这种多级结构的存储器使 CPU 大部分时间访问高速缓冲存储器（速度最快）；仅当从高速缓冲存储器中读不到数据时，才去读内存（速度略慢但容量较大）；当从内存中还读不到数据时，才去批量读虚拟存储器（速度很慢但容量极大）。这样就解决了对速度、容量、成本的需求。多级结构的存储器具有良好的性价比是建立在程序运行的局部性原理上的。

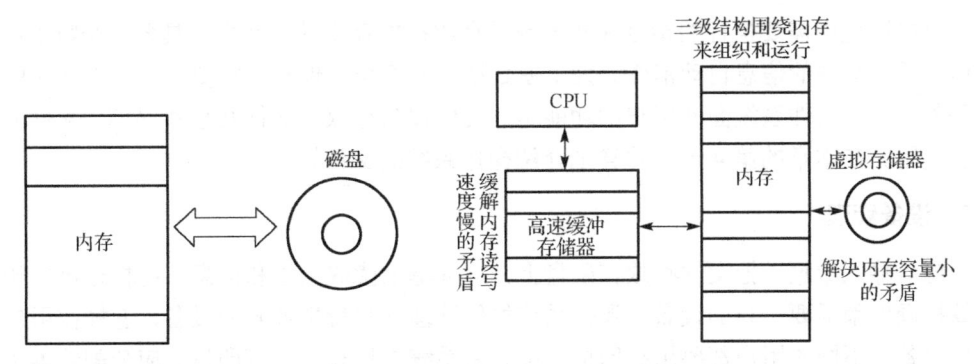

图 3-5 数据和程序在磁盘和内存之间进行交换

图 3-6 三级结构的存储器系统

3. CPU 管理

CPU 管理主要解决如何将 CPU 分配给各个程序，使各个程序都能够得到合理运行安排的问题。通常系统中只有一个 CPU，每个程序都要在上面运行。让哪个程序先运行、什么时候开始运行、运行多长时间，程序在活动过程中如何与其他活动实体联系，这就是 CPU 管理所要解决的问题。

CPU 管理是操作系统的主要功能之一，CPU 管理的实现策略决定了操作系统的类型，其算法优劣直接影响整个系统的性能。

一方面，在实际生活中，多用户使用一台计算机的情况经常出现，而每个用户对计算机的使用方法可能不同。多用户是指计算机在同一时刻被多个用户访问。现在常用的操作系统大多是多用户操作系统，用户之间完全可以做到互不干扰，每个用户可以分别设置不同的工作环境和运行权限，可以做到不同用户登录系统后，系统会应用该用户身份的设置，而不会影响到其他用户的设置。

另一方面，在实际生活中，用户在使用计算机的时候，会一边听音乐、一边玩游戏，如图 3-7 所示，即操作系统可以同时进行多项任务操作。多任务是指在同一个时间里，同一台计算机系统中两个或两个以上的程序处于运行状态。现代的操作系统几乎都是多任务操作系统，能够同时管理多个程序的运行。

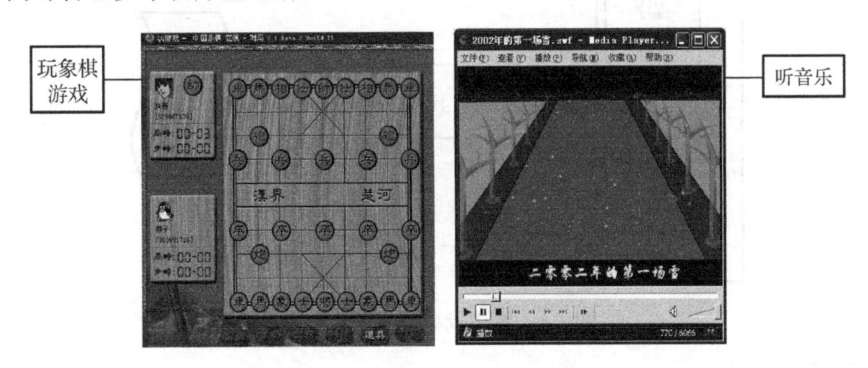

图 3-7 操作系统的多任务

4. 文件管理

操作系统的文件管理解决如何管理存储在磁盘等外存上的数据的问题。计算机在计算或处理信息的过程中需要执行的指令和数据都是存放在内存中的，而内存具备一个特点：一旦关闭电源后，其中的信息自动消失。为了使数据和程序长久保存，需要将它们以文件的形式存储到外存中。文件系统面向用户的功能是：文件按名存取、文件共享和保护、文件的各种操作和使用。在本章的第 4 节中将详细介绍操作系统的文件管理功能。

5. 设备管理

用键盘输入数据，把文件存放在磁盘上，从屏幕上读取结果和信息，用打印机打印结果等计算机操作都需要一定的设备。那么系统如何管理这些特性各异的设备，怎样按用户要求来分配设备，不同的用户都要用打印机，可如果系统中只有一台打印机，应分配给谁用，这就是设备管理所要解决的问题。设备管理主要负责对计算机系统中的输入/输出等各种设备的分配、回收、调度和控制、驱动等进行操作。

3.2.2 操作系统的分类

操作系统种类很多，也具有不同的特征，可以基于不同的观点，对操作系统进行分类。

从操作系统工作方式的角度来分，可分为 3 种基本类型，即批处理操作系统、分时操作系统和实时操作系统。

1）批处理操作系统

批处理操作系统是早期计算机（20 世纪 50 年代末期—60 年代中期）使用的一种操作系统，其突出特征是"批量"。它把提高系统的处理能力，即作业的吞吐量作为主要设计目标，同时也兼顾作业的周转时间。批处理操作系统可分为单道批处理系统和多道批处理系统。

在多道批处理系统中，用户要上机解题，必须事先准备好自己的作业，包括程序、数据以及说明作业如何运行的作业说明书，然后提交给计算中心。计算中心的操作员并不立即输入作业，而是等待空闲时间或作业达到一定数量之后才进行成批输入。计算结果也是成批输出的。在作业执行过程中，用户不必介入。多道批处理系统示意图如图 3-8 所示。

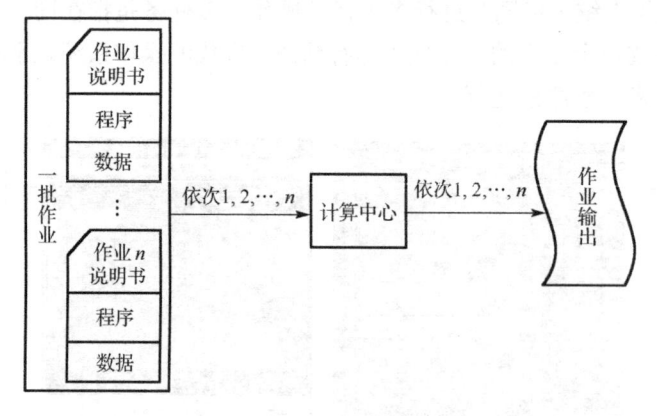

图 3-8　多道批处理系统示意图

2）分时操作系统

分时操作系统是当今计算机使用最普遍的一种操作系统。例如，UNIX、IBM 公司推出的 TSS/360 等操作系统。

分时操作系统是指在一台主机上连接多个带有显示器和键盘的终端，同时允许多个用户通过自己的终端，以交互方式使用计算机，共享主机中的资源。分时操作系统的存在形式如图 3-9 所示。

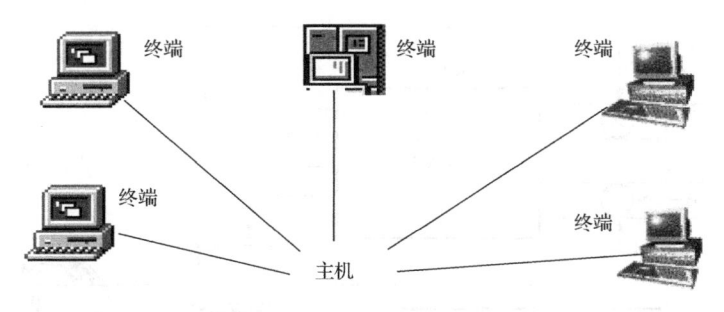

图 3-9 分时操作系统的存在形式

严格地说，分时操作系统讲究的是任务的并发，即可进行多项任务的管理，分时操作系统工作过程如图 3-10 所示。

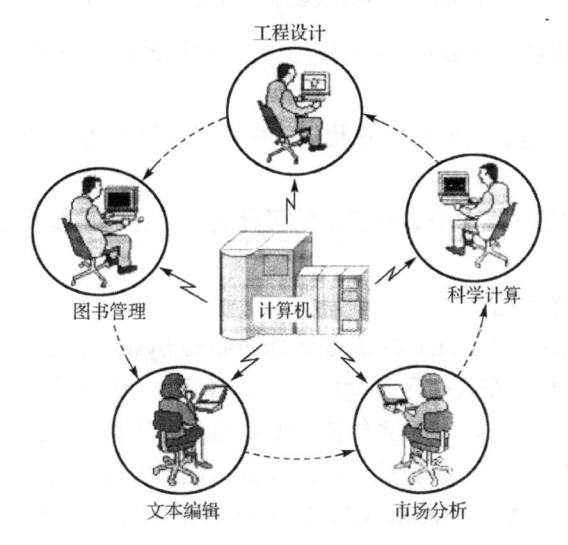

图 3-10 分时操作系统工作过程

3）实时操作系统

实时操作系统应用范围日益扩大，如在控制飞机飞行、导弹发射以及冶炼轧钢等生产过程中采用了实时控制系统，在飞机订票、银行业务中采用了实时事务处理系统。它们都打破了只把计算机用于科学计算和数据处理等领域的格局。

（1）实时处理。所谓"实时"，是指能够及时响应随机发生的"外部事件"，并对事件做出快速处理的一种能力。而"外部事件"是指与计算机相连接的设备向计算机发出的各种服务请求。实时处理以快速响应为特征。

（2）实时操作系统。实时系统中配置的操作系统称为实时操作系统，可分为以下 3 类：

① 实时控制系统。计算机用于工业生产的自动控制，它在被控过程中按时获得输入。图 3-11 是一个用计算机系统控制化学生产反应的例子。A、B 两种原料通过阀门进入反应堆，反应堆中的各种传感装置周期性地把测得的温度、压力、浓度等测量信号传送给计算机系统。计算机中的实时操作系统及时接收这些信号，并调用指定的处理程序对这些数据进行分析，然

后给出反馈信号，控制两种原料 A、B 的流量，确保反应堆中的原料参数维持在正常范围之内。若参数超过极限允许值，就立即发出报警，甚至关闭反应堆，以免发生事故。

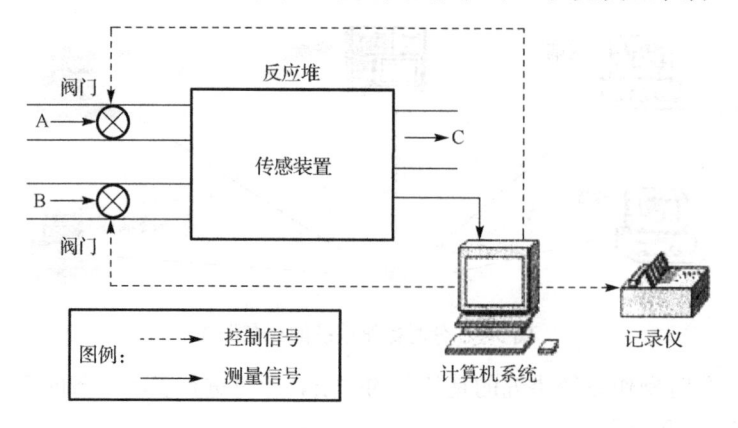

图 3-11　用计算机系统控制化学生产反应

② 实时信息查询系统。主要特点是配置了大型文件系统或数据库，并具有简单、方便、快速查询的能力。

③ 实时事务处理系统。主要特点是数据库中的数据随时都可能更新，用户和系统之间频繁地进行交互。

从计算机体系结构的角度来分，操作系统可分为个人计算机操作系统、网络操作系统和分布式操作系统。

1）个人计算机操作系统

个人计算机操作系统（Personal Computer Operating System）是一种单用户的操作系统。个人计算机操作系统主要供个人使用，功能强、价格便宜。它能满足一般用户操作、学习、游戏等方面的需求。个人计算机操作系统的主要特点是：计算机在某一时间内为单个用户服务；采用图形界面人机交互的工作方式，界面友好；使用方便，用户无须具备专门知识，也能熟练地使用操作系统。例如，DOS、CP/M、OS/2、Windows 等操作系统。

2）网络操作系统

网络操作系统（Network Operating System）是基于计算机网络的、在各种计算机操作系统基础上按网络体系结构协议设计开发的系统，它包括网络管理、通信、安全、资源共享和各种网络应用。网络操作系统把计算机网络中的各个计算机有机地连接起来，其目标是相互通信及资源共享。

网络操作系统最主要的功能有：通过网络协议进行高效、可靠的数据传输；协调各用户使用；文件和设备共享，信息发布；安全管理、故障管理、性能管理等。网络操作系统有 Netware、Windows NT Server 等，这类操作系统通常用在计算机网络系统中的服务器上。

3）分布式操作系统

将大量的计算机通过网络连接在一起，可以获得极高的运算能力及广泛的数据共享，这种系统称为分布式系统（Distributed System）。为分布式系统配置的操作系统称为分布式操作系统（Distributed Operating System），这类操作系统主要有 Amoeba、Mach、Chorus 和 DCE 等。

分布式操作系统的特征是：分布式操作系统是一个统一的操作系统，在系统中的所有主机使用的是同一个操作系统；实现资源的深度共享；处于分布式系统中的各个主机都处于平等的地位，各个主机之间没有主从关系；一个主机的失效一般不会影响整个分布式操作系统。

分布式操作系统的优点在于它的分布式，分布式操作系统以较低的成本获得较高的运算性能；分布式操作系统的另一个优点是它的可靠性。

网络操作系统与分布式操作系统在概念上的主要不同之处在于：网络操作系统可以构架在不同的操作系统之上，也就是说它可以在不同的本机操作系统上通过网络协议实现网络资源的统一配置；而分布式操作系统强调单一操作系统对整个分布式系统的管理、调度。

3.3 Windows 7 的基本操作

Windows 7 是由微软公司开发的操作系统，核心版本号为 Windows NT 6.1。Windows 7 可供家庭及商业工作环境（笔记本电脑、平板电脑、多媒体中心等）使用。它主要的版本有 Windows 7 家庭基础版（Home Basic）、Windows 7 家庭高级版（Home Premium）、Windows 7 专业版（Professional）和 Windows 7 旗舰版（Ultimate）。

Windows 7 对硬件系统的要求为：CPU 主频 1GHz 以上，内存 1GB 以上；硬盘空间 16GB 以上，安装系统的分区至少有 20GB；配有鼠标、VGA 或者更高分辨率的显示器，以及 DVD 驱动器。

Windows 7 系统有 3 种安装方式：全新安装、升级安装（Windows 7 专业版）和双启动安装。将 Windows 7 系统的光盘插入光驱，自启动程序将启动运行安装向导，按照安装向导的提示逐步完成安装，在安装过程中，一台计算机最多可以注册 5 个不同的用户，为它们建立不同的账户和密码。

3.3.1 Windows 7 的启动与退出

1. Windows 7 的启动

启动 Windows 7 后，系统显示登录界面，登录界面中显示每个用户的账号名。登录某账号时，用鼠标单击该账号名，然后用键盘输入密码，成功登录后的 Windows 7 界面如图 3-12 所示。

图 3-12　成功登录后的 Windows 7 界面

2. Windows 7 的退出

退出 Windows 7 时，不能直接关闭电源。因为 Windows 7 是一个多任务操作系统，前台运行某个应用程序时，后台可能在运行其他应用程序，若直接关闭电源，可能会造成数据的丢失；另外，Windows 7 运行时，要占用大量的硬盘空间来存放临时文件，若非正常退出，会在硬盘上留下大量的垃圾文件，造成硬盘空间的浪费。

正常退出 Windows 7 的步骤如下：

① 首先关闭所有应用程序。

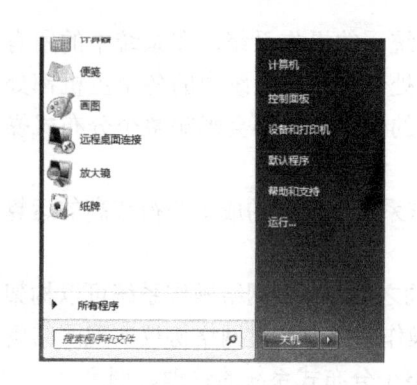

图 3-13 "开始"菜单下的"关机"命令

② 单击"开始"按钮，选择"关机"命令，如图 3-13 所示。

3.3.2 Windows 7 的桌面

覆盖在整个屏幕上的 Windows 7 用户界面通常称为桌面。桌面由图标、"开始"菜单和任务栏组成。

1. 图标

桌面上的每一个图标代表一个可以执行的应用程序、一个文件或一个操作工具。内容不同，其图标样式也不同，这样用户可以通过图标的样式了解其含义。安装操作系统后，系统会自动创建一些基本的图标，如"回收站""计算机""网络"等。

用户可以在桌面上添加图标。用户建立的图标称为"快捷图标"，这种图标可以删除，但只是删除了快捷方式，实际文件或程序并没有删除。

2. "开始"菜单

"开始"菜单位于任务栏的左侧，单击"开始"按钮，出现如图 3-14 所示的"开始"菜单。用户可以在"开始"菜单中寻找要执行的程序或要打开的文档。

Windows 7 的"开始"菜单与以前的 Windows 版本相比，外形更加人性化。"开始"菜单的右下角是"关机"命令，中间部分采用分栏式的结构显示常用命令。左侧显示用户最近使用过的应用程序的快捷方式，用户可以从这里快速启动程序；右侧的菜单将常用的"计算机""控制面板""文档"等命令集中在一起，以提高操作效率。"所有程序"命令是所有程序的启动入口，将鼠标指针移到"所有程序"按钮上或单击"所有程序"按钮可弹出下一级菜单，显示系统中安装的所有应用程序，单击某个应用程序即可运行该应用程序。

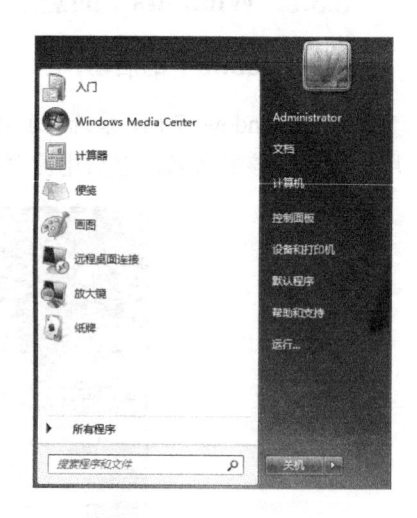

图 3-14 "开始"菜单

3. 任务栏

Windows 7 的任务栏保持了 Windows 系统的基本风格，但结构发生了变化。在外观上，Windows 7 的任务栏十分美观，半透明的效果及不同的配色方案使其与各种桌面背景都可以完美结合，而"开始"按钮也变成晶莹剔透的 Windows 徽标圆球；在布局上，从左到右分别为"开始"按钮、活动任务以及通知区域（又称系统托盘）。Windows 7 将快速启动按钮与活动任务按钮结合在一起，它们之间没有明显的区域划分，如图 3-15 所示。

图 3-15　Windows 7 任务栏的快速启动按钮和活动任务按钮

Windows 7 默认会将相似的活动任务按钮进行分组，当打开了多个资源管理器窗口后，在任务栏中只会显示一个活动任务按钮，当将鼠标指针移动到任务栏的活动任务按钮上稍作停留时，可以方便地预览各个窗口的内容，并进行窗口切换，如图 3-16 所示。

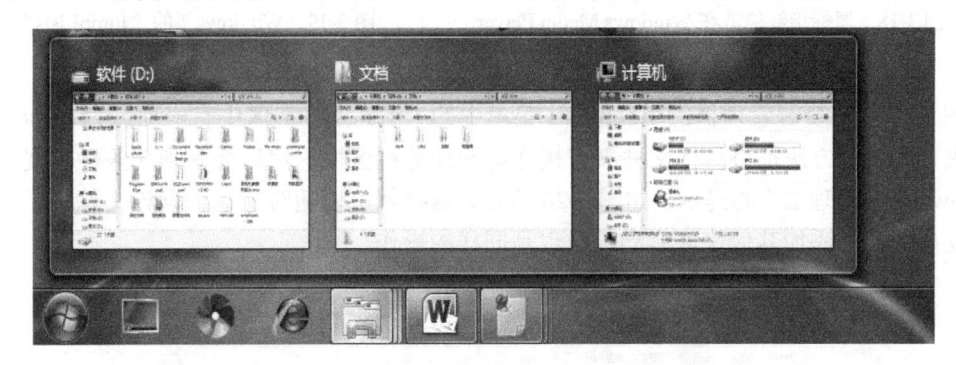

图 3-16　任务栏的活动任务按钮窗口预览效果

在 Windows 7 中，快速启动按钮已经不再单独存在，而是与活动任务按钮合二为一。快速启动按钮和活动任务按钮的区别是：活动任务按钮的图标是凸起的（如图 3-16 中资源管理器窗口、Word 窗口和 QQ 窗口），而快速启动按钮则没有凸起效果（如图 3-16 中的极速浏览器和 Internet Explorer 浏览器）；如果资源管理器同时打开了多个窗口，那么其活动任务按钮也会有所不同，按钮右侧会出现层叠的边框进行标识，如图 3-17 中的资源管理器窗口和 QQ 窗口。

图 3-17　识别不同的活动任务按钮

当用系统自带的 Windows Media Player 来播放一首歌或者一段视频时，将鼠标指针移动到它的任务栏图标上，会看到一组播放控制按钮，在预览中就可以进行暂停、播放等操作，如图 3-18 所示。右击任务栏图标，弹出的菜单中会显示"所有音乐""恢复上一个列表""播放所有音乐"等非常实用的选项，任何程序都可以在专门针对 Windows 7 进行开发后，拥有相同的功能。

Windows 7 的"JumpLists"（跳跃菜单）新功能，可以帮助用户更加容易地找到自己想要执行的相关应用程序。一般来讲，JumpLists 被安装在"开始"菜单中，当右击任务栏中的图标时，即可实现 JumpLists 功能。它可以为用户提供程序的快捷打开方式，其功能类似于 Windows 95 中就已经具备的"我最近的文档"。右击或直接将任务栏中的图标拖动到 Jump Lists 中即可实现该功能，如图 3-19 所示。

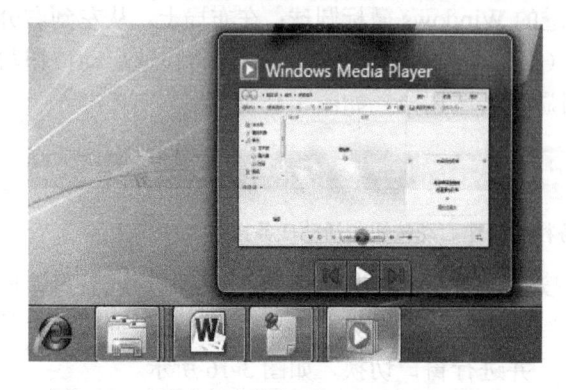

图 3-18　鼠标指针停放在 Windows Media Player 任务栏图标上的效果

图 3-19　Windows 7 的"JumpLists"新功能

图 3-19 中，资源管理器的 JumpLists 菜单中的"已固定"选区中有一项名为"photo"的文件夹，其实现方法是将目标文件夹直接拖动到任务栏区域，然后会看到任务栏出现"附到 Windows 资源管理器"的提示，如图 3-20 所示，这样就可以随时快速访问该文件夹了。事实上，要向任务栏添加其他快速启动项目也是同样的操作。

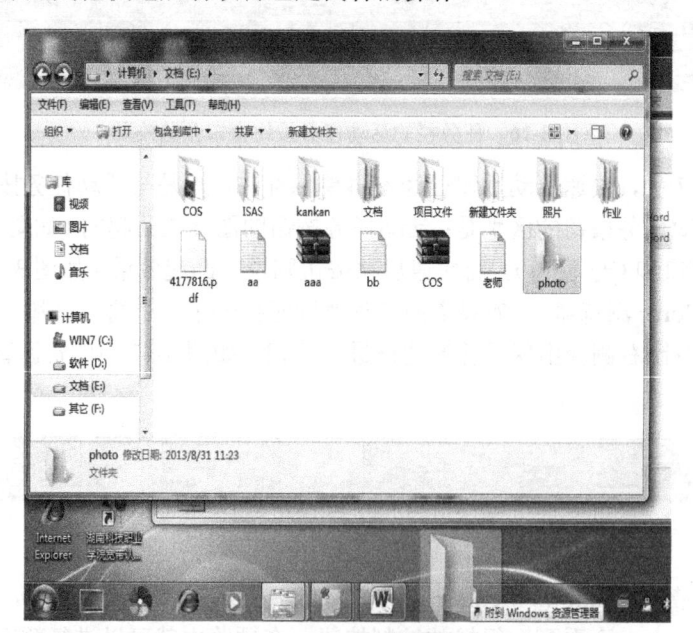

图 3-20　附加文件夹到资源管理器的 JumpLists 菜单中

Windows 7 任务栏的通知区域，如图 3-21 所示。默认状态下，大部分的图标都是隐藏的，如果要让某个图标始终显示，只要单击通知区域的正三角按钮，然后选择"自定义"选项，在弹出的窗口中找到要设置的图标，选择"显示图标和通知"选项即可，如图 3-22 所示。

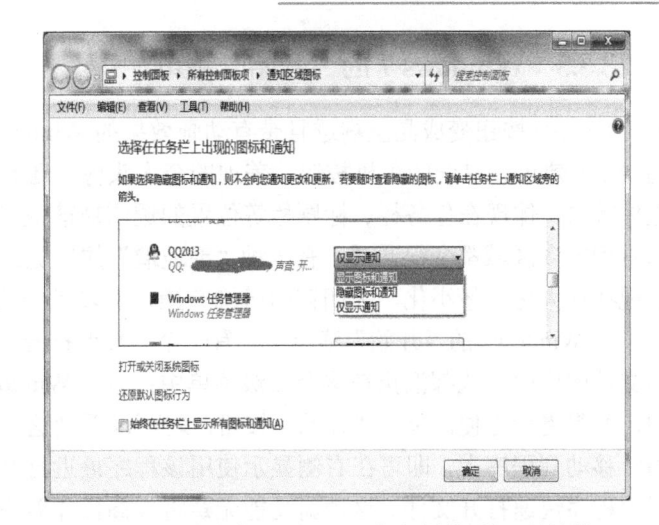

图 3-21　Windows 7 任务栏的通知区域　　　　图 3-22　自定义 Windows 7 任务栏的通知区域图标

在 Windows 7 中，Windows 的"显示桌面"按钮已"进化"成 Windows 7 任务栏最右侧的半透明的区域，它的作用不仅是单击后即可显示桌面、最小化所有窗口，还能实现当鼠标指针移动到上面后，即可透视桌面上的所有东西，查看桌面的情况，而鼠标指针离开后即恢复原状，如图 3-23 所示。

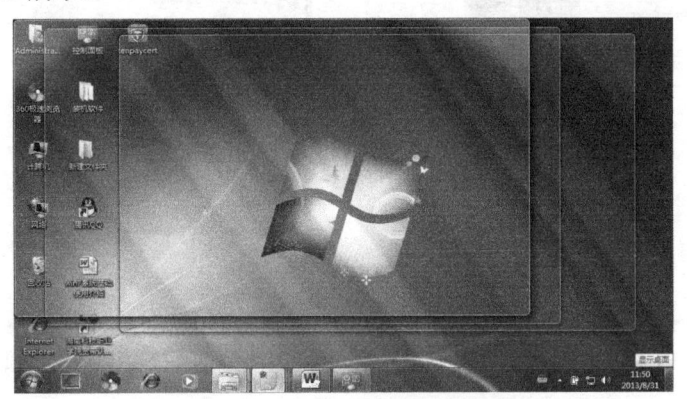

图 3-23　Windows 7 的显示桌面功能

Windows 7 的时钟区域延续了 Windows Vista 的多时钟功能，可以附加时钟，添加另外两个不同时区的时钟，如图 3-24 所示。

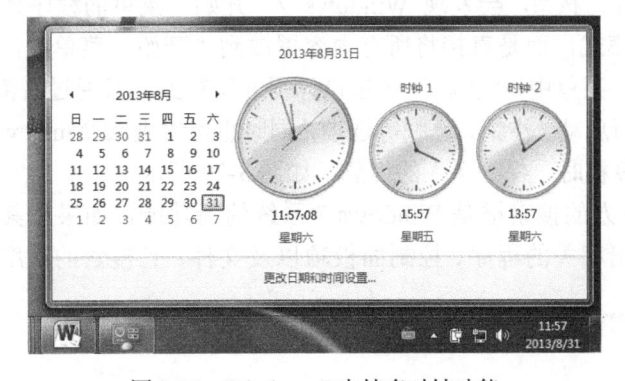

图 3-24　Windows 7 支持多时钟功能

3.3.3 Windows 7 的"开始"菜单

"开始"按钮变成晶莹剔透且带有动画效果的 Windows 徽标圆球,"开始"菜单具有梦幻的 Aero 效果、晶莹的关机按钮、美观的个人头像,还有谐调的配色风格。一种可视化系统主体效果,体现在任务栏、标题栏等位置的透明玻璃效果上。开启了透明玻璃效果以后,可以看到很多区域都变得通透,有一种"毛玻璃"的感觉,可以直接看到下方的内容;还可以发现在最大化、最小化、关闭窗口等细节操作上多了一些绚丽的特效,如图 3-25 所示。

在 Windows 的"开始"菜单中,有一个"最近打开的文档"菜单项,系统会将最近打开的文件的快捷方式都汇集在这个二级菜单中;而在 Windows 7 中,这个功能融入每一个程序中,变得更加方便。单击"开始"按钮,就可以看到这里记录着最近运行的程序,而将鼠标指针移动到程序上,即可在右侧显示使用该程序最近打开的文档列表,单击其中的项目即可用该程序快速打开文件。这种新功能无疑将提高操作效率,更进一步,当将鼠标指针指向某个文件时,可以看到其右侧会有一个图钉的按钮,单击该按钮后即可将该文件"锁定到此列表",也就是固定在列表的顶端,如图 3-26 所示。

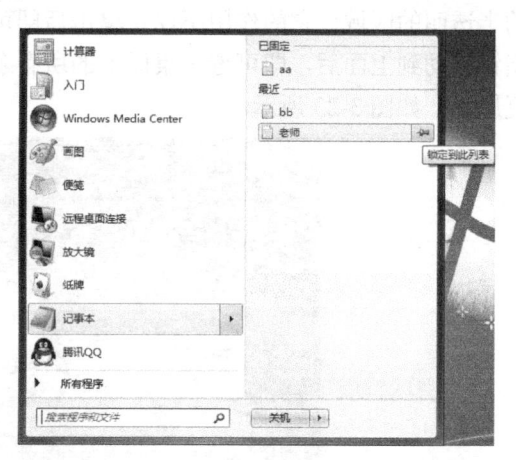

图 3-25 Windows 7 的"开始"菜单的透明玻璃效果　　图 3-26 "开始"菜单中的"锁定到此列表"功能

在"开始"菜单中,最近运行的程序列表是会变化的,一些经常使用的程序也可以固定在"开始"菜单上。操作方法是右击程序,然后选择"附到「开始」菜单"命令即可。完成之后,这个程序的图标就会显示在"开始"菜单的顶端区域,如图 3-27 所示。

单击"所有程序"按钮,会发现 Windows 7 "开始"菜单的程序列表放弃了 Windows 中层层递进的菜单模式,而是直接将所有内容置放到"开始"菜单中,如图 3-28 所示。

在整个"开始"菜单中,"关机"按钮设计得非常精致,且通过右侧的扩展按钮,可以快速选择计算机重新启动、注销、睡眠等选项,同时也可以进入 Windows 7 的"锁定"状态,以便在临时离开计算机时,保护个人的信息,如图 3-29 所示。

"开始"菜单下方的搜索框是 Windows 7 系统的新功能,如果在其中输入"int","开始"菜单中会显示出相关的程序、控制面板项以及文件,且搜索的速度也很快,如图 3-30 所示。

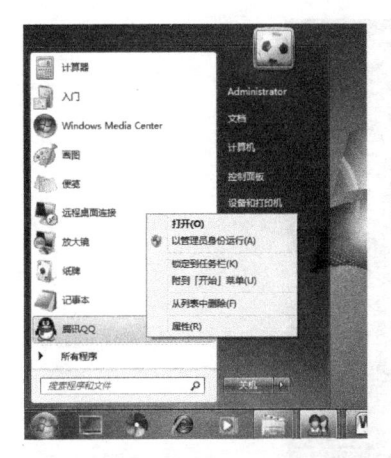

图 3-27　将程序固定在"开始"菜单上 　　图 3-28　单击 Windows 7"开始"菜单的"所有程序"按钮

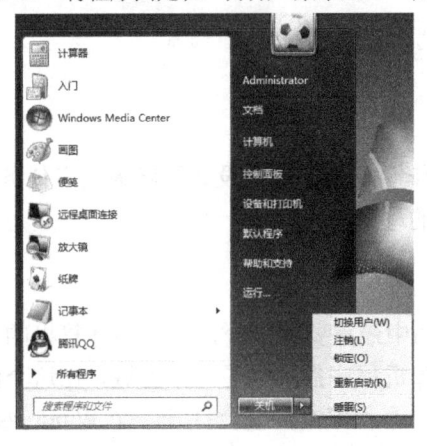

图 3-29　Windows 7 的"关机"按钮和扩展按钮 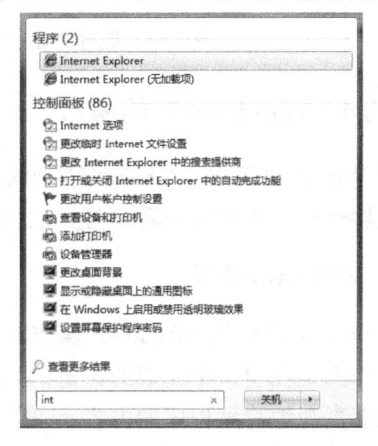　　图 3-30　在"开始"菜单中的搜索框输入"int"

Windows 7 的"开始"菜单也可以进行一些自定义的设置。如果担心"开始"菜单中的 JumpLists 功能会泄露隐私，那么可以在"开始"菜单上右击，再单击"属性"选项，弹出对话框，如图 3-31 所示，进入设置界面后，在这个界面上单击"自定义"按钮，可以看到一系列的关于"开始"菜单显示方式的设置，如图 3-32 所示，选择"显示为菜单"单选按钮后，回到"开始"菜单中，就可以看到如图 3-33 所示的显示效果，"计算机"选项后多了二级菜单，可以直接进入各个分区。

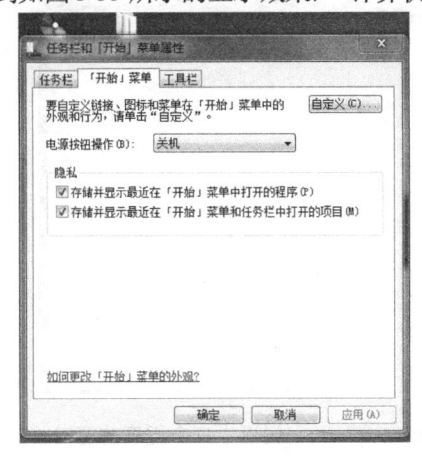

图 3-31　"任务栏和「开始」菜单属性"对话框 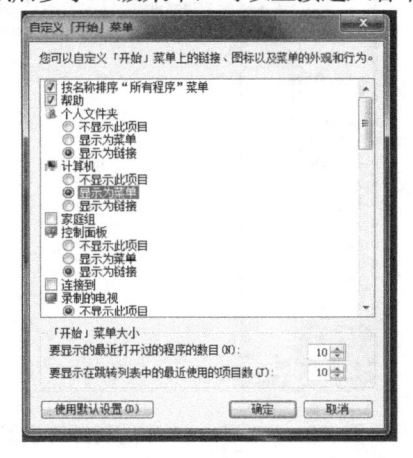　　图 3-32　"自定义「开始」菜单"对话框

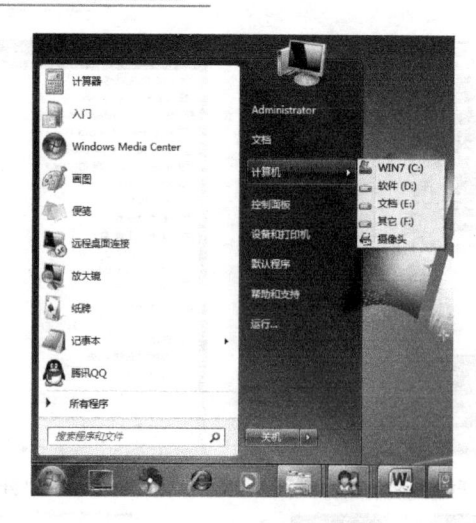

图 3-33 选择"显示为菜单"单选按钮后的"计算机"选项

3.3.4　Windows 7 的窗口

在 Windows 7 中，用户操作界面多为窗口操作，基于窗口的设计能够提高多任务效率，并且能够使用户更清晰地看到打开的内容及运行的程序。

1. Windows 窗口

Windows 窗口是 Windows 操作系统用户界面中最重要的部分，用户与计算机的大部分交互操作都是在窗口中完成的。窗口为每一个计算机程序都规定了一个区域，在这个区域内用户能够直观地看到程序的内容。一般来说，运行一个程序实例就会打开一个 Windows 窗口，大部分的窗口都使用 Windows 窗口的边框样式：在窗口顶部的左侧有一个程序图标，在图标的右侧有一个窗口标题，每个窗口都拥有"最小化""最大化""关闭"3 个按钮。图 3-34 所示的是 Windows 7 中的资源管理器、Internet Explorer、记事本 3 个程序的窗口。

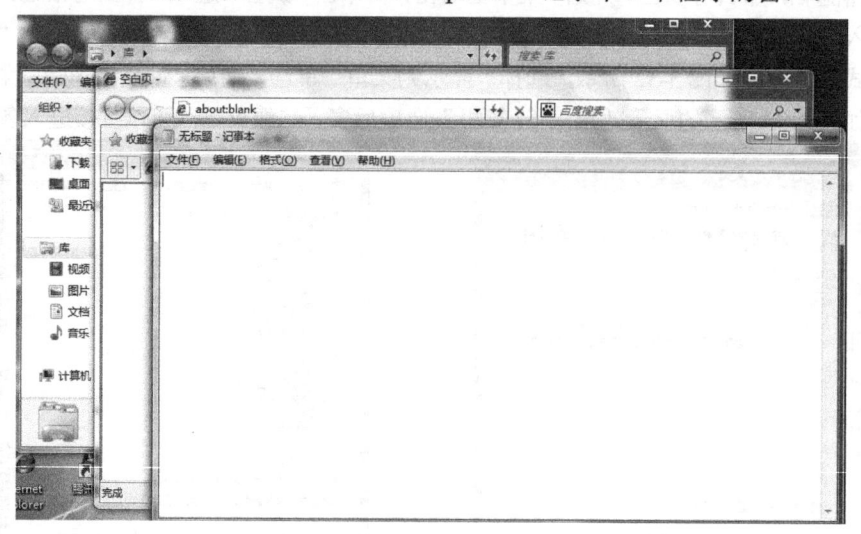

图 3-34　Windows 7 中的资源管理器、Internet Explorer、记事本三个程序的窗口

2. 窗口状态

Windows 窗口拥有最大化、最小化、还原 3 种显示状态，大部分的 Windows 窗口都能由用户自由调整状态。如图 3-35 所示，窗口默认有"最小化""最大化""关闭"3 个按钮，如果当前窗口已经为最大化，则"最大化"按钮将显示为"向下还原"按钮。调整窗口状态能够使桌面显示的内容更加有序、清晰，便捷的调整方式有利于用户对窗口的操作。在 Windows 7 中窗口最大化、最小化、还原之间的切换非常轻松，并且有多种方式，用户可以根据习惯选择不同的方式进行调整。

图 3-35 按钮

3. 窗口最大化

窗口最大化是指将整个窗口撑满显示器屏幕，但不覆盖 Windows 任务栏。如图 3-36 所示是一个标准的最大化窗口，窗口最大化有利于显示窗口中的内容。

在 Windows 7 中，用户可以通过单击右上角的"最大化"按钮将窗口切换为最大化状态，如图 3-37 所示。

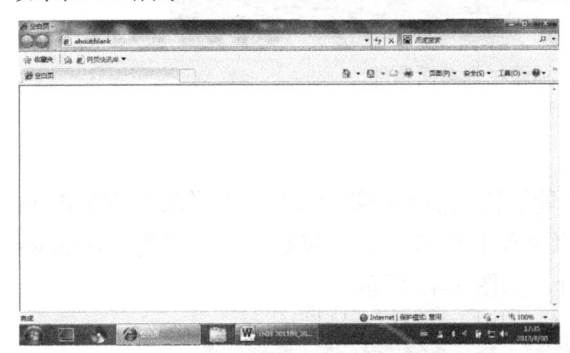

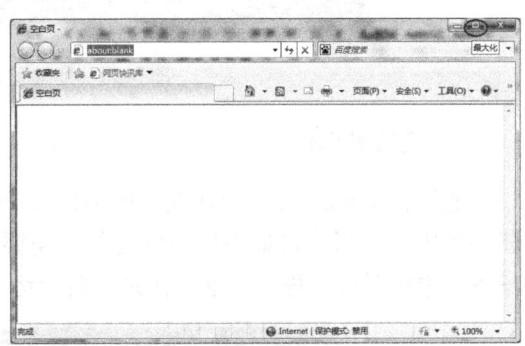

图 3-36 最大化状态的窗口　　　　图 3-37 窗口的"最大化"按钮

用户可以直接双击窗口标题栏处，更快捷地完成窗口最大化操作，如图 3-38 所示。

除了以上两种方式，用户还可以单击窗口左上角的程序图标，或者在窗口边框的空白处右击，在弹出的菜单中单击"最大化"选项，实现窗口最大化操作，如图 3-39 所示。

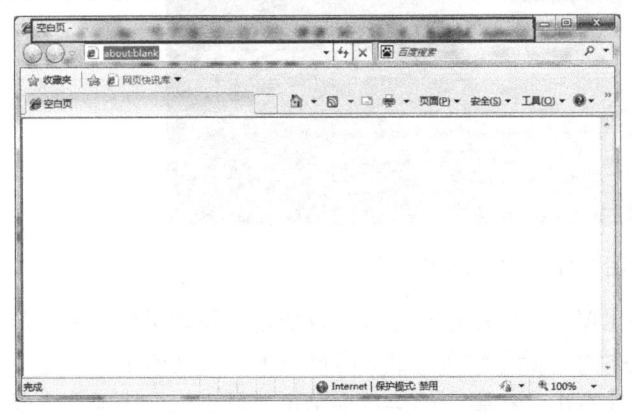

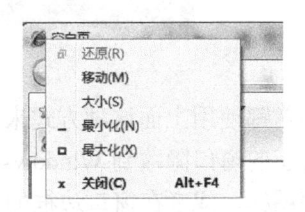

图 3-38 双击窗口标题栏处使窗口最大化　　　　图 3-39 通过菜单完成窗口最大化操作

在 Windows 7 中新加入了一种非常方便的切换窗口状态的方式，默认情况下这种方式是开启的。选择需要最大化的窗口标题栏按住左键，然后将窗口拖动至桌面顶部，如图 3-40 所示，这时 Windows 会出现一个最大化状态的"玻璃"窗口，这时再松开左键，窗口将自动最大化显示。

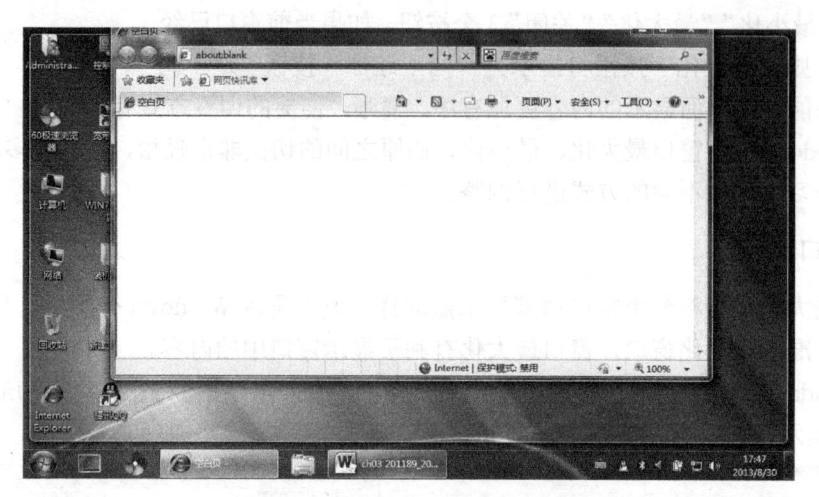

图 3-40　拖动窗口标题栏到桌面顶部

4. 窗口最小化

通过将 Windows 窗口切换到最小化窗口，能够使当前不需要显示的窗口隐藏到 Windows 任务栏中。使用窗口最小化的好处是不需要关闭运行的程序，仅仅是缩小显示为 Windows 任务栏中的图标，程序将继续在系统后台运行，如图 3-41 所示。

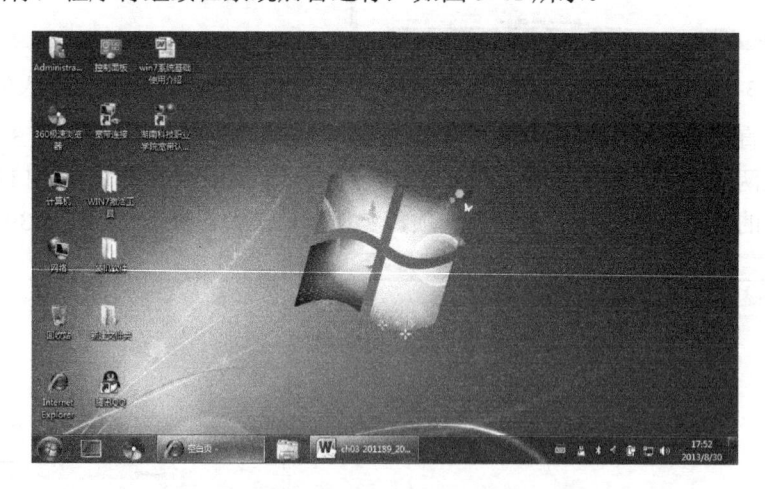

图 3-41　窗口最小化

通常都使用上面这种方式来最小化窗口。使用这种方式可以快速地整理桌面，将当前不需要显示的窗口隐藏到 Windows 任务栏中。除了这种方式，用户还可以通过单击窗口左上角的程序图标，或者在窗口边框的空白处右击，在弹出的菜单中单击"最小化"选项，实现窗口最小化操作，如图 3-42 所示。

在日常的使用中，有可能会打开非常多的窗口，在桌面查找需要最小化的窗口比较困难。在这种情况下，用户可以右击 Windows 任务栏图标的动态缩略图，会弹出与单击程序图标差不多的菜单，如图 3-43 所示，选择"最小化"选项可最小化所有窗口。

在 Windows 7 中还有更方便的操作：将鼠标指针移动到 Windows 任务栏中，按住键盘上的 Shift 键（上挡键），右击需要窗口最小化的程序图标，如图 3-44 所示，单击"最小化"选项可最小化所有窗口。

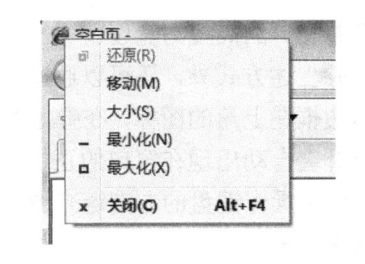

图 3-42　通过菜单完成窗口最小化操作

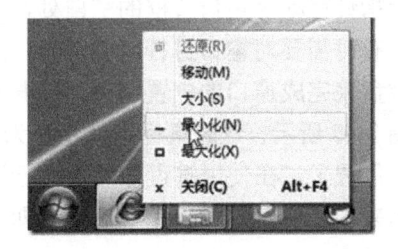

图 3-43　右击 Windows 任务栏图标的动态缩略图　　图 3-44　按住 Shift 键并右击程序图标弹出的菜单

5. 调整窗口尺寸大小

大多数的 Windows 窗口都允许用户自行调整窗口的尺寸大小。调整窗口尺寸大小可以让窗口的显示更加协调，窗口中的内容也更加清晰。窗口大小可以根据用户需要进行调整，合理的设置窗口大小，能够提高计算机的使用效率。当用户需要调整窗口尺寸时，可以将鼠标指针移动至窗口边缘，指针会变为窗口调整状态，如图 3-45 所示。

图 3-45　将指针移动至窗口边缘时指针变为窗口调整状态

图 3-45 是将鼠标指针移动至窗口底部的边框，当指针处于窗口调整状态时，按住鼠标左键上下移动鼠标便可调整窗口的高度。同样地，如果用户需要调整窗口的宽度则可以将鼠标指针移动至窗口的左侧或右侧的边框，当鼠标指针处于窗口调整状态时，按住鼠标左键移动鼠标便可调整窗口的宽度。如果需要对窗口的高度与宽度一起调整，则可以将鼠标指针移动至窗口的 4 个角上，当鼠标指针显示为沿对角线调整状态时，按住鼠标左键移动鼠标便可同

时调整窗口的高度与宽度。

除上述方式外，还可以通过键盘来调整窗口的尺寸。右击窗口的边框空白处，或者单击窗口边框左上角的图标，在弹出的窗口菜单中，选择"大小"选项，如图 3-46 所示，这时鼠标指针会自动出现在窗口的正中间。当鼠标指针出现在窗口中间，并且显示为"移动"状态时，便可操作键盘的方向键来调整窗口的高度与宽度。当调整完成时，单击便可退出键盘调整状态。

6. 调整窗口位置

当打开的窗口数量越来越多时，部分窗口将被其他窗口遮挡，影响用户计算机的使用。这种情况就需要用户手动调整 Windows 窗口的位置，将一些不必要的窗口从视线中移开。将鼠标指针移动至窗口边框的空白处，按住鼠标左键移动鼠标即可调整。

有时需要对窗口进行精确调整，或者当前无法使用鼠标调整窗口的位置，这时就需要使用键盘来完成窗口的位置调整。右击窗口边框的空白处，在弹出的菜单中选择"移动"选项，如图 3-47 所示，这时鼠标指针将变为"移动"状态。这时便可以使用键盘的方向键来调整窗口的位置了，在使用键盘方向键进行调整时，鼠标指针会恢复正常状态。这时可以直接移动鼠标来调整窗口，调整完成后单击即可恢复正常状态。

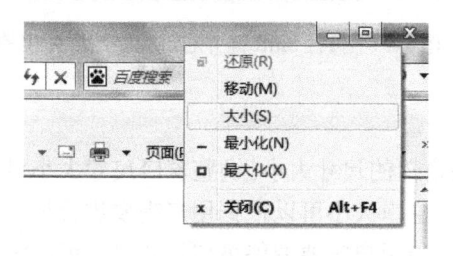

图 3-46　使用键盘调整窗口尺寸 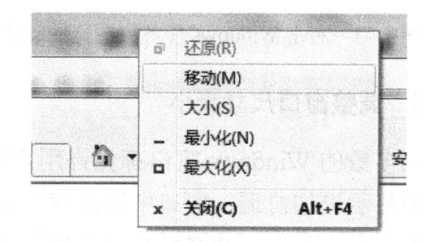　　　　　图 3-47　使用键盘调整窗口位置

7. 关闭窗口

应用程序运行完时需要关闭程序，窗口使用完时同样也需关闭。关闭窗口不仅为了减少对硬件资源的消耗，还可使计算机操作界面整洁有序。Windows 窗口的右上角都有一个"关闭"按钮，单击"关闭"按钮便可关闭窗口，如图 3-48 所示。

图 3-48　窗口的"关闭"按钮

除了直接在窗口中操作，还可以右击 Windows 任务栏上已经打开的图标，单击"关闭窗口"命令来关闭窗口，如图 3-49 所示。

对于单个程序的多个实例，如浏览器的多个选项卡，可以直接在任务栏的动态缩略图上关闭单个选项卡，而不用关闭整个浏览器，如图 3-50 所示。

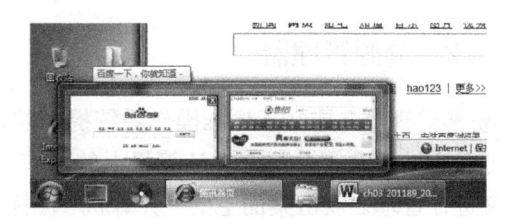

图 3-49 "关闭窗口"命令　　　　　图 3-50 关闭浏览器的单个选项卡

3.4 文件系统

3.4.1 文件管理的概念

硬盘是存储文件的大容量存储设备。文件是计算机系统中信息存放的一种组织形式，是硬盘上最小的信息组织单位。文件是有关联的信息单位的集合，由基本信息单位（字节或字）组成，包括信件、图片以及其他信息等。一般情况下，一个文件是一组逻辑上具有完整意义的信息集合，计算机中的所有信息都以文件的形式存在。

硬盘可容纳相当多的文件，需要把文件组织到目录和子目录中。在 Windows 7 中，目录被认为是文件夹，子目录被认为是文件夹下的文件夹或者称为子文件夹，一个文件夹就是一个存储文件的有组织实体，其本身也是一个文件。文件夹是对文件进行管理的一种工具，使用文件夹把文件分成不同的组，这样 Windows 7 的整个文件系统形成树状结构。从外形上看，当打开一个文件夹时，它看上去是一个窗口；当关闭一个文件夹时，它看上去是一个文件夹图标。实际上，Windows 7 中的文件夹是把磁盘中的目录以图形方式显示出来，在窗口中显示的对象就是该目录中所有的文件。

Windows 7 还支持一些特殊的文件夹，它们不对应磁盘上的某个目录，而是包含了一些其他类型的对象，例如，桌面上的"计算机""文档""控制面板"等。

文件类型是根据它们所含的信息进行分类的，如程序文件、文本文件、图像文件、其他数据文件等文件格式。每个文件有且仅有一个标识符，这个标识符就是文件全名，简称文件名。文件名由主文件名和扩展名两部分组成，中间由"."分隔。Windows 7 的文件命名规则如下：

（1）文件名最多可以由 255 个字符组成，可以是纯汉字或纯英文字符，或者混合使用字符、汉字、数字，甚至空格，但是文件名中不能含有？、\、*、<、>、|等符号。

（2）中文版的 Windows 7 保留指定文件名的大小写格式，但不能利用大小写区分文件名，例如，my.docx 与 MY.DOCX 被认为是同一个文件名。

（3）可使用汉字作为文件名。文件不仅有文件名，还有其文件属性。文件属性就是指文件的"只读""隐藏"属性等。一个文件可以同时具备一个或几个属性，具备"只读"属性的文件只能被读取，而不能被编辑或修改；具备"隐藏"属性的文件一般情况下不会在"计算机"和"资源管理器"中出现。

（4）扩展名也称为"类型名"或"后缀"，它标识着文件的类型，一般由系统自动给定，如 docx 为 Word 2010 文件，exe 为可执行文件，bmp 为位图文件。

3.4.2 资源管理器

"资源管理器"是 Windows 操作系统提供的资源管理工具,是 Windows 的主要功能之一。用户可以通过资源管理器查看计算机上的所有资源,能够清晰、直观地对计算机中的文件和文件夹进行管理。双击桌面上的"计算机"图标或者右击"开始"按钮,选择"打开 Windows 资源管理器"选项,打开的资源管理器窗口如图 3-51 所示。

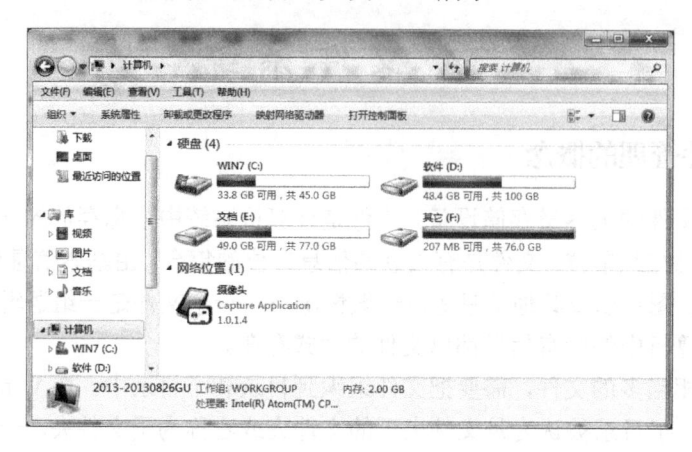

图 3-51 资源管理器窗口

在 Windows 7 资源管理器窗口左侧的列表中,显示整个计算机的资源分类,包括收藏夹、库、家庭组、计算机和网络等。它能让用户更好地组织、管理及应用资源,带来更高效的操作。在收藏夹下的"最近访问的位置"中可以查看到最近打开过的文件和系统功能,方便再次使用;在网络下,可以直接快速设置网络属性和访问网络资源。

Windows 7 资源管理器窗口的地址栏采用了"面包屑"的导航功能,如果要复制当前的地址,只要单击地址栏空白处,即可让地址栏以传统的方式显示,如图 3-52 所示。

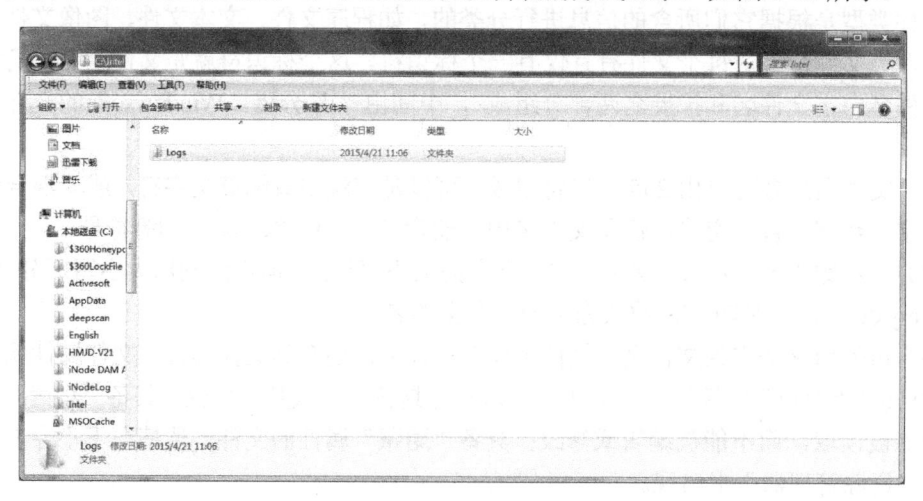

图 3-52 传统方式显示

在菜单栏方面,Windows 7 的组织方式发生了很大的变化或者说是简化,一些功能直接作为顶级菜单置于菜单栏上,如"共享""新建文件夹"功能,如图 3-53 所示。

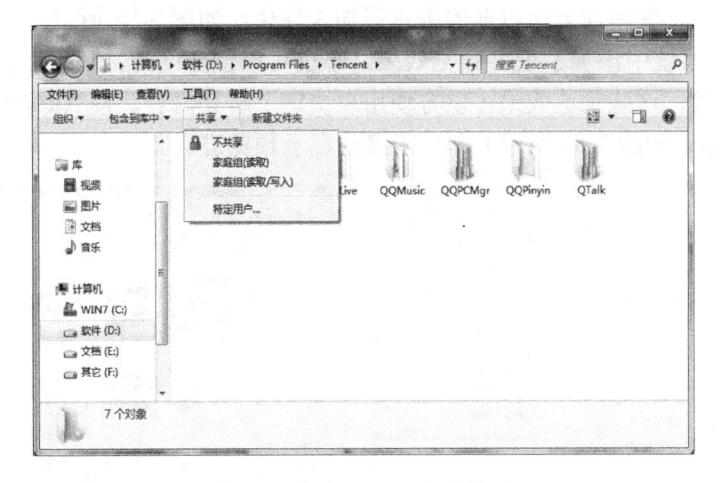

图 3-53　Windows 7 的菜单栏

此外，Windows 7 不再显示工具栏，一些有必要保留的按钮则与菜单栏处在同一行中。如视图模式的设置，单击按钮后即可打开调节菜单，在多种模式之间进行调整，包括 Windows 7 特色的大图标、超大图标等模式，如图 3-54、图 3-55 所示。

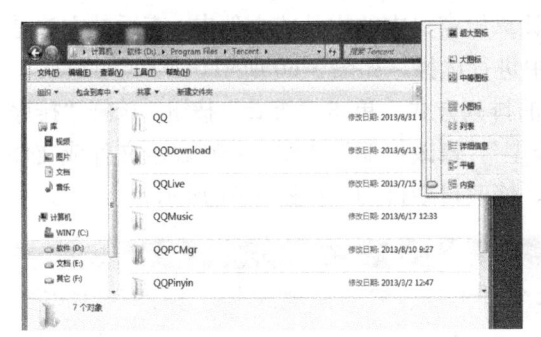

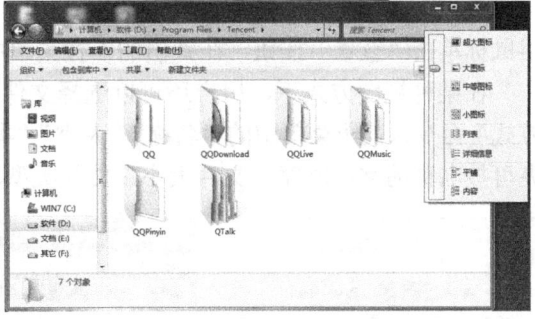

图 3-54　Windows 7 的视图模式设置　　　　图 3-55　大图标的显示模式

在地址栏的右侧，可以再次看到 Windows 7 的搜索框。在搜索框中输入搜索关键词后按 Enter 键，立刻就可以在资源管理器中得到搜索结果，不仅搜索速度令人满意，且搜索过程的界面表现也很出色，包括搜索进度条、搜索结果条目显示等，如图 3-56、图 3-57 所示。

图 3-56　在资源管理器中使用搜索框　　　　图 3-57　资源管理器搜索过程界面

搜索的下拉菜单会根据搜索历史显示自动完成的功能，此外支持两种搜索过滤条件，单击后即可进行设置，使用起来比以前的版本更加人性化，如图 3-58 所示。

Windows 7 系统中添加了很多预览效果，不仅可以预览图片，还可以预览文本、Word 文件、字体文件等，这些预览效果可以方便用户快速了解其内容。按 Alt+P 组合键或者单击菜单栏的 ▢ 按钮（如图 3-59 所示）即可隐藏或显示预览窗口。

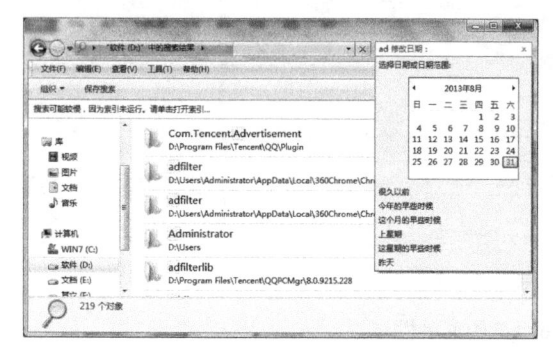

图 3-58　设置搜索过滤条件　　　　图 3-59　单击菜单栏中的按钮隐藏或显示预览窗口

3.4.3　文件或文件夹的查看

可以用各种方式查看资源管理器窗口或者计算机窗口中的文件或文件夹，查看的方法是用鼠标单击"查看"按钮，在弹出的下拉菜单中进行选择，如图 3-60 所示。

在某种视图方式下，用户还可以选择文件的排列方式。单击"查看"按钮，选择"排序方式"命令，其子菜单中的"名称""大小""类型""修改日期"选项，分别表示文件或文件夹可按名称的字母顺序、文件大小、文件类型、修改日期排列，如图 3-61 所示。

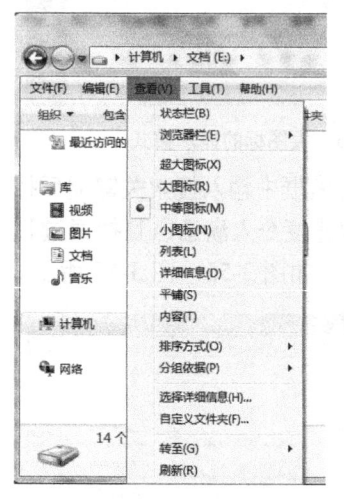

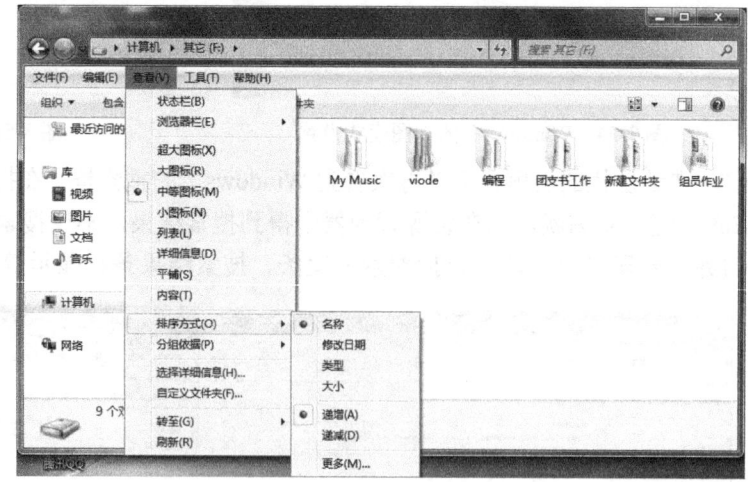

图 3-60　单击"查看"按钮　　　　图 3-61　选择"排列方式"命令

3.4.4　文件夹的创建

在资源管理器中，创建文件夹的操作可以通过菜单来完成。

操作步骤如下：

（1）找到要在其下建立子文件夹的文件夹，双击将其打开。

（2）右击该文件夹列表框的空白处，在弹出的快捷菜单中执行"新建"→"文件夹"命令，或者"文件"→"新建"→"文件夹"命令。

（3）在文件夹列表中出现一个新的文件夹，右击该文件夹名称，在弹出的快捷菜单中执行"重命名"命令，可以对文件的名称进行重命名。

3.4.5 文件或文件夹的选择

1. 选择单个文件或文件夹

要选择单个文件或文件夹，可以先在资源管理器窗口的文件夹列表中单击其所在的文件夹，然后在右侧的文件夹列表中选择需要的文件或文件夹。

2. 选择多个连续的文件或文件夹

若想选择多个连续的文件或文件夹，则要先选择连续区域中的第 1 个文件或文件夹，然后按住 Shift 键，再单击该连续区域中的最后一个文件或文件夹，松开鼠标左键和 Shift 键，即可选中以这两个文件或文件夹为对角线的矩形区域中的所有文件或文件夹。

3. 选择多个不连续的文件或文件夹

若想选择多个不连续的文件或文件夹，则可以先选择要选的第 1 个文件或文件夹，然后按住 Ctrl 键不放，再单击要选择的其他文件或文件夹。

4. 全选

若想选择全部文件或文件夹，可以单击"编辑"按钮，选择"全选"命令，或按 Ctrl+A 组合键。

5. 反向选择

如果想选择当前选定的文件或文件夹之外的全部文件或文件夹，可以单击"编辑"按钮，选择"反向选择"命令。

6. 取消选择

选择好文件或文件夹后，在空白处单击鼠标，即可取消选择。如果选择了不该选的文件或文件夹，按住 Ctrl 键，再次单击该文件或文件夹，即可取消对该文件或文件夹的选择。

3.4.6 文件或文件夹的移动

文件或文件夹的移动是指将已选择的文件或文件夹从当前位置移动到其他驱动器或文件夹下。一次可以移动一个或多个文件及文件夹。

1. 使用鼠标拖动的方法

在资源管理器窗口中，选中要移动的文件或文件夹，然后按下鼠标左键，将其拖动到目标位置，松开鼠标左键，文件或文件夹就被移动到目标位置了。

注意：使用鼠标拖动的方法进行移动时，如果源位置与目标位置不在同一个驱动器上，则这种移动实际上为复制,在鼠标指针的右下角会出现"+"标志。

2. 使用 Shift+鼠标拖动的方法

选中要移动的文件或文件夹,按下鼠标左键并按住 Shift 键,将其拖动到目标位置即可。

注意:使用 Shift+鼠标拖动的方法进行移动时,不管源位置与目标位置是否在同一个驱动器上,均为移动。

3. 使用"编辑"菜单的方法

在资源管理器窗口中选定要移动的文件或文件夹,然后单击"编辑"按钮,选择"移动到文件夹"命令,如图 3-62 所示,这时将弹出"移动项目"对话框,如图 3-63 所示,在该对话框中选择目标位置后,单击"移动"按钮即可。

图 3-62 "移动到文件夹"命令　　图 3-63 "移动项目"对话框

4. 使用命令或按钮的方法

首先选中要移动的文件或文件夹,单击工具栏中的"剪切"按钮;或单击"编辑"按钮,选择"剪切"命令;或右击选中的文件或文件夹,在弹出的快捷菜单中执行"剪切"命令,将其剪切到剪贴板上。再选择目标文件夹或驱动器,单击"粘贴"按钮;或单击"编辑"按钮,选择"粘贴"命令;或右击目标文件夹或驱动器的空白处,在弹出的快捷菜单中执行"粘贴"命令,要移动的文件或文件夹就被粘贴到目标位置了。

5. 使用快捷键的方法

要移动文件或文件夹,最方便的方法是使用快捷键。方法是选中要移动的文件或文件夹,按 Ctrl+X 组合键,将其剪切到剪贴板上,然后选择目标位置,按 Ctrl+V 组合键即可。

3.4.7　文件或文件夹的复制

文件或文件夹的复制是指将所选的文件或文件夹复制到新的位置,但原来的文件或文件夹还在原来的位置。

1. 使用鼠标拖动的方法

选中要复制的文件或文件夹，按下鼠标左键并按住 Ctrl 键不放，再拖动鼠标到目标位置，此时鼠标指针的右下角有一个复制标记"+"，表明进行的是复制操作。松开鼠标左键和 Ctrl 键，文件或文件夹就被复制到目标位置了。

2. 使用"编辑"菜单的方法

在资源管理器窗口中选中要移动的文件或文件夹，然后单击"编辑"按钮，选择"复制到文件夹"命令，这时弹出"复制项目"对话框，如图 3-64 所示，在该对话框中选择目标位置后，单击"复制"按钮即可。

3. 使用命令或按钮的方法

首先选中要复制的文件或文件夹，单击工具栏中的"复制"按钮；或单击"编辑"按钮，选择"复制"命令；或在选中的文件或文件夹上右击，在弹出的快捷菜单中执行"复制"命令，将其复制到剪贴板上。再选择目标文

图 3-64 "复制项目"对话框

件夹或驱动器，单击"粘贴"按钮；或单击"编辑"按钮，选择"粘贴"命令；或右击目标文件夹或驱动器的空白处，在弹出的快捷菜单中执行"粘贴"命令，所选的文件或文件夹就被复制到目标位置了。

4. 使用快捷键的方法

要复制文件或文件夹，最方便的方法就是使用快捷键。方法是选中要复制的文件或文件夹，按 Ctrl+C 组合键，将其复制到剪贴板上，然后选择目标位置，按 Ctrl+V 组合键即可。

3.4.8 文件或文件夹的重命名

文件或文件夹的重命名是指将指定的文件或文件夹重新命名，其操作的步骤如下：

（1）选中要重命名的文件或文件夹，单击"文件"按钮，选择"重命名"命令，或右击选定的文件或文件夹，在弹出的快捷菜单中执行"重命名"命令。

（2）输入新的名称后，按 Enter 键，文件或文件夹就被重命名了。

给文件或文件夹重命名的另一个快捷方法是：首先选中要重命名的文件或文件夹，再单击文件或文件夹名，此时文件或文件夹名反色显示，输入新名称后按 Enter 键即可。

3.4.9 文件或文件夹的删除

文件或文件夹的删除是指删除那些不再需要的文件或文件夹，方法是：选中要删除的文件或文件夹，单击工具栏中的"删除"按钮；或按键盘上的 Delete 键，系统会弹出"删除文件"对话框，如图 3-65 所示，如果确认删除，则选择"是"按钮，否则选择"否"按钮。

用上述方法删除的文件或文件夹其实都被放到了被系统称为"回收站"的地方，允许用户恢复。但软盘和移动存储设备上的文件或文件夹删除后不放在"回收站"中，而是直接删除不能恢复。

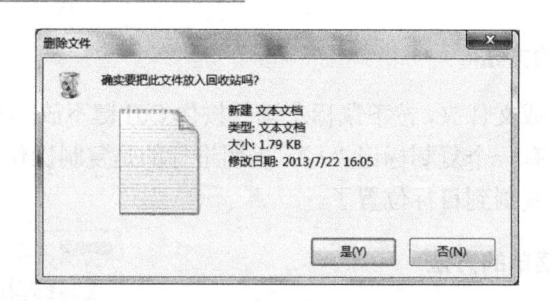

图 3-65 "删除文件"对话框

所谓"回收站",实际上是系统开辟的一块硬盘空间,专门用来保存被删除的文件或文件夹。从回收站中恢复被删除的文件或文件夹的方法是:双击桌面上的"回收站"图标,打开如图 3-66 所示的"回收站"窗口,选中要恢复的文件或文件夹,然后单击窗口菜单栏中的"还原此项目"按钮,文件或文件夹就被恢复到删除之前的位置了。也可以右击要恢复的文件或文件夹,在弹出的快捷菜单中执行"还原"命令。

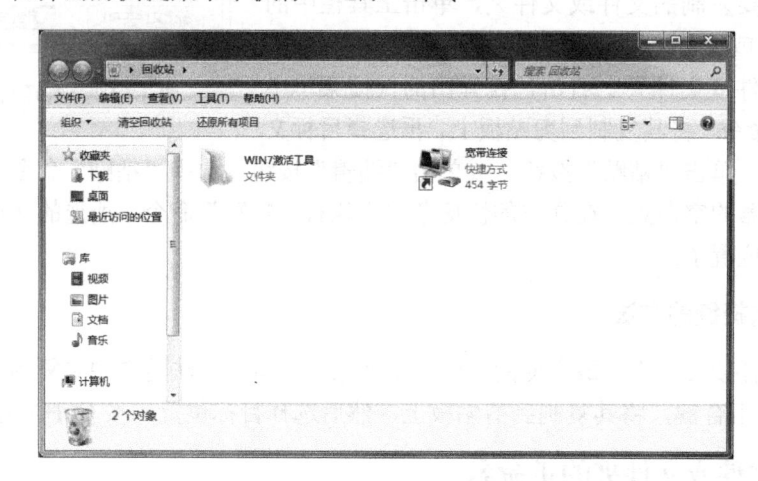

图 3-66 "回收站"窗口

清空回收站的方法是:右击桌面上的"回收站"图标,在弹出的快捷菜单中执行"清空回收站"命令;或双击"回收站"图标,打开"回收站"窗口,然后单击菜单栏中的"清空回收站"按钮即可。

注意:清空回收站的操作是将回收站中的文件或文件夹彻底删除,以后无法再恢复,因此要慎重使用此操作。

若要彻底删除文件或文件夹,则可选中要删除的文件或文件夹,按住 Shift 键不放,再按 Delete 键。

3.4.10 文件或文件夹属性的设置

每个文件或文件夹均有自己的属性,对文件或文件夹的属性进行重新设置的操作步骤如下:

(1)选中要设置属性的文件或文件夹,右击,在弹出的快捷菜单中执行"属性"命令,弹出如图 3-67 所示的对话框。

（2）根据需要，设置相应的属性，然后单击"确定"按钮即可。

"只读"属性指文件或文件夹只能读取和使用，而不能对其进行修改。

"隐藏"属性指文件或文件夹不在列表中显示。

如果需要显示被隐藏的文件或文件夹，可以在资源管理器窗口执行"工具"→"文件夹选项"命令，打开"文件夹选项"对话框，然后单击"查看"选项卡，如图3-68所示，在"高级设置"选区中选中"显示隐藏的文件、文件夹和驱动器"单选按钮，单击"确定"按钮即可。

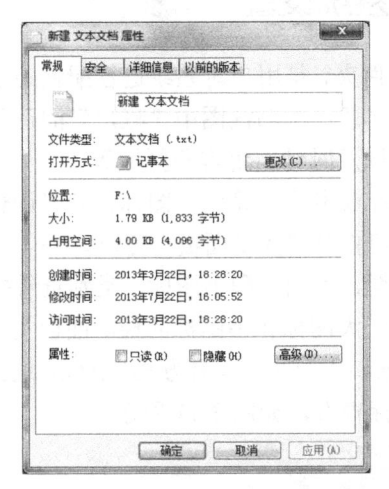

图 3-67　"新建 文本文档 属性"对话框　　　　图 3-68　"文件夹选项"对话框

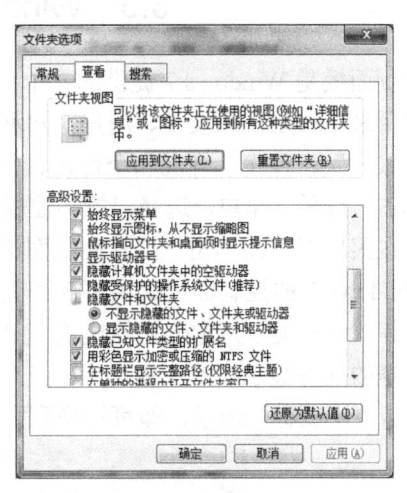

3.4.11　文件或文件夹的快捷方式创建

文件、文件夹和应用程序的快捷方式是一个特殊的文件，是指向原始文件、文件夹和应用程序的链接。双击快捷方式，即可打开对应的文件、文件夹或启动一个应用程序。

用户通常在桌面上建立常用文件、文件夹或应用程序的快捷方式，以便快速操作，最方便的方法是右击要创建快捷方式的文件、文件夹或应用程序，在弹出的快捷菜单中执行"发送到"→"桌面快捷方式"命令，如图3-69所示。

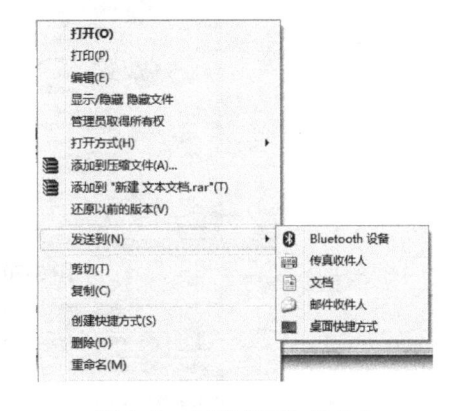

图 3-69　创建桌面快捷方式

3.4.12　文件或文件夹的查找

使用计算机时可能会遇到找不到某个文件或文件夹的情况，此时可借助操作系统的搜索功能进行查找。当查找文件、文件夹、打印机、计算机或用户时，如果不知道具体名称或者不想输入完整的名称，则通常使用通配符代替一个或多个字符。通配符有星号（*）和问号（?）两种，其含义和用法如下。

星号：代表一个或多个任意字符。例如，*.*表示所有文件和文件夹；*.jpg 表示扩展名为 jpg 的所有文件。又如，如果知道要查找的文件以"gloss"开头，但不记得文件名的其余部分，则可以输入"gloss*"，它表示查找以"gloss"开头的所有文件类型的所有文件。加上文件类型，可缩小搜索范围，如输入"gloss*.doc"，则表示查找以"gloss"开头且文件扩展名为 doc 的所有文件。

问号：代表一个字符。例如，输入"gloss?.doc"，表示查找以"gloss"开头，主文件名为 6 个字符并且文件扩展名为 doc 的所有文件。

3.5　Windows 7 的系统设置

控制面板是 Windows 7 提供的一个重要的系统文件夹，是用户对系统进行配置的重要工具，可用来修改系统和安全、用户账户和家庭安全（注意：本书截图中"帐户"的正确写法应为"账户"）、程序、外观和个性化、硬件和声音，以及时钟、语言和区域等。

单击"开始"菜单，选择"控制面板"命令，或者双击"计算机"图标打开"计算机"窗口，在菜单栏下面单击"打开控制面板"按钮，即可打开"控制面板"窗口。

Windows 7 的控制面板提供了 3 种查看方式：类别、大图标和小图标。类别查看按任务分类组织，每一类下再划分功能模块，如图 3-70 所示。大图标和小图标的控制面板类似，将所有管理的任务显示在一个窗口中。在"控制面板"窗口中单击"查看方式"按钮，选择"大图标"或"小图标"选项，即可切换到大图标和小图标查看，如图 3-71 所示。

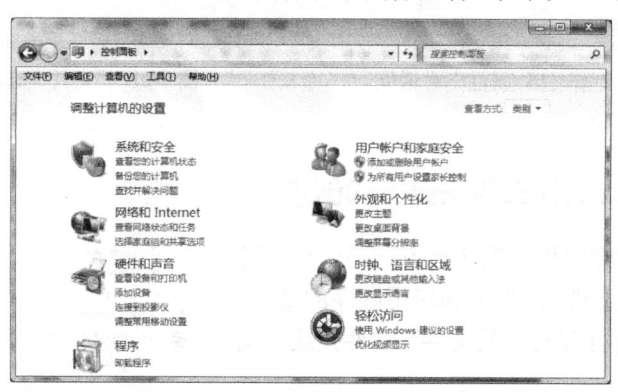

图 3-70　控制面板按类别查看

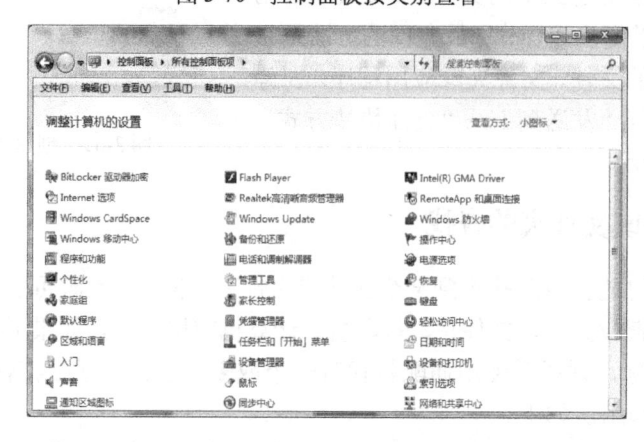

图 3-71　控制面板按小图标查看

3.5.1 显示属性的设置

1. "主题"设置

Windows 7 中自带了很多默认主题,用户也可以自己设计创建 Windows 7 主题。Windows 7 主题可以创建并保存,而且支持用户和第三方合作伙伴将其打包销售。Windows 7 中还提供了很多区域化的主题,不过这些主题并不是默认的,很多都隐藏在文件夹 "C:\Windows\Globalization\MCT"中。另外,用户还可以选择对 Windows 7 主题使用"桌面幻灯片演示"功能,系统会根据时间不停地更换指定的多张桌面背景。

Windows 7 通常会附带主题,例如,Aero 主题包括 Windows 7、建筑、人物、风景、自然、场景、中国主题;基本和高对比度主题包括 Windows 7 Basic、Windows Classic、高对比度、高对比度白色、高对比度黑色。要改变 Windows 7 的主题,首先需要打开"个性化"窗口。在控制面板中单击"更改主题"按钮,可弹出"个性化"窗口,如图 3-72 所示。

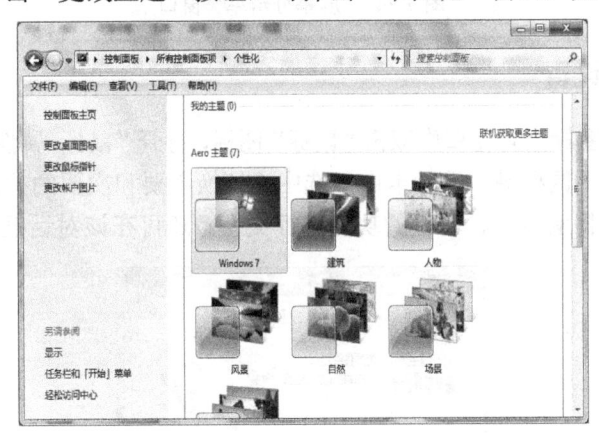

图 3-72 "个性化"窗口

选择某一个主题,即可设置桌面的整体风格。例如,可以在"Aero 主题"选区内选择"人物"选项,便可改变系统当前的主题。

2. "背景"设置

在控制面板中单击"更改桌面背景"按钮,便可弹出"桌面背景"窗口,用户可选择自己喜欢的桌面背景,如图 3-73 所示。

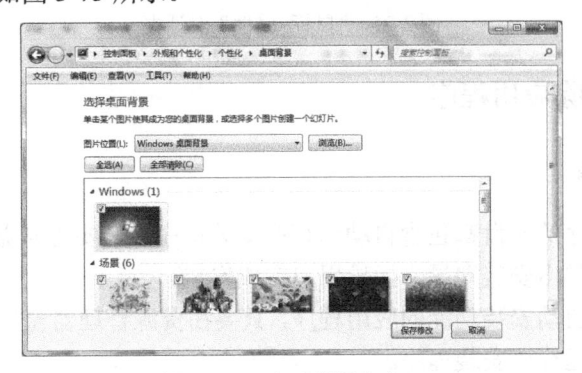

图 3-73 "桌面背景"窗口

3. "屏幕分辨率"设置

用户可以右击桌面上的空白处,在弹出的快捷菜单中执行"屏幕分辨率"命令,弹出"屏幕分辨率"窗口,然后在该窗口中进行设置,如图 3-74 所示。

图 3-74 "屏幕分辨率"窗口

3.5.2 鼠标的设置

在控制面板的小图标查看窗口中双击"鼠标"图标,打开"鼠标 属性"对话框,如图 3-75 所示,在该对话框的"鼠标键"选项卡中,选中"切换主要和次要的按钮"复选框,然后单击"确定"按钮可以将鼠标左、右键的功能进行交换。还可在该对话框中进行其他设置。

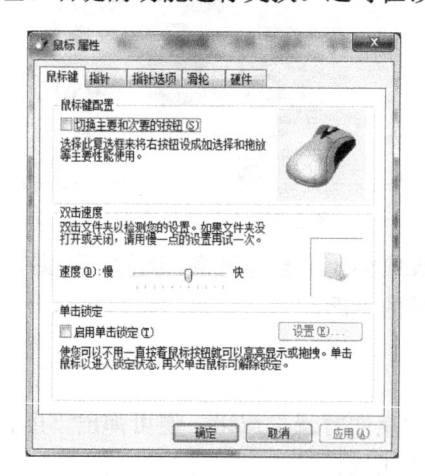

图 3-75 "鼠标 属性"对话框

3.5.3 添加/删除应用程序

1. 添加应用程序

几乎所有应用程序的光盘都包含自动运行的安装程序,只要将光盘放进光驱中,安装程序就会自动运行,并弹出安装向导,指导用户完成安装。

对于那些不具有自动安装功能的应用程序,只要在资源管理器窗口中双击该应用程序的安装程序图标,即可运行该安装程序。

2. 删除应用程序

如果计算机中的应用程序不再需要，建议不要在应用程序所在的文件夹中直接删除，因为很多应用程序会在主文件夹之外的其他位置安装部分文件，而且多数程序会在 Windows 文件夹中添加支持文件，在 Windows 系统注册，并在"开始"菜单的"所有程序"中添加快捷方式，如果直接删除，将给系统留下许多垃圾文件。

有些应用程序在"所有程序"中添加了卸载程序，执行其卸载程序即可将该应用程序删除。对于没有添加卸载程序的应用程序，可以使用"控制面板"窗口中的"程序和功能"将其删除。方法是在"控制面板"窗口中双击"程序和功能"图标，弹出"程序和功能"窗口，如图 3-76 所示，单击要删除的应用程序，然后单击"卸载"按钮，系统将弹出"程序和功能"对话框，如图 3-77 所示，确认删除该应用程序，则单击"是"按钮，反之则单击"否"按钮。

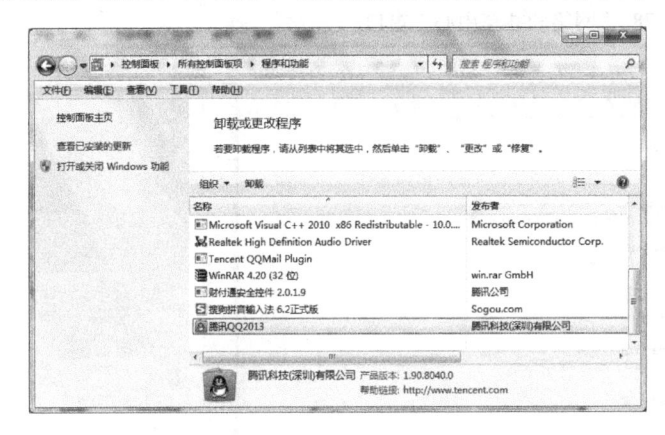

图 3-76　"程序和功能"窗口　　　　图 3-77　"程序和功能"对话框

3.5.4　网络连接设置

在 Windows 7 中，网络的连接变得更加容易，几乎所有与网络相关的向导和控制程序都集中在"网络和共享中心"中，通过可视化的视图操作，便可以轻松连接到网络。

有线网络的连接与早期 Windows 版本中的操作大同小异，变化的仅仅是一些界面的改动和操作的快捷化。进入控制面板后，选择"网络和共享中心"选项，便可打开"网络和共享中心"窗口。在窗口中，可以通过形象化的映射图了解到计算机的网络状况，也可以进行各种相关的网络设置，如图 3-78 所示。

在"网络和共享中心"窗口中，单击"更改网络设置"选区中的"设置新的连接或网络"选项，然后在弹出的"设置连接或网络"对话框中单击"连接到 Internet"选项，如图 3-79 所示。

接下来依据网络类型（小区宽带或者 ADSL 用户），选择"宽带（PPPoE）"或"无线"选项，如图 3-80 所示，然后输入用户名和密码即可。如果用电话线上网，则在连接类型中选择"拨号"，再输入相应信息即可，如图 3-81 所示。

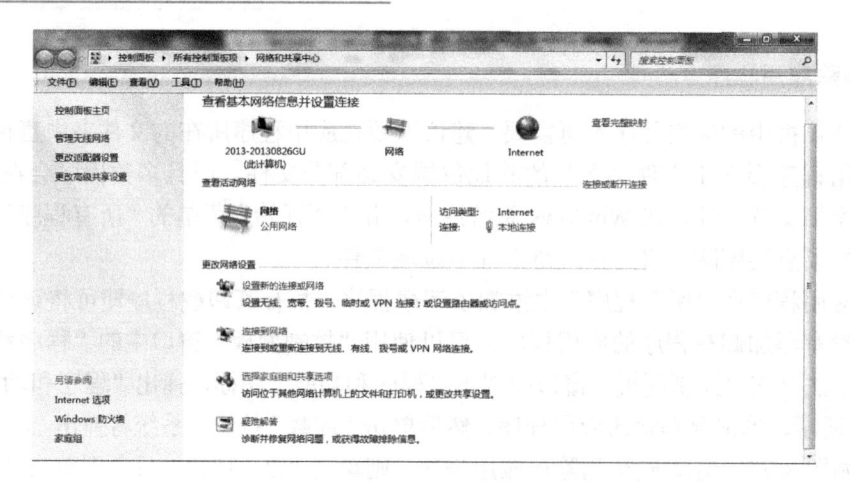

图 3-78 "网络和共享中心"窗口

图 3-79 "设置连接或网络"对话框

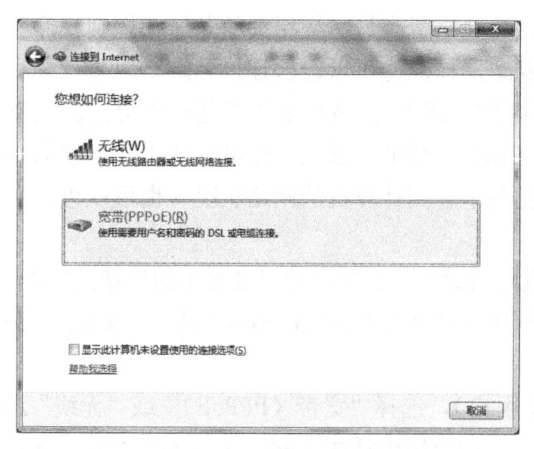

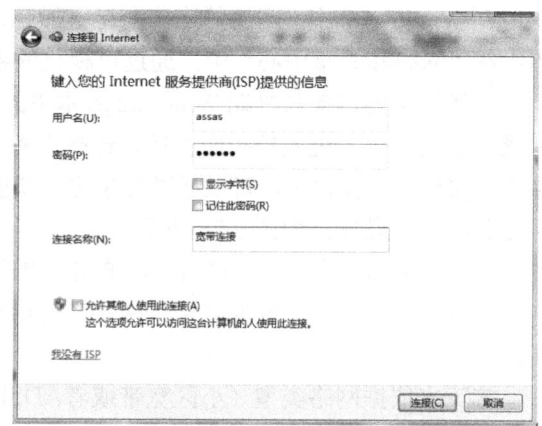

图 3-80 选择连接类型　　　　图 3-81 通过"拨号"连接时输入验证信息

Windows 7 默认是将本地连接设置为自动获取网络连接的 IP 地址,如果确实需要指定 IP 地址,则通过以下方法设置:单击"网络和共享中心"中的"本地连接"选项,弹出"本地连接 状态"对话框,然后单击"属性"按钮,就会弹出"本地连接 属性"对话框,双击"Internet

协议版本 4"选项就可以在打开的对话框中设置指定的 IP 地址了，如图 3-82 所示。

图 3-82　设置指定的 IP 地址

当启用无线网卡后，单击网络连接图标，系统就会自动搜索附近的无线网络信号，所有搜索到的可用无线网络会显示出来，如图 3-83 所示。每一个无线网络信号都会显示信号强度，如果将鼠标指针移动到上面，还可以查看更具体的信息，如名称、强度、安全类型等。如果某个无线网络是未加密的，则会出现一个带有感叹号的安全提醒标志。

单击要连接的无线网络，然后单击"连接"按钮，弹出如图 3-84 所示的"连接到网络"对话框，当无线网络连接上后，再次单击网络连接图标，可以看到"当前连接到"区域中多了一个刚才选择的无线网络，单击"断开"按钮，即可轻松地断开无线网络连接，如图 3-85 所示。

图 3-83　搜索并连接到无线网络信号　　图 3-84　"连接到网络"对话框　　图 3-85　断开无线网络连接

3.6　Windows 7 高级设置

3.6.1　查看计算机的硬件

当用户需要查看计算机的硬件信息时，可以右击桌面上的"计算机"图标，在弹出的菜单中选择"属性"命令，在打开的"系统"窗口中可以看到"设备管理器""远程设置""系统保护""高级系统设置"4 个选项，如图 3-86 所示。

单击"设备管理器"选项可以查看本计算机的硬件信息,"设备管理器"窗口中包含了计算机的操作系统版本、本机的 CPU 类型、内存容量等信息,如图 3-87 所示。

图 3-86 "系统"窗口

图 3-87 "设备管理器"窗口

3.6.2 远程设置

用户想远程控制计算机,可在"系统"窗口中单击"远程设置"选项,打开"系统属性"对话框,单击"远程"选项卡,选择"仅允许运行使用网络级别身份验证的远程桌面的计算机连接(更安全)"单选按钮,单击"选择用户"按钮,如图 3-88 所示,只有当用户加入远程桌面用户组后才能通过远程桌面连接到远程计算机。

3.6.3 系统保护

系统保护是定期创建和保存计算机系统文件和设置的相关信息的功能。系统保护也保存已修改文件的以前版本,它将这些文件保存在还原点中,在发生重大系统事件(如安装程序或设备驱动程序)之前创建这些还原点。要在 Windows 7 系统中设置系统保护的方法是:在"系统属性"对话框中单击"系统保护"选项卡进行设置,如图 3-89 所示。

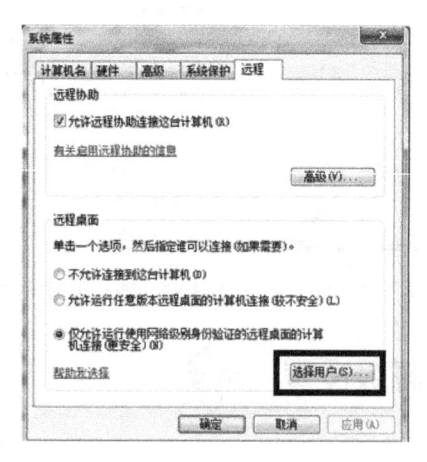

图 3-88 "系统属性"对话框

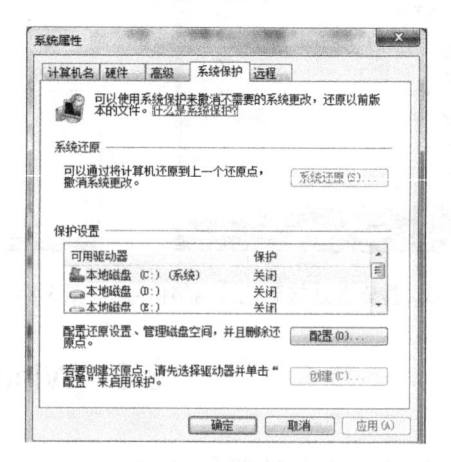

图 3-89 "系统保护"选项卡

3.6.4 高级系统设置

Windows 7 高级系统设置包括"性能""用户配置文件""启动和故障恢复"3 个选项,进入 Windows 7 "系统属性"对话框后可以直接单击"高级"选项卡，如图 3-90 所示。

"性能"选区主要设置计算机的视觉效果和虚拟内存等，如果用户要设置虚拟内存，则单击"性能"选区下的"设置"按钮，在弹出的如图 3-91 所示的"性能选项"对话框中勾选所需的设置方案，如"调整为最佳外观"或"调整为最佳性能"单选按钮等。

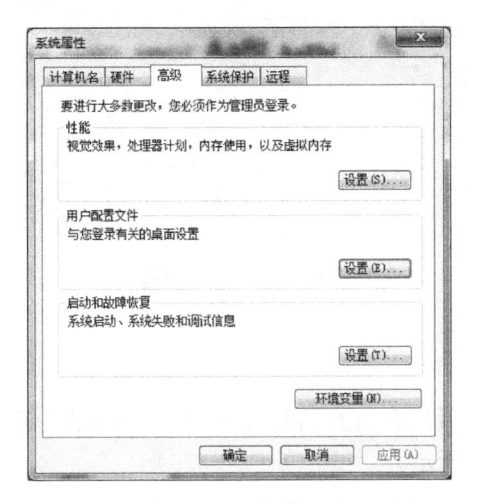

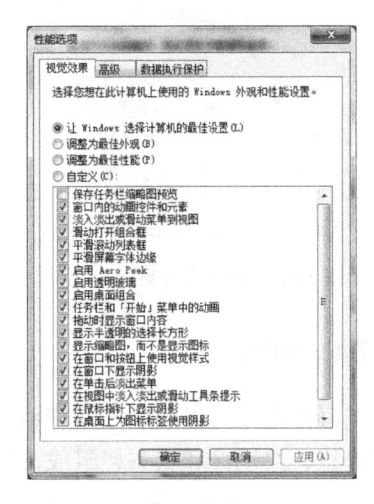

图 3-90 "高级"选项卡　　　　图 3-91 "性能选项"对话框

3.7　Windows 7 的附件程序

Windows 7 中包含了一些很实用的附件程序，包括记事本、写字板、计算器、画图等。这些附件程序可以通过执行"开始"→"所有程序"→"附件"命令打开。

3.7.1　记事本

记事本是一个专门用于编辑小型文本文件的文本编辑器，可以建立、修改和阅读文本文件。由于记事本是一种小型文本编辑器，操作简单，所以通常用它来编辑一些配置文件、源程序和说明书等。

3.7.2　写字板

写字板也是一个文本编辑器，其功能比记事本要强大一些，除了可以处理文本文件，还可以处理其他格式（如 rtf 和 doc）的文件，但功能比 Word 差很多，适用于比较短小的以文字为主的文档编辑和排版工作。

3.7.3　计算器

计算器是 Windows 提供的进行数值计算的工具，包括标准型计算器、科学型计算器、程序员计算器和统计信息计算器。标准型计算器可以进行简单的四则运算；科学型计算器可以进行复杂的函数运算和统计运算，同时还可以当成数制转换器使用；程序员计算器是程序员专用的计算器；统计信息计算器是用来统计和计数的一种计算器。

如图 3-92 所示的是"标准型计算器"窗口，用户可以通过单击"查看"按钮，选择"科学型"命令，切换到如图 3-93 所示的"科学型计算器"窗口。

图 3-92　标准型计算器　　　　　　图 3-93　科学型计算器

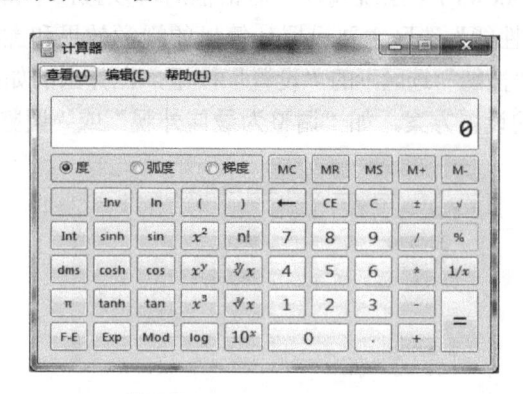

3.7.4　画图

使用画图程序可以绘制一些简单的图形。画图窗口由标题栏、功能区、画图按钮、快速访问工具栏、绘图区和状态栏组成，如图 3-94 所示。

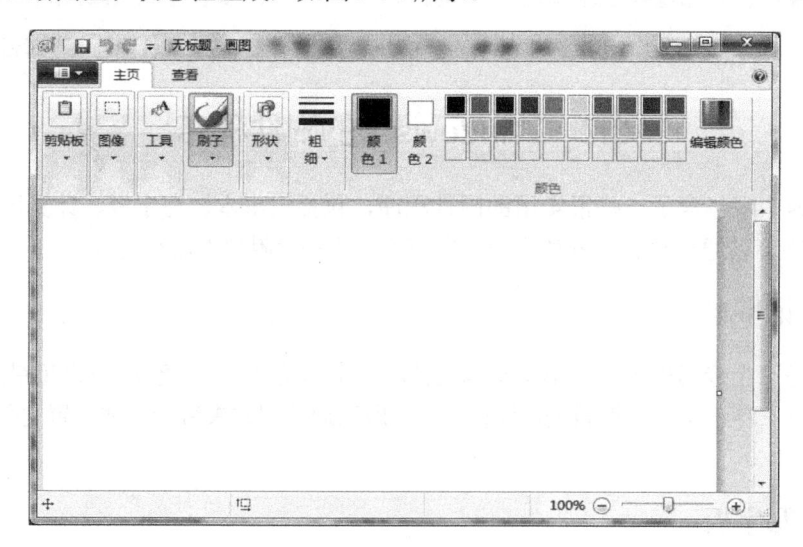

图 3-94　画图窗口

画图时，首先执行"图像"→"重新调整大小"命令，确定画布的大小；再单击功能区中的颜色，选取画笔颜色；右击功能区中的颜色，选取画布的颜色；然后在功能区的工具中选取一种画图工具，在绘图区拖动鼠标左键开始画图，完成后保存。系统默认的图像保存格式为 png。

画图程序也提供了简单的图形编辑功能，如复制、移动、拉伸、旋转等操作，在此不再赘述。

本 章 小 结

通过本章学习，我们了解了操作系统是控制和管理计算机硬件和软件资源，合理组织计算机工作流程以及方便用户使用计算机资源的程序与数据的集合。操作系统是用户与计算机的接口，用户通过操作系统可以方便地使用计算机。也正是由于有了操作系统，计算机的各个组成部分才能在操作系统的统一指挥下协调地进行工作。操作系统具有 5 大管理功能，即作业管理、存储管理、CPU 管理、文件管理和设备管理，这些管理工作是由一套规模庞大且复杂的程序来完成的。

在这一章中我们简要地介绍了操作系统的概念、分类、管理功能和常用操作系统等；详细地介绍了操作系统的文件管理和设备管理功能。在操作系统的管理下，用户的数据以文件的形式存储在外存中，用户对文件通过路径实现"按名存取"。因此，必须正确掌握文件的概念、文件的命名规则、文件夹结构和存取路径，以及相应的操作。

习 题

一、选择题

1. 运行的应用程序最小化后，该应用程序的状态是（　　）。
   A．在前台运行　　　B．停止运行　　　C．在后台运行　　　D．应用程序关闭
2. 下列有关 Windows 7 窗口的说法正确的是（　　）。
   A．Windows 7 窗口可以移动
   B．Windows 7 窗口可以改变大小
   C．Windows 7 窗口可以最大化、最小化、还原及关闭
   D．以上都是
3. （　　）可以将活动的窗口作为图片复制到剪贴板中。
   A．按 PrintScreen 键　　　　　　　B．按 Alt + PrintScreen 组合键
   C．按 Shift + PrintScreen 组合键　　D．按 Ctrl+ PrintScreen 组合键
4. 带省略号（…）的菜单项表示（　　）。
   A．有下一级菜单　　　　　　　　B．可弹出对话框
   C．可弹出一个窗口　　　　　　　D．什么都没有
5. 带有☑符号表示该菜单选项组是（　　）。
   A．复选项组　　　B．单选项组　　　C．该项没被选中　　　D．该项被选中
6. 在 Windows 7 的资源管理器窗口中，文件夹前的"▷"表示（　　）。
   A．该文件夹含有下级文件夹　　　B．该文件夹含有下级文件夹且未展开
   C．不含下级文件夹　　　　　　　D．该文件夹含有下级文件夹且已经展开
7. 在 Windows 7 的资源管理器窗口中，文件夹前的"◢"表示（　　）。
   A．该文件夹含有下级文件夹　　　B．该文件夹含有下级文件夹且未展开
   C．不含下级文件夹　　　　　　　D．该文件夹含有下级文件夹且已经展开
8. 在 Windows 7 中，不同驱动器之间的文件移动应使用的方法是（　　）。
   A．Ctrl+鼠标拖动　B．Alt +鼠标拖动　C．鼠标拖动　　　D．Shift+鼠标拖动
9. 下列操作中，（　　）是直接删除文件，而不是把文件送入回收站。
   A．选定文件后，按 Delete 键

B. 选定文件后，按 Shift 键，再按 Delete 键

C. 选定文件后，按 Alt+Delete 组合键

D. 选定文件后，按 Ctrl+Delete 组合键

10. 默认情况下，使用（   ）进行中、西文输入法的切换。

   A. Ctrl+Space 组合键   B. Alt + Ctrl 组合键

   C. Ctrl+Shift 组合键   D. Shift + Space 组合键

11. 在中文输入法中，使用（   ）进行中、西文标点符号的切换。

   A. Ctrl+Space 组合键   B. Alt + Ctrl 组合键

   C. Ctrl+.组合键   D. Alt +.组合键

12. 在中文输入法中，使用（   ）进行全角和半角的切换。

   A. Ctrl+Space 组合键   B. Alt + Ctrl 组合键

   C. Ctrl+Shift 组合键   D. Shift + Space 组合键

13. 在 Windows 7 中，利用未清空的（   ）可以恢复被删除的文件。

   A. 回收站   B. 我的公文包   C. 系统工具   D. 任务栏

14. 当选择好文件夹后，下列操作中（   ）不能删除文件夹。

   A. 按键盘上的 Delete 键

   B. 在"文件"菜单中选择"删除"命令

   C. 双击该文件夹

   D. 右击该文件夹，打开快捷菜单，再选择"删除"命令

15. 在 Windows 7 的资源管理器窗口中，如果想一次选定多个分散的文件或文件夹，正确的操作是（   ）。

   A. 按住 Ctrl 键，右击逐个选取   B. 按住 Ctrl 键，单击逐个选取

   C. 按住 Shift 键，右击逐个选取   D. 按住 Shift 键，单击逐个选取

16. 通过（   ）删除的文本不可以恢复。

   A. 删除命令   B. 删除命令+清除回收站

   C. 剪贴命令   D. 剪贴命令+清除回收站

17. 在"开始"菜单中，有一个文档菜单，在该菜单下放置的是（   ）。

   A. Word 2010 中最近使用过的文档   B. Word 2010 中使用过的文档

   C. Windows 7 中最近使用过的文档   D. Windows 7 中使用过的文档

18. 写字板自身不能画图，若要将图片插入写字板文档，则必须先将图片复制到（   ）上。

   A. 图像文件   B. 图形缓冲区   C. 调色板   D. 剪贴板

19. 下列关于 Windows 7 屏幕保护程序的说法，不正确的是（   ）。

   A. 屏幕保护程序是指保护显示器不受到人为的物理损坏

   B. 屏幕保护程序的图案可以设置

   C. 屏幕保护程序能减少屏幕的损耗

   D. 屏幕保护程序可以设置口令

20. 在（   ）的情况下，会自动添加滚动条。

   A. 窗口的大小恰好与显示的内容一样大

   B. 窗口的大小比显示的内容小

C．窗口的大小比显示的内容大

D．窗口的大小与屏幕一样大

二、操作题

1．在桌面上创建 Word 应用程序和画图程序的快捷方式。
2．进行如下文件或文件夹的操作：
   ① 在 C 盘上创建一个名为 abc 的文件夹。
   ② 将自己的一些文件复制、剪切或保存到该文件夹中。
   ③ 将该文件夹重命名为 Myfile。
   ④ 删除该文件夹，然后将其从回收站中恢复。
   ⑤ 将 Myfile 文件夹移动到 D 盘。
3．使用控制面板中的"程序"来卸载系统中不再需要的应用程序。
4．在资源管理器窗口或计算机窗口中用各种视图查看 D 盘上的文件或文件夹。

第 4 章

WPS 文字操作

本章导读：
　　文字处理是最基础的日常工作之一，文字处理软件是计算机上最常见的办公软件，用于文字的格式化和排版。中文文字处理软件主要有微软公司的 Word、金山公司的 WPS Office，以及以开源为准则的 Open Office 和永中 Office 等。WPS 文字是金山公司 WPS Office 系列办公软件中的一个组件，本章介绍 WPS 文字的使用。

本章学习目标：
1. 了解文字处理软件的基本概念，WPS 文字的基本功能、运行环境、启动和退出。
2. 了解文档的创建、打开和基本编辑操作，文本的查找与替换，多窗口和多文档的编辑。
3. 了解文档的保存、保护、复制、删除、插入。
4. 掌握字体格式、段落格式和页面格式设置等基本操作，以及打印预览。
5. 掌握 WPS 文字的图形功能，图形、图片对象的编辑及文本框的使用。
6. 掌握 WPS 文字的表格制作功能，表格结构、表格创建、表格中数据的输入与编辑及表格样式的使用。

4.1　WPS Office 中文版简介

　　WPS Office 是金山公司自主研发的一款系列办公软件，可以实现办公软件最常用的文字、表格、演示和 PDF 阅读等多种功能。具有内存占用少、运行速度快、云功能多、插件强大，以及免费提供海量在线存储空间及文档模板的优点。支持阅读和输出 PDF（.pdf）文件，具有全面兼容微软公司 Office 97-2010 版本格式（doc/docx/xls/ xlsx/ppt/pptx 等）的独特优势。覆盖 Windows、Linux、Android、iOS 等多个平台。WPS Office 支持桌面和移动办公，且移动版通过 Google Play 平台已覆盖 50 多个国家和地区。

　　2020 年 12 月，教育部考试中心宣布将 WPS Office 作为全国计算机等级考试（NCRE）的二级考试科目之一，于 2021 年在全国实施。

1. WPS Office 发展历史

　　1988 年 5 月，一位叫求伯君的程序员在一个宾馆里凭借一台 386 计算机写出了 WPS（Word Processing System）1.0 程序，从此开创了中文文字处理时代。

　　1988 年到 1995 年的 7 年间，WPS 迅速发展。

　　2001 年 5 月，WPS 正式采取国际办公软件通用命名方式，更名为 WPS Office。在产品功能上，WPS Office 从单模块的文字处理软件升级为以文字处理、电子表格、演示制作、电子邮件和网页制作等一系列产品为核心的多模块组件式产品；在用户需求上，WPS Office 细分为多个版本，包括 WPS Office 专业版、WPS Office 个人版等。同时，为了满足少数民族用户的办公需求，WPS Office 蒙文版于 2002 年发布。

2011 年，WPS Office 移动版发布，开创了新的纪元。

2017 年，WPS Office 的计算机端与移动端用户双过亿。

2018 年，WPS Office 2019 发布。

2. WPS Office 特点

WPS Office 个人版对个人用户永久免费，包含 WPS 文字、WPS 表格、WPS 演示三大功能模块，与微软公司的 Word、Excel、PowerPoint 一一对应，同时也具备 PDF 阅读功能。WPS Office 采用 XML 数据交换技术，无障碍兼容 docx、xlsx、pptx、pdf 等文件格式，利用 WPS Office 可以直接保存和打开 Word、Excel 和 PowerPoint 文件，也可以轻松编辑 WPS Office 系列文档。使用一个 WPS Office 账号可随时随地阅读、编辑和保存文档，还可将文档共享给工作伙伴。

4.2 WPS 文字概述

WPS 文字在文字和图表处理方面具有非常强大的功能，除了可以进行常用文档的录入、编辑、排版、打印，还能对表格、图形、Web 页等进行处理，并支持互联网技术。为了满足中文文档的特殊要求，它提供了文字的竖排、中文版式及英汉/汉英字典等强大的中文处理功能，成为目前国内应用最广的一种文字处理软件之一。

4.2.1 WPS 文字的启动和退出

1. WPS 文字的启动

（1）常规启动。单击"开始"按钮，选择"WPS Office 2019"命令启动。

（2）快捷方式启动。双击桌面上的快捷方式图标 ，启动 WPS Office 2019。

（3）通过已有 WPS 文字文件进入。双击带有 图标（扩展名为 wps 或兼容的 Word 文件）的文件启动 WPS Office。

（4）通过双击安装在"C:\用名户\APPData\Local\Kingsoft\WPS Office"（安装时的默认路径）下的"ksolaunch.exe"文件启动 WPS Office。

2. WPS 文字的退出

（1）通过单击标题栏右侧的"关闭"按钮退出 WPS Office。

（2）通过打开"文件"选项卡，单击"退出"命令退出 WPS Office。

（3）直接使用 Alt+F4 组合键退出 WPS Office。

4.2.2 WPS 文字窗口

进入 WPS 文字后，就会看到如图 4-1 所示的窗口，它由标题栏、快速访问工具栏、"文件"选项卡、功能区、工作区、滚动条、状态栏、显示按钮和显示比例工具栏等部分组成。

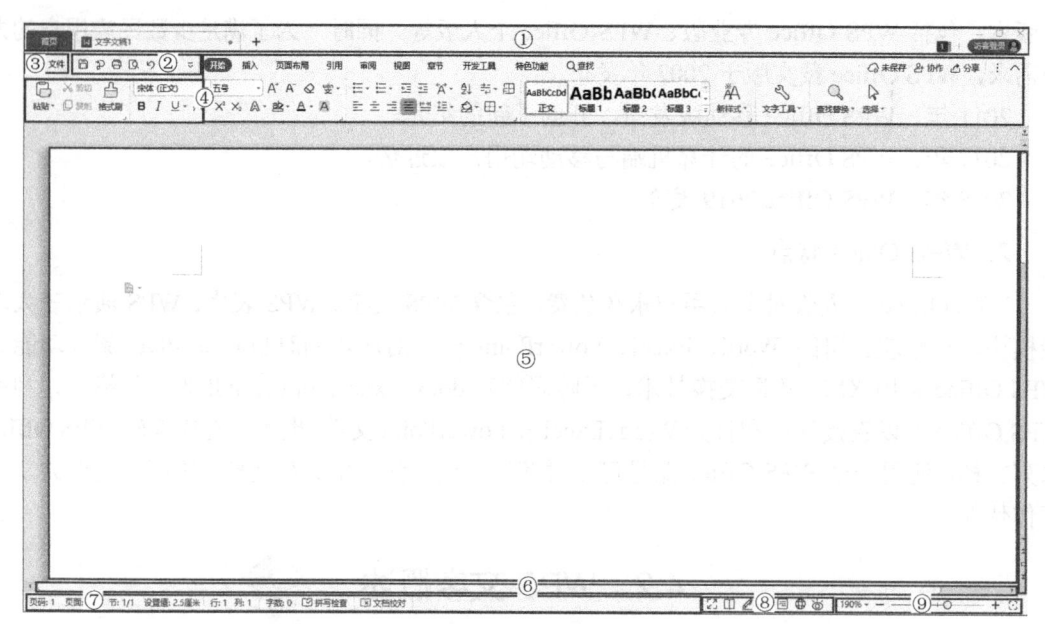

图 4-1　WPS 文字窗口

1. 标题栏

标题栏包含了当前正在编辑的文档名和控制按钮，当创建一个新文档时，WPS Office 会自动以"文字文稿 1""文字文稿 2"等类似的临时文件名来命名。

2. 快速访问工具栏

常用命令位于此处，包括"控制"菜单图标、"保存"按钮、"撤销"按钮等，可以通过单击右侧的下拉菜单按钮向快速访问工具栏中添加个人常用命令。

3. "文件"选项卡

"文件"选项卡包括保存、另存为、打开、关闭、新建、打印、选项和退出等基本命令。此外，还可以设置文档的兼容模式、权限、共享和版本。

4. 功能区

WPS 文字取消了传统的菜单操作方式，取而代之的是各种功能区。在 WPS 文字功能区上方，包含了各个功能区的名称，单击这些名称时并不会打开菜单，而是切换到与之相对应的功能区面板。功能区包括"开始"功能区、"插入"功能区、"页面布局"功能区、"引用"功能区、"审阅"功能区、"视图"功能区、"章节"功能区、"开发工具"功能区、"特色功能"功能区等。

5. 工作区

窗口中间一块空白区域称为工作区或编辑区，在此可以进行文档的录入、编辑和排版等工作。

6. 滚动条

滚动条分为水平滚动条和垂直滚动条。利用水平滚动条可以查看在当前屏幕左侧或右侧看不到的内容，利用垂直滚动条可以查看当前屏幕上面或下面看不到的内容。这两个滚动条分别位于文本编辑区的下方和右侧。

7. 状态栏

状态栏位于窗口界面的最下方，主要显示当前的状态信息，如当前页码、当前光标所在的页码、行号、列号、改写或插入状态等。

8. 显示按钮

用于设置文档的显示方式，包括全屏显示、阅读版式、写作模式、页面视图、大纲视图、Web版式视图、护眼模式等方式。

9. 显示比例工具栏

位于窗口的右下角，可用于调整正在编辑的文档的显示比例。

4.3 文档的基本操作

4.3.1 文档的输入

启动 WPS 文字后，就可以直接在工作区内输入文本。

1. 光标定位

在输入文本时，一定要注意光标的定位。启动 WPS 文字后，可以看到工作区中有一条闪烁的短竖线，称为"光标"，它表明要输入或插入对象的起始位置。当建立一个新文档时，光标默认的位置是第 1 行第 1 列。随着内容的增加，光标也会随之移动，它可以从文档的开头，移至文档的结尾处，若想在文档中间的任意处插入或编辑文本，只需将光标定位到对应的位置即可。在文档的编辑中，可以通过按 Enter 键进行换行操作，实际上就是产生了一个新的段落。若另起一行而又不想开始一个新的段落，则按 Shift+Enter 组合键。另外光标定位还可采用键盘和组合键来实现，WPS 文字提供了许多用于光标定位的键和组合键，如表 4-1 所示。

表 4-1 光标定位的键和组合键

键名称或组合键名称	功　能
Home	将光标移到当前行的开头
End	将光标移到当前行的末尾
PageUp	将光标向上移一行
PageDown	将光标向下移一行
Ctrl+ PageUp	将光标移到上一页的开头
Ctrl+PageDown	将光标移到下一页的末尾
Ctrl +Home	将光标移到文档的开头
Ctrl+ End	将光标移到文档的末尾

2. 选择输入法

在输入文本时，往往不只是纯中文、纯英文或其他单一类型的数据，因此通常需要选择不同的输入法。可以用鼠标单击屏幕下方任务栏右侧的输入法指示器，如图 4-2 所示，选择所需输入法；也可以按 Ctrl+Shift 组合键在各种输入法之间进行切换；还可以通过快捷键方法，按 Ctrl+Space 组合键在英文和当前的中文输入法之间进行快速切换。

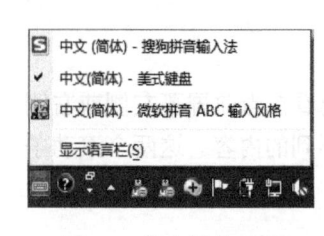

图 4-2 输入法指示器

3. 特殊符号的输入

在输入文本时，常常会碰到一些键盘上没有的特殊符号，如 $、≌、‰、★等。这时可以采用以下方法插入这些特殊符号。

（1）通过"插入"功能区插入符号。选择"插入"选项卡，然后单击功能区中的"符号"按钮，选择"其他符号"选项，打开"符号"对话框。其中，打开"符号"对话框的步骤如图 4-3 所示，"符号"对话框如图 4-4 所示（非默认显示）。选择所需的符号后单击"插入"按钮或双击所需的符号即可插入特殊符号。

图 4-3 打开"符号"对话框步骤

"符号"对话框的说明：

此对话框包含了"符号""特殊字符""符号栏"选项卡，可直接通过鼠标单击选择不同功能的选项卡。

当打开"符号"对话框时，默认显示为"符号"选项卡下的"字体"下拉列表中的"普通文本"选项、"子集"下拉列表中的"半角及全角字符"选项。如果在这里找不到所需要的特殊符号，可以通过选择"字体"和"子集"下拉列表来实现不同字符的查找与替换。

（2）通过软键盘插入符号。右击输入法状态条，选择"软键盘"命令，打开常用软键盘，如图 4-5 所示。用户可方便地输入各种特殊符号。

图 4-4 "符号"对话框

4. WPS 文字文档的"即点即输"功能

"即点即输"功能可以在文档的空白区域中快速插入文字、图形、表格或其他内容。只需在空白区域中双击鼠标左键，"即点即输"功能便会自动应用，将内容所需的格式设置在双击处。

设置 WPS 文字中"即点即输"功能的具体操作方法为：打开"文件"选项卡，单击"选项"命令,打开"选项"对话框,选择"编辑"选项,选中"启用'即点即输'"复选框即可,如图4-6所示。

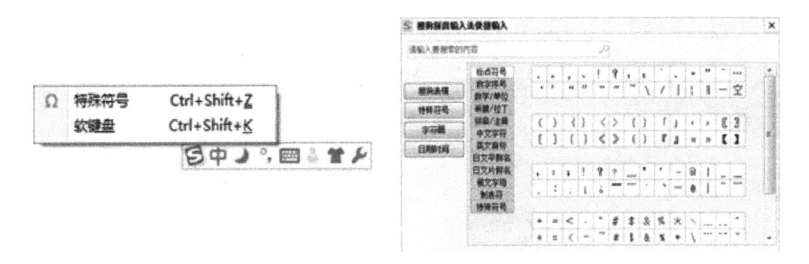

图 4-5 "软键盘"命令和常用软键盘

图 4-6 启用"即点即输"功能

WPS 文字文档中的大部分空白区域都可以使用"即点即输"功能插入内容。例如,可用"即点即输"功能在文档末尾插入图形,而不必先按 Enter 键添加空行;或者在图片右侧输入文字,而不必手动添加制表位。

注意:WPS 文字文档不能在以下区域内使用"即点即输"功能:多栏、项目符号和编号列表、浮动对象旁边、具有上下型文字环绕方式的图片的左侧或右侧、缩进的左侧或右侧,也不能在普通视图、大纲视图和打印预览视图中使用"即点即输"功能。

4.3.2 文档的保存与保护

1. 文档的保存

在文档的编辑过程中,要定期地对文档进行保存,以防止停电或死机后造成已编辑数据的丢失,保存的方法有两种:一种是通过人工保存,另一种是设置自动保存。

(1)人工保存的 3 种方法。

① 通过"文件"选项卡保存文件。打开"文件"选项卡,单击"保存"命令;或打开"文件"选项卡,单击"另存为"命令,打开"另存文件"窗口,如图 4-7 所示,在"另存文件"

窗口中确定所要保存文档的保存位置、文件名、保存类型，若不指定文档的保存类型，则系统默认的文件扩展名为.wps。

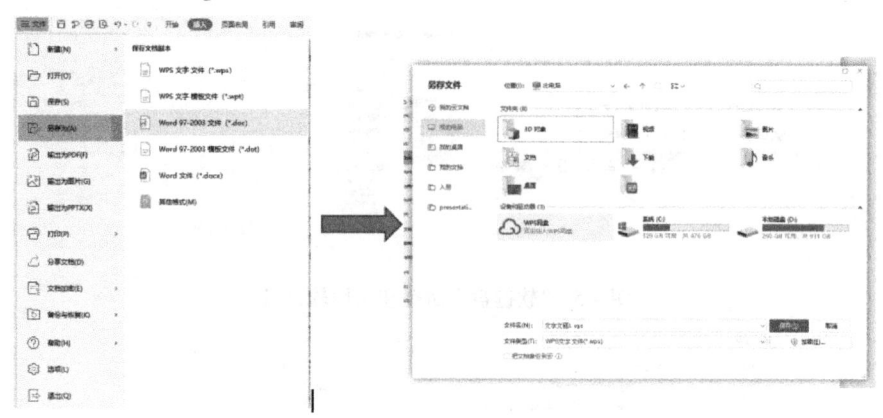

图 4-7 "另存文件"窗口

② 通过快速访问工具栏保存文件。单击快速访问工具栏上的"保存"按钮 ⬚ ，来实现文档的保存。

③ 通过快捷键保存文件。在文档的编辑过程中，还可以随时通过 Ctrl+S 组合键来实现当前文档的保存。

（2）自动保存。打开"文件"选项卡，单击"选项"命令，打开"选项"对话框，选择"常规与保存"选项设置自动保存的间隔时间。根据编辑的速度可自由设置间隔时间，一般建议设置为 10 分钟左右。

注意：首次保存文档时，都要打开"另存文件"窗口。如果要把当前正在编辑的文件以另一个文件的方式进行保存，则必须要使用"另存文件"窗口，用来更改所要保存的新文件的保存位置、文件名及保存类型。

2. 文档的保护

如果不希望自己的文档被他人访问或者修改，可以通过给文档设置密码来进行保护。密码分为"打开文件时的密码"和"修改文件时的密码"。在编辑状态下，给文档设置密码的方法如下。

（1）打开"文件"选项卡，单击"文档加密"命令，选择"密码加密"选项，打开"密码加密"对话框，如图 4-8 所示，设置打开文件密码和修改文件密码。

图 4-8 "密码加密"对话框

（2）在对应的文本框中输入要设置的密码，单击"应用"按钮即可完成密码的设置。

4.3.3 文档的编辑

文档输入完成之后，就可以对其进行编辑了，文档的编辑包含了文本的选定、剪切、复制、移动、粘贴、删除、撤销与恢复、查找和替换、拼写和语法检查、字数统计，以及插入批注、脚注、尾注、中文版式等操作。

1. 文本的选定

在对文档进行编辑操作之前，必须要先选定操作对象，即先选定，后操作。被选定的对象均呈浅蓝色底黑色字显示。下面介绍几种常用的选定文本的方式。

（1）用鼠标拖动的方法来选定文本。将鼠标光标定位到要选定的文本开始处并按住鼠标左键，然后拖动鼠标到所要选定的文本末尾处。

（2）用鼠标和键盘组合的方法来选定文本。先将鼠标光标定位到要选定的文本开始处并单击，然后按住 Shift 键，再在所要选定的文本末尾处单击，即可选中连续的一部分文本。

（3）用键盘上的方向键选定文本。将光标定位在所选文本的开始处，按住 Shift 键的同时按键盘的方向键，即可实现文档的向上或向下、向左或向右等不同方向的文本选定。

（4）用常用的选定技巧选定文本。表 4-2 列出了一些常用的选定技巧。

表 4-2 常用的选定技巧

要选取的内容	操 作 方 法
字/词	用鼠标双击要选定的字/词
句子	按住 Ctrl 键，用鼠标单击该句子
行	单击该行左侧的文本选定区
段落	双击该行左侧的文本选定区，或在该段的任意处三击鼠标左键
矩形区域	按住 Alt 键，拖动鼠标
不连续区域	先将光标定位到要选定的对象处，按住 Ctrl 键后拖动鼠标选定第 1 个区域，再将光标定位到第 2 个要选定的对象处拖动鼠标选定第 2 个区域，以此类推
全文	用鼠标三击左侧的文本选定区，或按 Ctrl+A 组合键

2. 文本的剪切、复制、移动、粘贴及删除

（1）剪切和粘贴文本。

① 使用快捷菜单。选定文本后，右击，在弹出的快捷菜单中执行"剪切"命令，再将光标定位在目标处，右击鼠标后在弹出的快捷菜单中执行"粘贴"命令。

② 使用快捷键。选定文本后按 Ctrl+X 组合键，再将光标定位在目标处按 Ctrl+V 组合键。

③ 使用"剪贴板"组。选定文本，单击"剪切"按钮 ，再单击"粘贴"按钮 。

剪切的目的是将所选定的文本放到剪贴板中，原选定的内容消失。粘贴的目的就是将剪贴板中的内容放到光标定位的目标处。

（2）复制文本。

① 使用快捷菜单。选定文本后，右击，在弹出的快捷菜单中执行"复制"命令，再将光标定位在目标处，右击鼠标后在弹出的快捷菜单中执行"粘贴"命令。

② 使用快捷键。选定文本后按 Ctrl+C 组合键，再将光标定位在目标处按 Ctrl+V 组合键。

③ 使用"剪贴板"组。选定文本，单击"复制"按钮，再将光标定位在目标处，单击"粘贴"按钮。

④ 使用鼠标拖动。选定文本后按住 Ctrl 键，此时光标的形状会变成一个虚线矩形框加一个"+"，然后拖动选定区域到目标处即可。

复制的目的是将选定的文本放到剪贴板中，原选定的内容不变。

（3）移动文本。

① 使用快捷菜单。选定文本后，右击，在弹出的快捷菜单中执行"剪切"命令，再将光标定位在目标处，右击鼠标后在弹出的快捷菜单中执行"粘贴"命令。

② 使用快捷键。选定文本后按 Ctrl+X 组合键，再将光标定位在目标处按 Ctrl+V 组合键。

③ 使用"剪贴板"组。选定文本，单击"剪切"按钮，再将光标定位在目标处，单击"粘贴"按钮。

④ 使用鼠标拖动。选定文本后直接拖动选定区域到目标处。

移动文本实际上就是剪切与粘贴的操作。

（4）删除文本。

① 选定文本，按 Backspace 键。

② 选定文本，按 Delete 键。

3. 撤销与恢复

在文档的编辑过程中，难免会出现某些误操作，只要没有保存对该文档的最新操作，就可以通过 WPS 文字提供的撤销功能使文档恢复到原来的状态。

快速访问工具栏中有一个"撤销"按钮。若要取消前一次的操作，可单击"撤销"按钮。WPS 文字具有多级"撤销"功能，可一直"撤销"到文档上一次保存后的第一步操作。"恢复"按钮的功能与"撤销"按钮正好相反，它可以恢复被"撤销"的一步或多步操作。若要恢复所要修改的内容，按 Ctrl+Z 组合键，可返回修改之前的状态。

4. 查找和替换

在文档的编辑过程中，有时会由于某些习惯或未意识到的问题而造成有些词语或句子在一个文档中全部输错，如果文章很长，要一个个来修改势必会很麻烦，而且容易出错或漏掉，此时就可以利用 WPS 文字的查找和替换功能来实现。该功能可以快速地找到对象，而且毫无遗漏地完成对所有对象的修改。例如，要把文档中所有的"student"改为"Student"，即将首字母大写，其具体操作步骤如下：

（1）选择"开始"选项卡，在"查找替换"组中单击"查找"或"替换"按钮，打开"查找和替换"对话框，如图 4-9 所示。也可按 Ctrl+H 组合键弹出该对话框。

（2）选择"替换"选项卡，在"查找内容"文本框内输入要查找的内容"student"，在"替换为"文本框内输入要替换的内容"Student"，然后单击"替换"或"全部替换"按钮，即可实现对

图 4-9 "查找和替换"对话框

内容的逐个替换或全部替换。图 4-9 显示的是"查找和替换"的常规方式，若只是一般的查找，可采用这种方式。若所查找的内容较复杂，则需选择更多查找方式。单击"查找和替换"对话框中的"高级搜索"按钮，对话框将变成如图 4-10 所示的形式。

（3）若要查找的内容包含了一些特殊的格式或特殊的字符，则要利用"查找和替换"对话框中的"高级搜索"查找方式。先在"查找内容"文本框中输入要查找的内容，然后再单击"高级搜索"按钮，出现了如图 4-10 所示的"查找和替换"对话框，单击"格式"按钮，在打开的格式列表中选择"字体""段落""语言""图文框"等选项，确定所需格式后，该格式将出现在"查找内容"文本框的下面。还可以通过单击"特殊格式"按钮来查找"分栏符""制表符"等特殊字符。

（4）也可以通过"查找和替换"对话框把找到的对象替换成指定格式的内容或特殊字符。首先在"替换为"文本框中输入要替换的最终结果，然后再单击"高级搜索"按钮，出现了如图 4-10 所示的"查找和替换"对话框，单击"格式"按钮，在打开的格式列表中选择"字体""段落""语言""图文框"等选项，单击"替换"或"全部替换"按钮，则可实现把找到的对象替换成另一种指定格式的内容或特殊字符。

若想把文档中字体为宋体、加粗、带着重号的内容"学生"替换成三号、加粗、阳文、红色的"student"，则操作方法为：打开"查找和替换"对话框，在"查找内容"文本框中输入"学生"，单击"高级搜索"按钮，在格式中选择宋体、加粗、着重号（点）；然后在"替换为"框中输入"student"，在格式中选择三号、加粗、阳文、红色，再单击"替换"或"全部替换"按钮即可，如图 4-11 所示。

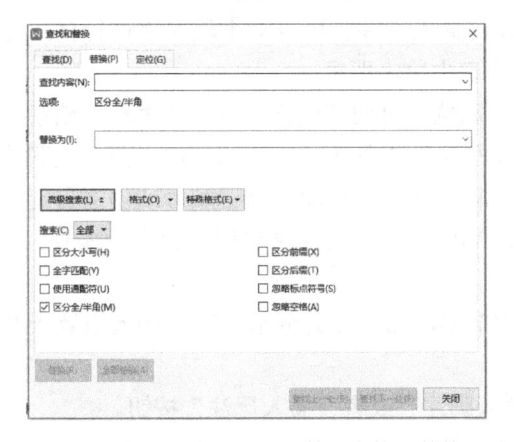

图 4-10 单击"高级搜索"按钮后的"查找和替换"对话框　　图 4-11 特殊格式的"查找和替换"对话框

5. 拼写和语法检查、字数统计，插入批注、脚注、尾注、中文版式

（1）拼写和语法检查。WPS 文字的一种新特性是它的自动拼写和语法检查功能。用户可以在输入字符的同时检查拼写和语法错误，设置自动拼写和语法检查功能可通过选择"审阅"选项卡，选择"拼写检查"命令实现。弹出的"拼写检查"对话框，如图 4-12 所示，单击对话框中的"选项"按钮，可进行有关拼写和语法的参数设置，也可以直接按功能键 F7 来检查。在进行拼写和语法检查时，一旦检测到有拼写或语法错误，WPS 文字会在认为有拼写错误的词下面标记出红色的波浪线，在有语法错误的文本下面标志出绿色的波浪线。

（2）字数统计。选择"审阅"选项卡，单击"字数统计"命令，打开"字数统计"对话框，如图 4-13 所示。该对话框对整个文档的页数、字数、段落数等进行了详细的统计。

图 4-12 "拼写检查"对话框

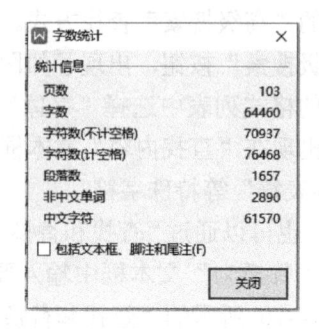

图 4-13 "字数统计"对话框

（3）插入批注、脚注、尾注、中文版式。

批注是审阅者添加到独立的批注窗口中的文档注释或者注解，当审阅者只是评论文档，而不直接修改文档时，要插入批注，因为批注并不影响文档的格式，也不会随着文档一同打印。WPS 文字为每个批注自动赋予不重复的编号和名称。插入批注的步骤如下：

① 将光标移到要插入批注的位置或者选定要插入批注引用的文本。

② 选择"审阅"选项卡，单击"新建批注"按钮，打开批注功能。

③ 在批注区域输入文字，即可完成批注的插入，并且可以对批注文字进行格式化。如果要切换到文档窗口，则用鼠标直接在文档窗口中单击即可。

脚注和尾注是对文本的补充说明。脚注一般位于页面的底部，可以作为对文档某处内容的注释；尾注一般位于文档的末尾，可以列出引文的出处等。脚注和尾注由两个关联的部分组成，包括注释引用标记和对应的注释文本。WPS 文字可自动为标记编号或创建自定义的标记。在添加、删除或移动自动编号的注释时，WPS 文字将对注释引用标记重新编号。插入脚注和尾注的操作步骤如下：

① 将插入点置于需要插入脚注或尾注的节中，如果没有分节，可将插入点置于文档中的任意位置。

② 选择"引用"选项卡，然后单击"插入脚注"或者"插入尾注"按钮。

③ 编辑"脚注"或"尾注"内容。

注意：脚注和尾注可以相互转换。

WPS 文字还为用户提供了中文版式的功能。中文版式提供了合并字符、双行合一、字符缩放等功能。

中文版式在"开始"选项卡上，单击"段落"组中的 按钮，在应用时可以根据要求进行选择操作。

4.3.4 文档的显示

WPS 文字提供了多种不同的文档显示方式，称之为"视图"。不同的视图分别从不同的角度，按不同的方式显示文本的内容。WPS 文字提供了"全屏显示""阅读版式""写作模式""页面视图""大纲视图""Web 版式视图""护眼模式"等几类模式的视图。用户可以在不同视图之间进行切换，以提高编辑文档的效率。通常采用的方法是：

① 通过单击"视图"选项卡下的各种视图显示命令。

② 通过单击窗口右下方的显示按钮 。其按钮分别对应的是"全屏显示""阅读版式""写作模式""页面视图""大纲视图""Web 版式视图""护眼模式"。

1. 全屏显示

全屏显示隐藏了文档窗口中除标题栏以外的其他部分，以求最大化的显示效果。

2. 阅读版式

阅读版式以图书的分栏样式显示文档，选项卡、功能区等窗口元素被隐藏起来。在该视图状态下，用户还可以通过窗口上方的各种视图工具和按钮进行相关的视图操作。

3. 写作模式

写作模式是 WPS 文字的特色功能，写作模式专门为用户写作提供文档加密、历史版本、导航窗格和字数统计等多种功能。

4. 页面视图

页面视图是最常用的视图方式，在该视图状态下可以看到与实际打印效果一致的文档，具有"所见即所得"的效果。页面视图除了可以直接显示文字、图形，还可以显示分栏、页码、页眉页脚、首字下沉等效果。

5. 大纲视图

大纲视图常用来创建和编辑较长的文档或重新编排整个文档的结构。大纲视图将所有的标题分级显示出来，层次分明，便于看清整个文章的结构和每部分在文章中的位置。当切换到大纲视图时，"大纲"选项卡显示在文档窗口中，如图 4-14 所示。

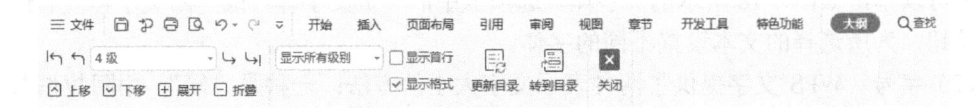

图 4-14 "大纲"选项卡

可以单击"大纲"选项卡中的按钮来设置文档的显示级别。如图 4-15 所示的是显示到 3 级标题的效果图。

利用"大纲"选项卡中的"展开""折叠""上移""下移"等按钮可对文档结构进行调整。

6. Web 版式视图

Web 版式视图主要用于创建 Web 文档，能够仿真 Web 浏览器来显示文档，使其外观与在 Web 或网上发布的外观一致。在 Web 版式视图下，还可以看到背景、自选图形和在 Web

文档及屏幕上查看文档时常用的效果。

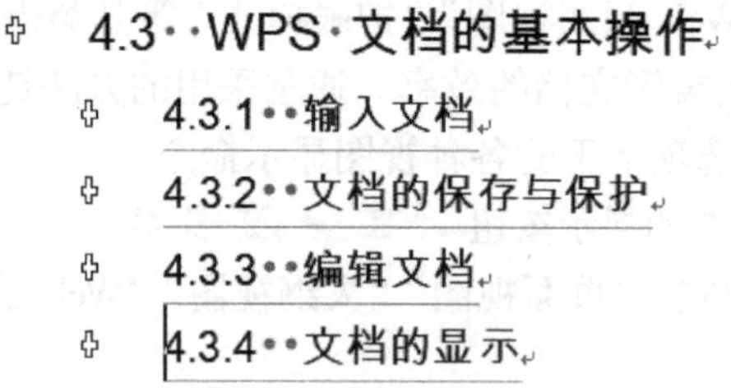

➢ 4.3 WPS 文档的基本操作
   ➢ 4.3.1 输入文档
   ➢ 4.3.2 文档的保存与保护
   ➢ 4.3.3 编辑文档
   ➢ 4.3.4 文档的显示

图 4-15 在大纲视图中显示到 3 级标题的效果图

7. 护眼模式

在护眼模式下页面背景变为浅绿色，有利于缓减眼部疲劳。

4.4 文档的排版

4.4.1 字符格式的设置

字符的格式包括字体、字号、字形、字符间距等。设置字符格式的方法常采用以下两种：

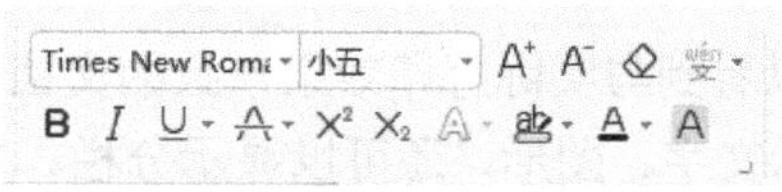

（1）选定文本后，选择"开始"选项卡，利用"字体"工具组进行格式设置，如图 4-16 所示。

（2）选定文本后，选择"开始"选项卡，单击"字体"组右下角的对话框启动器按钮，弹出"字体"对话框，在各选项卡中进行格式设置。

图 4-16 "开始"选项卡中的"字体"工具组

1. 设置字体、字号、字形及文字效果

（1）字体。WPS 文字提供了几十种中、英文字体供用户选择。设置方法：单击"开始"选项卡中的"字体"右侧的下三角按钮，在弹出的下拉列表中选择所需字体，如图 4-17 所示；也可以单击如图 4-18 所示的"字体"选项卡中的"中文字体"或"西文字体"右侧的下三角按钮，为所选择的文本设置不同的字体。

（2）字号。WPS 文字提供了两种表示文字大小的方法：一种是"磅"，用阿拉伯数字表示大小，数字越大表示的字越大；另一种是"字号"，初号字最大，其次是小初、一号、小一等，最小是八号字。下面是几种不同字体、字号的例子：

宋体小三号字，仿宋10.5磅字，华文新魏18磅字，黑体小四

（3）字形及文字效果。在 WPS 文字中，还可以为文本改变文字形状或增加一些修饰的效果。例如，使文字变为粗体、斜体，加下画线，设置空心、阴影、阴文，加着重号，加删除线等。这些都可以通过图 4-18 所示的"字体"选项卡进行设置（注意：本书截图中"下划线"的正确写法应为"下画线"）。

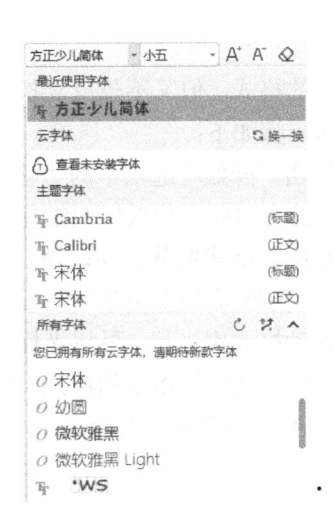

图 4-17 "开始"选项卡中的"字体"下拉列表 　　　图 4-18 "字体"选项卡中的"中文字体"或"西文字体"设置

2. 设置字符间距

字符间距是指两个字符之间的间隔距离。打开"字体"对话框，然后选择"字符间距"选项卡，如图 4-19 所示。在"缩放"下拉列表中可设置字符的缩放比例；在"间距"下拉列表中有"标准""加宽""紧缩"3 个选项；在"位置"下拉列表中有"标准""上升""下降"3 个选项。在相应的文本框中输入数值，即可设置字符间距及字符位置。如图 4-20 所示，给出了字符间距、缩放及位置设置的简单示例。

图 4-19 "字符间距"选项卡 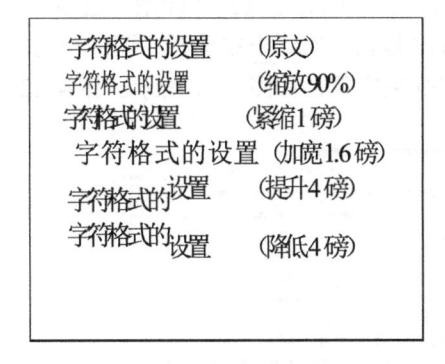　　　图 4-20 设置字符间距、缩放及位置示例

3. 设置其他效果

单击如图 4-19 所示的"字体"对话框中的"默认"按钮，即可设置更多文本效果。

4. 格式的复制与清除

在编辑文档的过程中,常常希望对多处文本设置相同的格式,但又不想反复执行同样的格式化工作,这时就可以利用"格式刷"工具。具体操作步骤如下:

(1) 将格式应用一次。先选定要应用格式的文本,单击"开始"选项卡的"剪贴板"组中的"格式刷"按钮,然后再将光标定位到需要应用格式的文本处按住鼠标左键拖动格式刷光标,则光标所经之处就会应用指定的格式,一旦放开鼠标,格式刷就自动取消。

(2) 将格式应用多次。选定已设置格式的文本,双击"剪贴板"组中的"格式刷"按钮,然后将光标定位到需要应用格式的文本处按住鼠标左键拖动格式刷光标;再将光标定位到下一个需要应用格式的文本处拖动格式刷光标,光标所经之处就会应用指定的格式。若要取消"格式刷"功能,再次单击"剪贴板"组中的"格式刷"按钮或按 Esc 键即可。

4.4.2 段落格式的设置

在 WPS 文字中,段落是文档的基本组成单位。它是指以段落标记"↵"结束的一段任意数量的文字、图形、图表及其他内容的组合。段落标记是一个非打印字符(只可在屏幕上看到,而不能打印输出),可以通过单击"开始"选项卡的"段落"组中的"显示/隐藏段落标记"按钮 来显示或隐藏段落标记。

段落的格式设置包括段落对齐方式、缩进设置、段落行间距以及段间距等。当对单个段落进行格式设置时,可以选定该段落,也可将光标定位在段落中的任意位置。当对多个段落进行格式设置时,选定段落必须包含段落标记。

1. 段落的对齐方式

段落的对齐方式有:左对齐、右对齐、居中对齐、分散对齐和两端对齐 5 种类型。在"开始"选项卡的"段落"组中有 5 个段落对齐按钮 ,从左到右依次为"左对齐""居中对齐""右对齐""两端对齐""分散对齐"。选定需要排版的文本后,单击相应的对齐按钮即可。也可以通过选择"开始"选项卡,单击"段落"组右下角的对话框启动器按钮,在打开的"段落"对话框中选择"缩进和间距"选项卡,在"常规"选项区中选择"对齐方式"下拉按钮来实现,如图 4-21 所示。图 4-22 是 5 种段落对齐方式的简单示例。

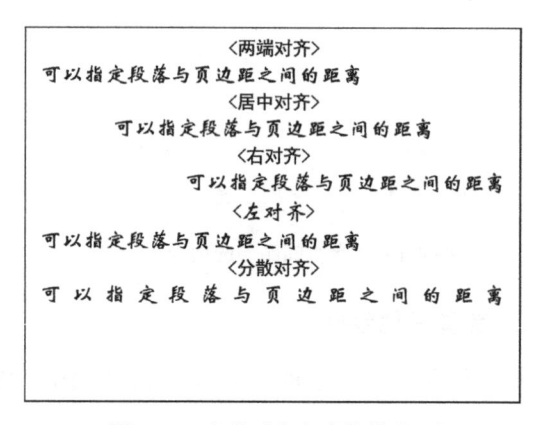

图 4-21 "缩进和间距"选项卡   图 4-22 段落对齐方式的简单示例

2. 设置段落缩进

通过设置段落缩进，可以指定段落与页边距之间的距离。段落缩进有首行缩进、文本之前（左缩进）、文本之后（右缩进）和悬挂缩进 4 种形式。WPS 文字提供了 4 种实现段落缩进的方法：

（1）选择"开始"选项卡，单击"段落"组中右下角的对话框启动器按钮，在打开的"段落"对话框中用数值精确地指定缩进位置，如图 4-23 所示。

（2）通过鼠标右击：右击选中的段落，在弹出的快捷菜单中执行"段落"命令，如图 4-24 所示，同样会打开如图 4-23 所示的"段落"对话框。"文本之前"和"文本之后"的单位可以是厘米，也可以是字符，在"特殊格式"下拉列表里可以设置首行缩进与悬挂缩进。比如若要求文档文字最左侧与页边距距离是 2 个字符，则只要在"文本之前"文本框中输入"2"，单位设为"字符"，然后再单击"确定"按钮即可；若要求文档文字最左侧与页边距距离是 2 厘米，则在"文本之前"文本框中输入"2"，单位设为"厘米"，然后再单击"确定"按钮即可。

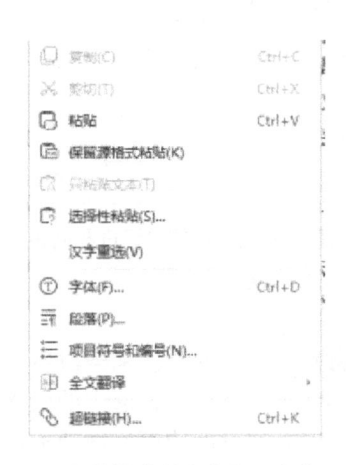

图 4-23　"段落"对话框　　　　　图 4-24　在快捷菜单中执行"段落"命令

（3）利用"段落"组中的按钮：选择"开始"选项卡，单击"段落"组中的"增加缩进量"按钮 或"减少缩进量"按钮 来调节缩进量。

（4）在水平标尺上拖动各种缩进标志，这是最直观的操作方法，如图 4-25 所示。可直接把鼠标指针定位到对应的标尺上，然后按住鼠标左键并拖动缩进标记即可调节各种缩进。按住 Alt 键的同时拖动缩进标记，可在水平标尺上显示缩进的距离。

图 4-25　水平标尺

表 4-3 列出了水平标尺上 4 个缩进标记的含义。

表 4-3　水平标尺上 4 个缩进标记的含义

标　记	含　义
	首行缩进。拖动此标记可设置所选段落第 1 行行首与左侧边界的距离

续表

标记	含义
△	悬挂缩进。拖动此标记可设置所选段落中除首行以外的其他各行的起始位置
▢	左缩进。拖动此标记可设置所选段落的左侧边界
△	右缩进。拖动此标记可设置所选段落的右侧边界

3. 设置行间距与段间距

用户利用如图 4-26 所示的"段落"对话框中的"缩进和间距"选项卡，可以设定段落的行间距和段间距等。

行间距是指文档中行和行之间的距离。在"段落"对话框的"行距"下拉列表中可以选择"单倍行距""1.5 倍行距""2 倍行距""固定值""最小值""多倍行距"选项。当选择"固定值"或"多倍行距"选项时，要在"设置值"文本框中输入一个具体的数值来确定行间距大小。

段间距是指文档中段落与段落之间的距离，包含了段前与段后的距离。可以在"段落"对话框中的"段前""段后"文本框中，输入确定的值来调节段落之间的距离。

图 4-26 "段落"对话框中的"缩进和间距"选项卡

4. 设置边框和底纹

在实际应用中，为了使某些段落更加突出和美观，还可以通过选择"页面布局"选项卡，单击"页面边框"命令，为选定的段落增添一些边框和底纹，打开的"边框和底纹"对话框如图 4-27 所示。"页面边框"选项卡可以对页面边框设置方框、网格效果，选择不同的线型及宽度，还可以在"艺术型"下拉列表中选择不同的艺术图形，设置漂亮的页面边框。

在"边框"选项卡中可以为文字或段落设置各种类型、各种颜色的边框。在"底纹"选项卡中可以为文字或段落设置各种颜色、各种样式的底纹。如图 4-28 所示为设置边框、底纹以及页面边框的示例。

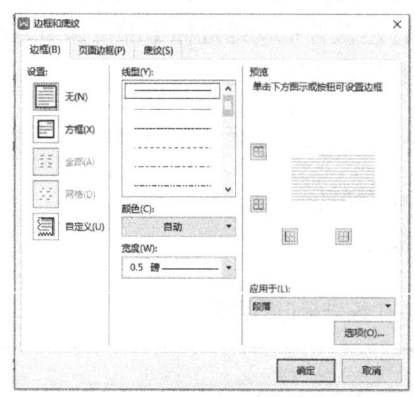

图 4-27 "边框和底纹"对话框

图 4-28 设置边框、底纹和页面边框的示例

5. 设置项目符号和编号

为了使文档层次分明，便于阅读和理解，通常可以对一些并列的段落进行统一编号或在段落前加注项目符号。操作方法：单击"开始"选项卡"段落"组中的 ☰ 和 ☰· 按钮为段落添加默认的项目符号和编号。还可通过下列方法设置特殊的编号和项目符号。

（1）编号。选定需要编号的段落，选择"开始"选项卡，在"段落"组中单击"编号"按钮，打开如图 4-29 所示的下拉列表，选择其中一种编号。若对 WPS 文字提供的 10 种编号预设样式不满意，则可以单击"自定义编号"按钮，在打开的如图 4-30 所示的"自定义编号列表"对话框设置新的编号。

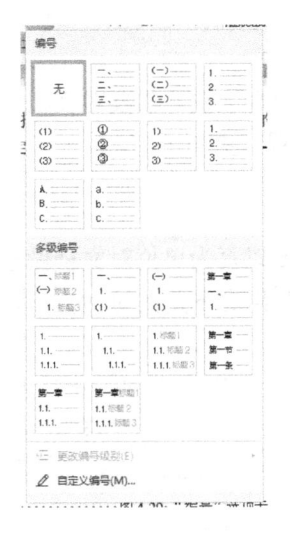

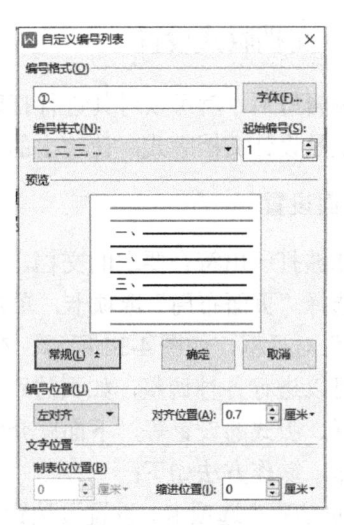

图 4-29　下拉列表　　　　　图 4-30　"自定义编号列表"对话框

（2）项目符号。选择"开始"选项卡，在"段落"组中单击"项目符号"按钮，打开如图 4-31 所示的下拉列表，选择一种项目符号，也可单击"自定义项目符号"按钮，在打开的如图 4-32 所示的"自定义项目符号列表"对话框中选择合适的项目符号。

图 4-31　下拉列表　　　　　图 4-32　"自定义项目符号列表"对话框

图 4-33 "首字下沉"对话框

6. 设置首字下沉

首字下沉是指将段落的第 1 个字的位置及大小进行特殊的设定,使它能占据几行文字的位置。被设置成首字下沉的文字实际上已经成为文本框中的一个独立段落,可以添加边框和底纹,还可以设置动态效果等。

设置首字下沉的方法是将光标定位在需要设置首字下沉段落的任意处,选择"插入"选项卡,单击"首字下沉"按钮,打开如图 4-33 所示的"首字下沉"对话框进行设置。

4.4.3 文档版式设置

文档编辑好后,就可以对其进行打印输出了。在打印之前,需要对文档的总体布局进行设置,也就是设计文档版式,让输出的文档效果更美观、更实用。

1. 页面设置

为了能够打印出符合要求的文档,在打印之前需要以页为单位对文档做整体性的格式调整。可以选择"页面布局"选项卡,单击"页面设置"组右下角的对话框启动器按钮,打开"页面设置"对话框,如图 4-34 所示。在"页面设置"对话框中可以进行各种调整,如页边距的设置、纸张大小的设置、版式的设置等,下面就介绍 3 个常用选项卡的操作,操作方法如下:

(1) "页边距"选项卡。设置页边距就是指设置文本内容四周距纸边距的距离,包括上、下、内侧、外侧距离,装订线的位置、宽度,内容在纸张上输出的方向等。

① "上""下"两个数值框分别用来设定文本上、下距纸张顶部和底部的高度。

② "内侧""外侧"两个数值框分别用来设定文本左、右距纸张左侧和右侧的宽度。

③ 装订线位置可以在纸张的左侧或上方,选定"装订线位置"后,可在"装订线宽"数值框中设置预留装订线的宽度。

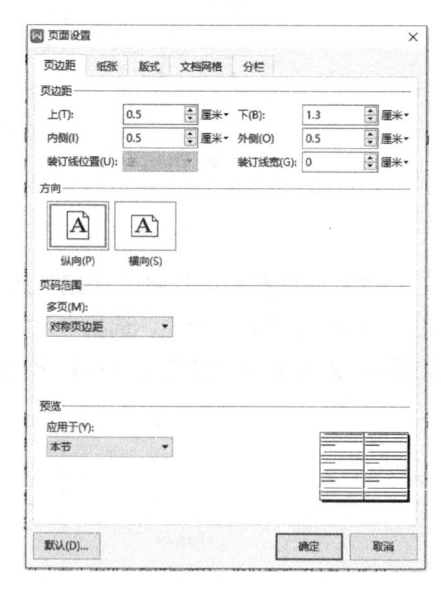

图 4-34 "页面设置"对话框

④ 文本内容在纸张上输出的方向有纵向和横向两种,可以根据需要自由选择。

在进行设置时,可以根据 WPS 文字提供的预览窗口(选项卡的右下方)看到它的实际效果,以便及时有效地进行修改和设置。

(2) "纸张"选项卡。如果用户要对纸张的相关参数进行设置,可以单击如图 4-34 所示的"页面设置"对话框中的"纸张"选项卡。如图 4-35 所示,在"纸张"选项卡中可以根据需要来改变纸张的大小及纸张的来源。

① 在"纸张大小"下拉列表中选择合适大小的纸张,如 A4、32 开等标准大小的纸张。

也可以根据自己的需要或实际情况选择"自定义大小"选项，这需要在"宽度"和"高度"文本框中分别输入实际打印纸张的宽度和高度值。默认值为 A4 纸张。

②"纸张来源"选项区包含了纸张放置在打印机中的位置，一般设置为默认值。

（3）"版式"选项卡如图 4-36 所示。主要用来设置打印输出节的起始位置、页眉和页脚距边界的位置等。

图 4-35 "纸张"选项卡　　　　　　图 4-36 "版式"选项卡

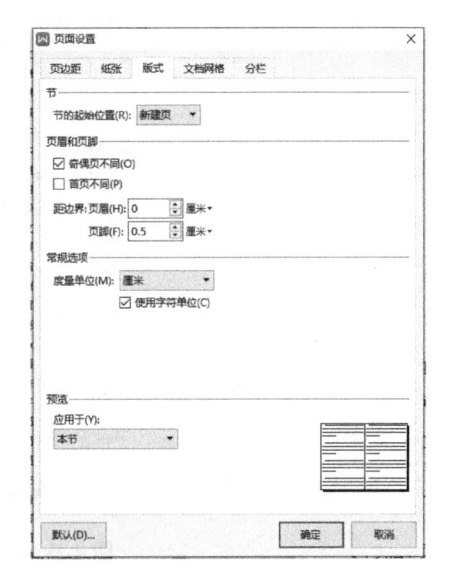

注意：在设置页眉和页脚距边界的位置时，可根据需要将"页眉和页脚"选项区域设置为首页不同或奇偶页不同。在以后设置页眉和页脚的过程中将会应用到。页眉默认值为 1.5 厘米，页脚为 1.75 厘米。

2. 插入页码

对于多页文档，需要为其加上页码，这样就可以给文档整理带来方便，避免混乱。WPS 文字可以自动并迅速地编排和更新页码。方法如下：

选择"插入"选项卡，单击"页码"按钮，选择"页码"命令，打开"页码"对话框，如图 4-37 所示。也可以通过单击"页码"按钮，选择列表中的"页眉""页脚"选项在指定位置插入页码。

3. 页眉和页脚

页眉和页脚常用来插入标题、日期、页码或公司徽标等，分别位于文档页面顶部和底部的页边距中。可以通过以下方法添加页眉和页脚。

① 选择"插入"选项卡，单击"页眉页脚"按钮，可激活"页眉页脚"选项卡，选择"页眉"或"页脚"命令，即可添加页眉或页脚，如图 4-38 所示。

② 如果需要设置不同的页眉和页脚（如奇偶页不同、首页不同等），则单击"页眉页脚选项"按钮，在打开的"页面/页脚设置"对话框中勾选"页面不同设置"选区的"首页不同"

和"奇偶页不同"复选框，如图 4-39 所示，依次输入首页、奇数页、偶数页的页眉、页脚内容，即可实现首页与奇数页、偶数页不一样的页眉、页脚内容。

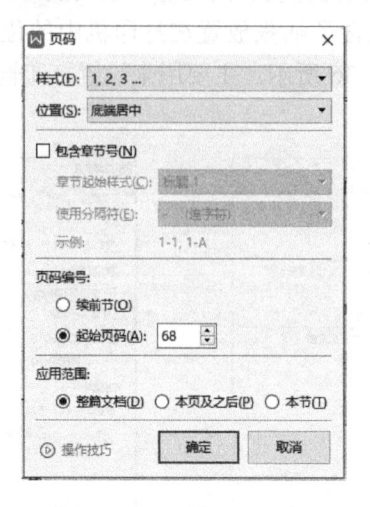

图 4-37 "页码"对话框

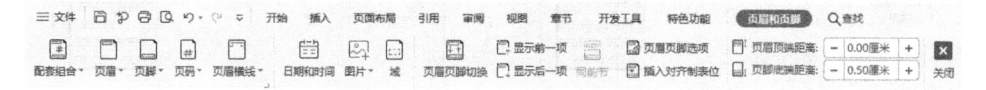

图 4-38 添加页眉或页脚

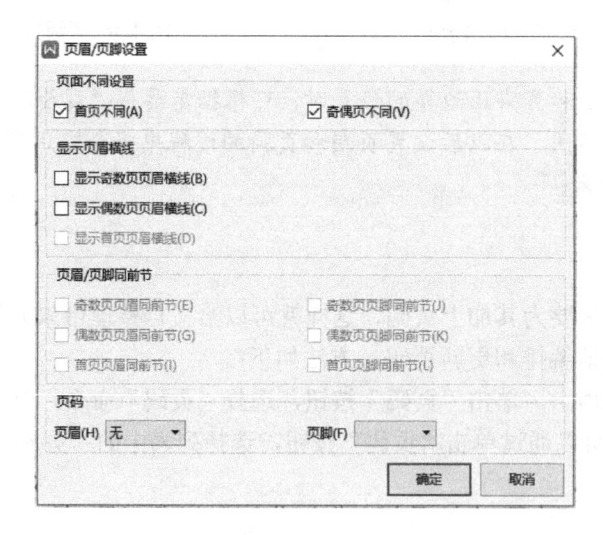

图 4-39 "页眉/页脚设置"对话框

③ 单击"页眉页脚切换"按钮，可在页眉和页脚之间进行切换。当首页或奇数页、偶数页内容不同时，单击"显示前一项"或"显示后一项"按钮，可分别在不同的页眉或页脚中浏览和修改。

④ 页眉和页脚的内容编辑完后，可单击"关闭"按钮。

注意： 页眉和页脚的设计是适用于整个文档的，不需要对每页进行重复设计。设计好页眉、页脚后，在页面视图下观看其效果，其呈灰色显示，但打印在纸上时仍是黑色的。

4．插入分隔符

WPS 文字提供了分页符、分栏符、换行符和分节符 4 种分隔符。下面简单介绍分页符和分节符的使用方法。

（1）分页符。WPS 文字具有自动分页功能，当确定了页面大小和页边距以后，页面上每行文本的字数和每页能容纳文本的行数就被确定下来了。当输入的内容超过一页时，将自动创建新的一页。但有时一页未满，又希望重新开始新的一页时，则可以插入一个人工分页符。方法如下：

将光标定位在要插入分页符处，选择"页面布局"选项卡，单击"分隔符"按钮，选择"分页符"选项，如图 4-40 所示。

（2）分节符。在一篇长文档中，有时会有许多章节，各章节在页边距、页面大小、页眉和页脚的设置等方面可能会有许多不同之处，这时可采用插入分节符的方法来解决。分节后可单独设置页边距、页面大小、页眉和页脚等。在如图 4-40 所示的"分隔符"下拉列表中根据需要选择其中一项，单击即可。

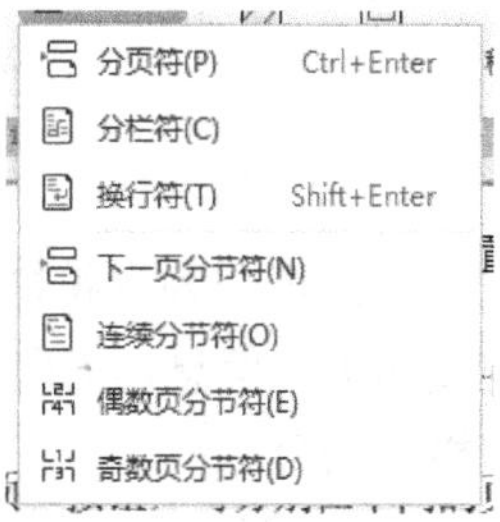

- 下一页分节符：插入一个分节符，新节从下一页开始。
- 连续分节符：插入一个分节符，新节从同一页开始。
- 奇数页或偶数页分节符：插入一个分节符，新节从下一个奇数页或偶数页开始。

图 4-40 "分隔符"下拉列表

分节符的删除：在普通视图中将光标定位到分节符标记处，按 Delete 键或按退格键删除。人工分页符也可采用此种方法删除。

5．分栏

在实际操作中，常需要将文档分为几栏，如图 4-41(a)所示。可以利用分栏排版自由控制栏数、栏宽以及栏间距等。设置分栏的具体方法如下：

（1）选定要进行分栏的文档内容。若要将文档中的多个段落设置为分栏格式，则首先要选定希望设置为分栏格式的多个段落。若要将已有的"节"设置为分栏格式，则可选择"一节"或"多节"，或将光标定位到文档的任意处，即可设置全文。

（2）选择"页面布局"选项卡，单击"分栏"按钮，打开"分栏"对话框，如图 4-41(b)所示。可以在"预设"选区中选择分栏方式和所需的栏数；还可在"宽度和间距"选区中设置每栏宽度和各栏之间的间距或选择栏宽相等；如果要想在每栏中出现分隔线，则可选中"分隔线"前的复选框。

6．样式

样式就是系统提供或用户自定义并保存的一系列排版格式。通过它不仅可以轻松、快捷地编排具有统一格式的段落，而且可以使文档格式严格保持一致，版面更加整齐、美观。

对样式可以进行修改。在编写一个文档时，可以先将文档中要用到的各种样式分别加以定义，然后再将样式应用于各个段落。可以使用 WPS 文字预定义的标准样式，并根据需要对标准样式进行修改。

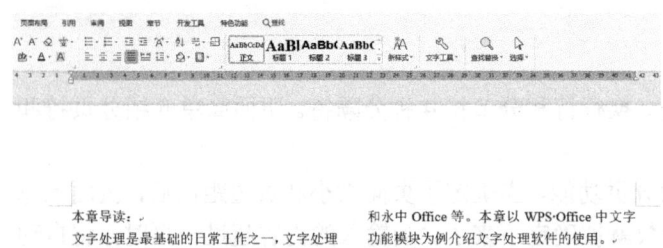

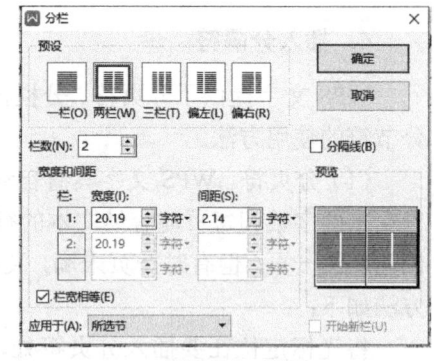

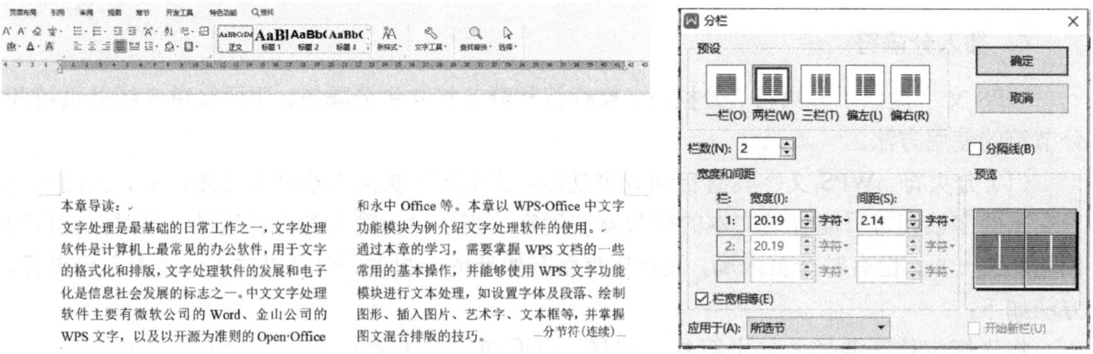

(a) 文档的分栏　　　　　　　　　　　　(b) "分栏"对话框

图 4-41　设置分栏

样式可分为字符样式和段落样式。字符样式只包含字体、字号、字形、字体颜色等与字符设置相关的信息，而段落样式除了包含字符格式信息，还包含段落格式、边框、编号、文本框等格式信息。

（1）默认标准样式。选择"开始"选项卡，在"样式和格式"组中，WPS 文字提供了许多默认的标准样式，如图 4-42 所示，单击其中的某种样式，则所选的文字或输入的内容便会应用相应的样式。

图 4-42　"样式和格式"组

（2）新建样式。"默认标准样式"是系统定义的，如果在编辑时希望建立其他更适合自己的样式，则可以在"默认标准样式"的基础上设计新的样式或者新建样式。选择"开始"选项卡，单击"样式和格式"组右下角的对话框启动器按钮，在打开的"样式和格式"窗格中单击"新样式"按钮，打开"新建样式"对话框，如图 4-43 所示。

① 在"名称"文本框中输入新样式的名称，如样式 1。
② 在"样式类型"下拉列表中选择样式类型（段落或字符）。
③ 在"样式基于"下拉列表中选择一个可作为创建基准的样式。
④ 在"后续段落样式"下拉列表中选择该样式后的段落样式。
⑤ 若要将新建的样式增加到模板中，则需选中"同时保存到模板"复选框。
⑥ 单击"格式"按钮，便可以根据需要对字体、段落、语言、边框、图文框等进行更改。
⑦ 单击"确定"按钮，则样式 1 创建成功。

（3）应用样式。一旦创建一个新的样式，在"请选择要应用的格式"选区中就会出现对应的选项，如果要应用自己设定的样式，只需选中该项即可。比如在前面创建了一个样式 1，应用时，只要选中样式 1 选项就可以了，如图 4-44 所示。

7. 模板

样式是针对段落和文本格式设定的，而模板是针对整篇文档的格式设定的，WPS 文字自带了许多不同类型的模板，用户也可以根据需要自己创建新的模板。模板是一种特殊的文档，具有预先设置好的文档外观框架，包括样式、页面设置、自动图文集、文字等。

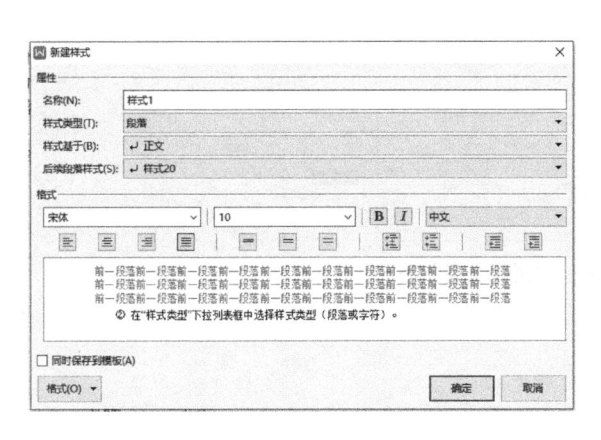

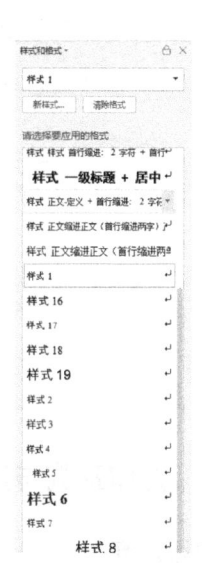

图 4-43　"新建样式"对话框　　　　　图 4-44　选中样式1的样式进行排版

（1）使用自带的模板。打开"文件"选项卡，单击"新建"命令，再选择所需的模板即可，如图 4-45 所示。WPS 文字提供了多种类型的模板，可以根据需要选择某一种类型的模板，然后再选择"文档"单选按钮，单击"确定"按钮，则正在编辑的文档就会应用选择的模板格式。

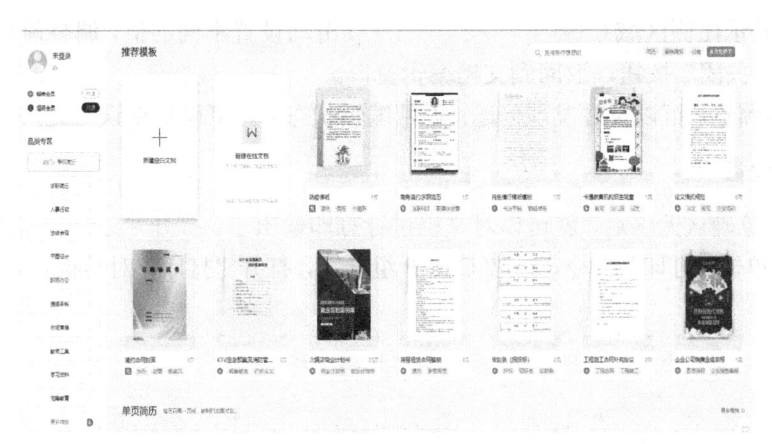

图 4-45　模版

（2）创建新的模板。可以利用已存在的文档创建新的模板，操作方法如下：

① 打开需要用来创建模板的文档，单击"文件"选项卡，选择"另存为"命令，打开"另存文件"窗口，如图 4-46 所示。

② 在"文件类型"下拉列表中选择"WPS 文字模板文件（*.wpt）"选项。

③ 在"位置"下拉列表中选择一个文件夹，WPS 文字中预定义的模板均放在指定文件夹中。

④ 在"文件名"文本框中为模板命名，单击"保存"按钮即可。

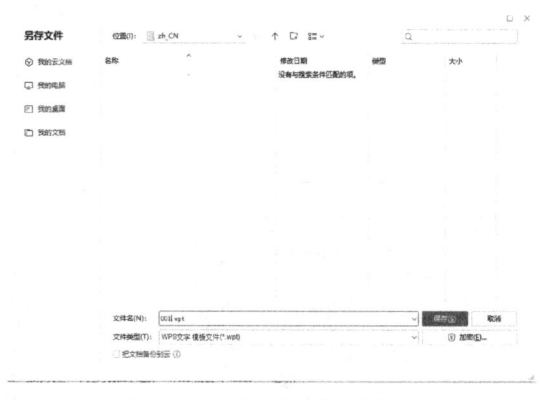

图 4-46 "另存文件"窗口

4.4.4 打印预览与打印设置

1. 打印预览

当完成了对文档的各种设置后,就可以对文档进行打印输出。在打印输出之前,为了避免不必要的纸张浪费,WPS 文字提供了"打印预览"功能,用来预览打印输出的效果。可通过以下步骤实现打印预览。

① 打开"文件"选项卡,单击"打印"命令,再单击"打印预览"命令,打开打印预览视图,如图 4-47 所示。

② 可在显示比例区域( )滑动设置不同的值,调整预览页面的大小。

③ 单击"关闭"按钮,返回到文档编辑窗口。

通过打印预览,可以及时发现问题;返回编辑状态后,可以对错误之处进行修改、纠正。

2. 打印设置

经打印预览确认无误后,就可以对文档进行打印输出了。打开"文件"选项卡,单击"打印"命令,再单击"打印"命令,或按 Ctrl+P 组合键,打开"打印"对话框,如图 4-48 所示。

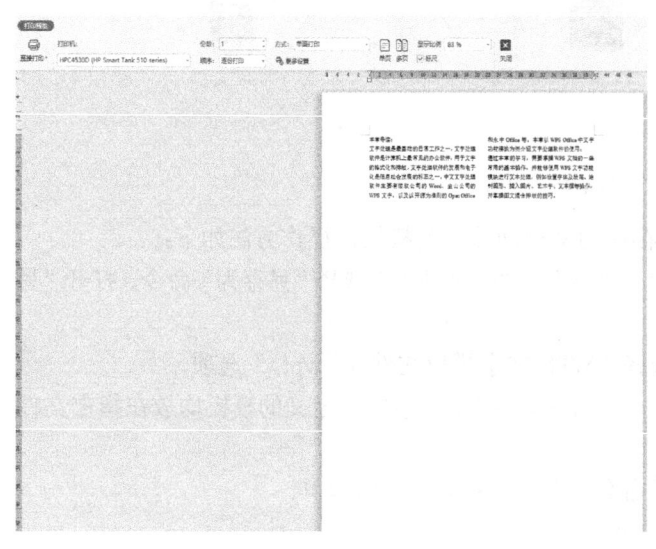

图 4-47 打印预览视图　　　　　　　　图 4-48 "打印"对话框

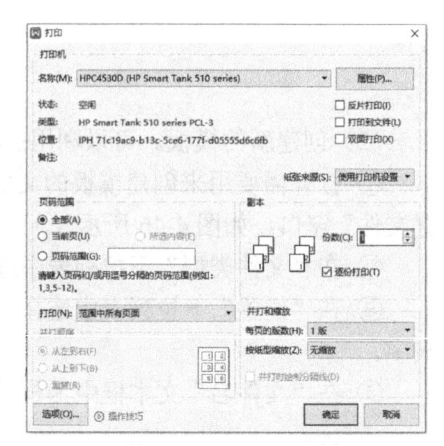

可以根据需要在"打印"对话框中对打印参数进行设置，比如指定文档的打印范围、是否双面打印、设定打印份数、选择打印机类型、是否按纸型进行缩放等。

在图 4-48 所示的"页码范围"选区中可指定文档的打印范围（全部、当前页、页码范围），在"副本"选区中可设置需打印的份数及是否逐份打印，还可单击"属性"按钮设置纸张打印的方向等。打印参数设定好后，单击"确定"按钮进行打印输出。

4.5 表格制作

表格制作是 WPS 文字的主要功能之一，它提供的表格处理功能可以方便地处理各种表格（履历表、课程表等），WPS 文字不仅具有制表功能，而且还可以对表格内的数据进行处理（排序、统计和运算等）。

4.5.1 表格的建立

1. 使用制表位建立简单表格

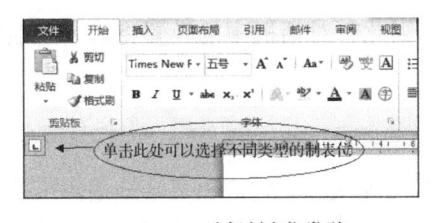

制表位是建立简单表格时一个常用的工具。它主要用于设置段落的对齐方式、缩进等。WPS 文字提供了 4 种不同的制表位：左对齐式、居中式、右对齐式、小数点对齐式。设置制表位之前，先要选择制表位的类型，如图 4-49(a)所示。下面使用标尺制作一个简单的表格，如图 4-49(b)所示。

(a) 选择制表位类型　　　　　　(b) 使用标尺制作简单表格示例

图 4-49　使用制表位建立简单表格

（1）打开"视图"选项卡，勾选"标尺"复选框，显示"标尺"工具。
（2）选定标尺最左侧的图标，选定，然后单击水平标尺 1.25cm 处。
（3）选定标尺最左侧的图标，选定，然后单击水平标尺 5.5cm 处。
（4）选定标尺最左侧的图标，选定，然后单击水平标尺 9.5cm 处。
（5）选定标尺最左侧的图标，选定，然后单击水平标尺 11.5cm 处。
（6）最后输入文本。首先按 Tab 键，然后输入表格内容"报刊名称"，再按 Tab 键可以移到下一列输入表格里其他的内容。

使用标尺定位虽然简单，但精度不够，WPS 文字还提供了另一种能够精确设置和修改制表位的方法，即通过"制表位"对话框来设置。打开"开始"选项卡，单击"段落"组右上角的"制表位"按钮，即可打开"制表位"对话框，如图 4-50 所示。先选定"对齐方式"，然后在"制表位位置"数值框中输入要设置的制表位的位置，再单击"确定"按钮，然后选择另一种"对齐方式"，输入下一个"制表位位置"。重复上述步骤即可完成一个简单表格的制作。

2. 自动建立表格

打开"插入"选项卡，单击"表格"按钮，在下拉列表中选择"插入表格"命令，打开"插入表格"对话框，如图4-51所示。

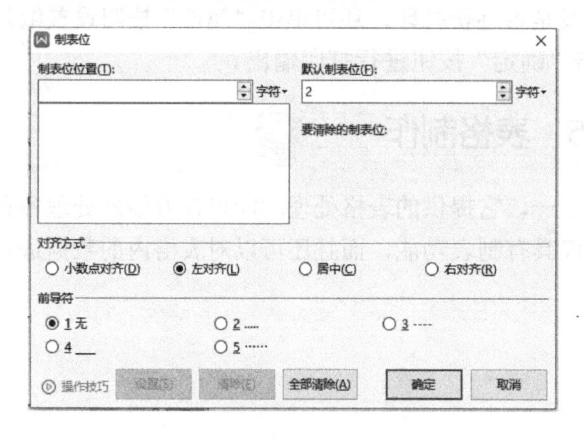

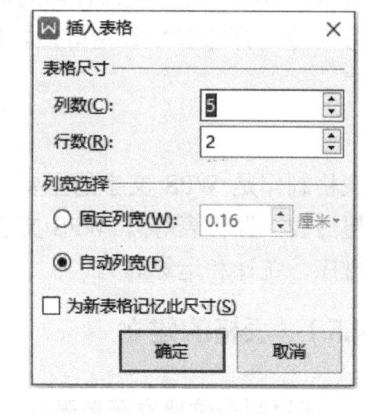

图4-50 "制表位"对话框　　　　图4-51 "插入表格"对话框

① 在"列数"和"行数"数值框中分别输入新建表格所需的列数和行数。
② 然后根据需要在"列宽选择"选区中进行设置。
③ 如需要指定表格的特殊格式，则可利用WPS文字提供的"表格样式"功能选择合适的表格格式。
④ 若选中"为新表格记忆此尺寸"复选框，则此时对话框中的设置将成为以后新建表格的默认值。

3. 手动绘制表格

手动绘制表格功能主要用于绘制各种不规则的复杂表格，它可以灵活地增添或删除表格线以满足不同形状的表格需求。打开"插入"选项卡，单击"表格"按钮，在下拉列表中选择"绘制表格"命令，将打开"表格工具"选项卡，如图4-52所示，手动绘制表格的方法如下：

① 单击"绘制表格"按钮，鼠标指针变成铅笔形 ✎ 后，便可绘制表格。
② 单击"擦除"按钮，鼠标指针变成橡皮擦形 ✐ 后，可以删除线条。
③ 若想还原鼠标形状，则只需再次单击"绘制表格"按钮或"擦除"按钮即可。

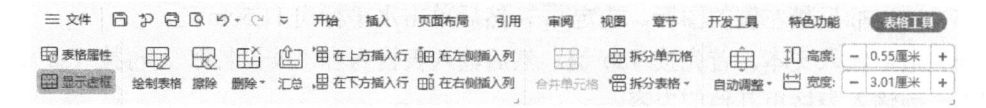

图4-52 "表格工具"选项卡

还可以通过"表格工具"设置表格边框的颜色、对齐方式，对数据进行排序、计算等。

4. 输入表格内容

制作了一个空表格后，还要将内容输入到表格中。单元格是表格中最小的单位，每一个单元格都可视为独立的区域来输入文本，在输入内容时，只需将光标定位到对应的单元格中输入内容即可。当在单元格中输入的文本到达其右侧线时，WPS 文字表格会自动换行以容纳更多的内容，同时会增加行高。若按 Enter 键，则在该单元格中另起一个新段落。

4.5.2 表格的编辑

将表格建好后，通常还需要对所建表格进行一系列的处理，比如插入或删除单元格、行或列，调整单元格的高度和宽度，对单元格进行合并和拆分等，这些都属于表格编辑的范畴。

1. 插入单元格、行或列

无论对表格进行何种处理，都必须首先选中相应的对象。在表格中选定不同区域的方法可按前面叙述的在文档中选定文本的方法进行，也可参照表 4-4 所示进行操作。

表 4-4 在表格中选定不同区域的方法

选　定	鼠　标　操　作
单元格	将鼠标指针指向单元格左下角，指针变为 ◤ 形状，单击鼠标
一行	将鼠标指针指向该行任意单元格左下角，指针变为 ◤ 形状，双击鼠标；或将鼠标移到该行最左侧，指针变为 ◢ 形状，单击鼠标
一列	将鼠标指针移到该列上边界处，指针变为 ↓ 形状，单击鼠标；或按住 Alt 键的同时单击该列中的任意位置
多个连续单元格	将光标定位在左上角单元格中，按住 Shift 键的同时单击右下角单元格
整个表格	单击表格左上角的"表格移动控制点"图标 ✥；或按住 Alt 键的同时双击表格内的任意位置

在表格中确定插入位置后，就可根据需要插入单元格、行或列了。通常可以通过快捷菜单来实现。选中相应表格，右击表格选择"插入"命令，如图 4-53 所示。

（1）根据需要选择在行的上方或下方插入行，在列的左侧或右侧插入列。

（2）若要一次在表格中插入多行或多列，只需在插入之前选中与插入行或列数相同的行、列数，即可完成相应的操作。

（3）若要插入单元格，则单击"单元格"选项，弹出"插入单元格"对话框，如图 4-54 所示，根据需要选择相应的单选按钮后单击"确定"按钮即可。

2. 删除单元格、行或列

选中相应表格，选定要删除的区域，右击表格选择"删除单元格"命令，在弹出的子菜单中选择删除单元格、行或列即可。

3. 合并和拆分单元格

（1）合并单元格。将表格中某一行或某一列中的多个单元格合并为一个单元格，通常采用以下方法：

① 选定需要合并的单元格，选择"合并单元格"命令。

② 选定需要合并的单元格，右击表格，在弹出的快捷菜单中执行"合并单元格"命令。

（2）拆分单元格。选定需要拆分的单元格，右击表格选择"拆分单元格"命令，打开"拆分单元格"对话框，如图 4-55 所示。在"列数"和"行数"数值框中输入拆分的行、列数，单击"确定"按钮，选中的单元格就会被拆分成等宽或等高的多个单元格。

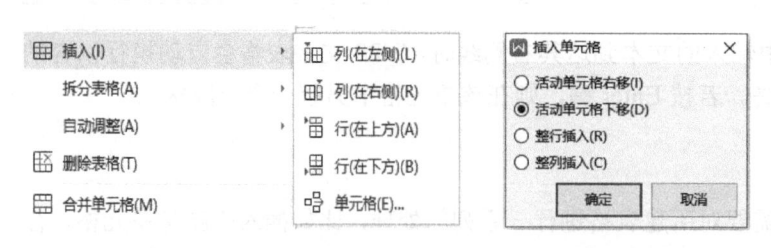

图 4-53 "插入"命令　　图 4-54 "插入单元格"对话框　　图 4-55 "拆分单元格"对话框

4. 改变表格的行高和列宽

（1）用鼠标拖动表格边框线。将鼠标指针移到需要调整行高或列宽的表格边框线上，鼠标指针会变成 ↕ 或 ↔ 形状。拖动 ↕ 形状指针调整行高，拖动 ↔ 形状指针调整列宽。

（2）使用"表格属性"命令。右击表格选择"表格属性"命令，打开"表格属性"对话框，如图 4-56 所示。通过该对话框可以精确设置表格的行高和列宽。

① 单击"行"选项卡，在"指定高度"数值框中输入确定的行高值，"行高值"有"固定值"和"最小值"两个选项。

● 若设置为"固定值"，则行高始终保持设置高度不变，当单元格内容超出时，超出部分不显示。

● 若设置为"最小值"，当单元格内容超出时，会自动调整行高。

② 单击"列"选项卡，在"指定宽度"数值框中输入确定的列宽值。

图 4-56 "表格属性"对话框

③ 使用 WPS 文字提供的自动调整功能。右击表格选择"自动调整"命令，选择对应的选项即可。

4.5.3 表格的格式化

1. 表格内容的格式化

表格内容的格式化设置与文档中的正文设置方法一样，也是先选择内容，再设置对应的字体、字号、字体颜色等格式。还可以设置表格中的文字方向、文本在单元格中的对齐方式及表格的边框和底纹等。

（1）表格中的文字方向。表格中的文字默认为横向排列，可根据需要设置为竖向排列。设置方法如下：选中需改变文字方向的单元格，单击"表格工具"选项卡中的"文字方向"按钮。

（2）文本在单元格中的对齐方式。在默认情况下，单元格中输入的文本以"靠上端对齐"的方式显示。可以单击"表格工具"选项卡中的"对齐方式"按钮，根据需要选择不同的对齐方式，如图 4-57 所示。

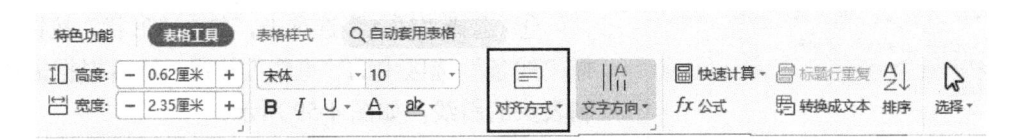

图 4-57 "对齐方式"按钮

（3）表格的边框和底纹。选择需要设置边框和底纹的单元格区域，右击，在弹出的快捷菜单中选择"边框和底纹"选项，打开"边框和底纹"对话框。边框的设置方法为：在对话框中选择"边框"选项卡，单击"线型"下拉列表和"宽度"下拉列表设置表格边框线的形状和粗细，单击"颜色"按钮设置表格边框线的颜色。此外，在"边框和底纹"对话框中单击"底纹"选项卡，可以通过设置填充颜色来改变表格的底纹颜色。

2. 表格位置及大小的设置

（1）表格位置的设置。当单击表格的任意处时，WPS 文字表格中就会出现两个控制点：一个位于左上角，即"表格移动控制点"；另一个位于右下角，即"表格大小控制点"，如图 4-58 所示。按住鼠标左键并拖动"表格移动控制点"，即可将表格移动到任意位置。

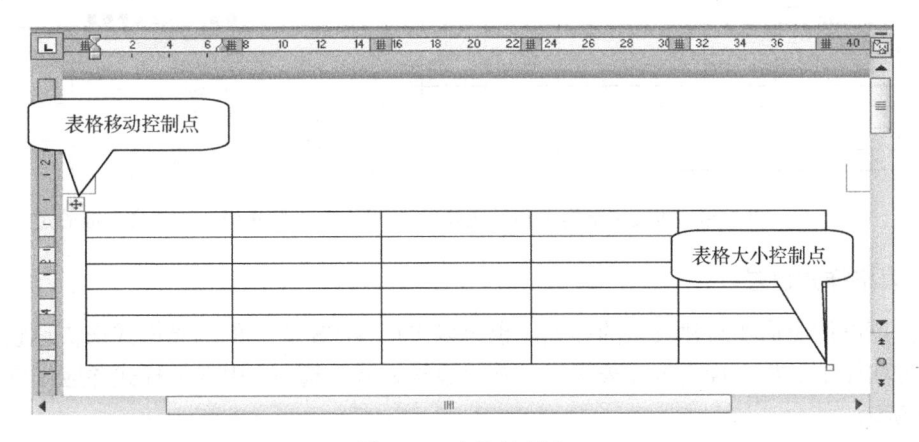

图 4-58 表格控制点

（2）表格大小设置。当鼠标指针指向"表格大小控制点"时，鼠标指针将变成形状，拖动鼠标时，屏幕上出现一个虚线框，以显示改变后的表格外边框的大小。此时整个表格将会等比例缩放，表格内每个单元格的高度和宽度也随之发生相应的变化。

3. 表格的其他外观设置

（1）标题行重复。通常表格的第 1 行是每列数据的标题，称为标题行。如果表格很大，需要几页才能显示，则只有第 1 页有标题行，而后面的几页因为没有标题行，会让人看起来不太方便。这时可以使用 WPS 文字表格中提供的标题行重复功能来解决此问题。方法如下：选中表格第 1 行，在"表格工具"选项卡中选择"标题行重复"按钮，则每一页表格的第 1 行都会出现标题行。

（2）设置表头斜线。在 WPS 文字中，绘制表头斜线需要在对应的单元格中插入一条斜线，然后在斜线的两侧，插入文本框，具体步骤如下：

① 选择"插入"选项卡，单击"形状"按钮，选择"线条"选区中的"直线"按钮，然后根据需要绘制表头的斜线，如图 4-59 所示。

② 选择"插入"选项卡，单击"文本框"按钮，选择"绘制文本框"命令，可在文本框中输入需要的字，调整文本框的大小，再将文本框拖曳到斜线处，如图 4-60 所示。

③ 插入的文本框是有黑色边框的，选择"绘图工具"选项卡中的"轮廓"按钮，选择"无线条颜色"选项即可去掉黑色边框，如图 4-61 所示。

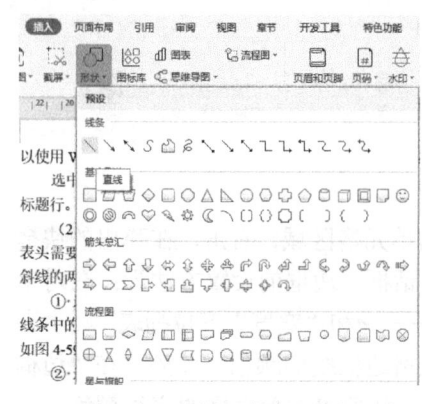

图 4-59　选择"直线"按钮

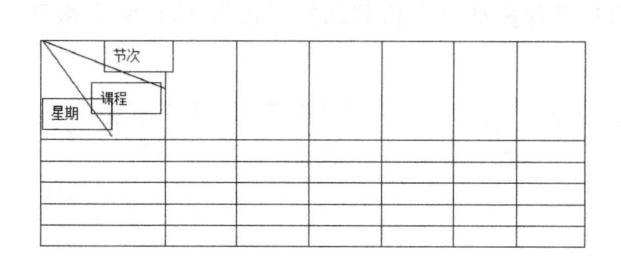

图 4-60　将文本框拖曳到斜线处

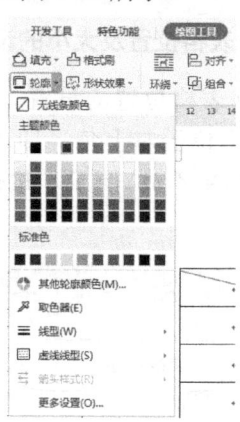

图 4-61　去掉文本框的黑色边框

4. 表格样式设置

用户可以按照需要新建表格的样式，也可以采用 WPS 文字的预设样式来快速设置表格样式，方法如下。将光标定位在表格内，在"表格样式"选项卡中选择样式并应用即可，如图 4-62 所示。

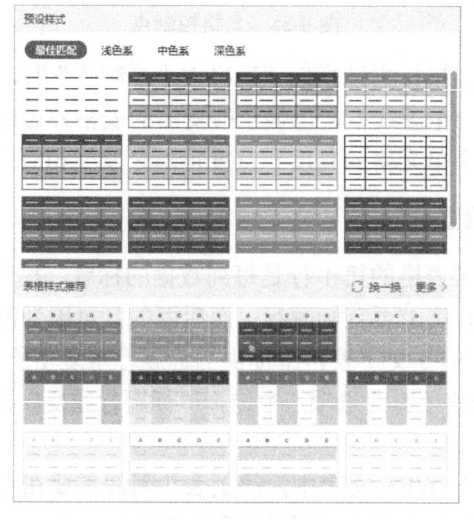

图 4-62　表格样式

4.5.4 表格的排序与计算

1. 表格的排序

选定需要排序的列,在"表格工具"选项卡中单击"排序"按钮,在弹出的"排序"对话框中进行设置,如图 4-63 所示。

① 在该对话框中,最多可以设置 3 个排序关键字。若在依据"主要关键字"进行排序过程中遇到相同的数据,则根据指定的"次要关键字"进行第 2 次排序,若还有相同的数据,则可以依据"第三关键字"排序。

② 每个排序依据都可选择"升序"或"降序"两种方式进行排序,默认为"升序"排序。

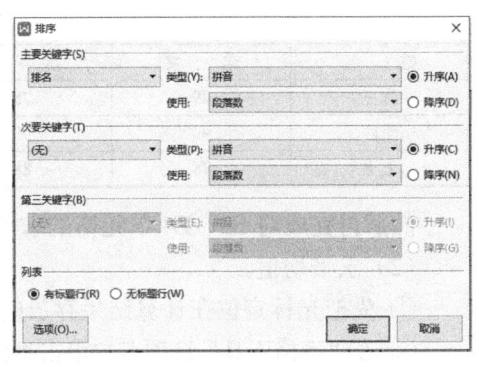

图 4-63 "排序"对话框

2. 表格的计算

在 WPS 文字表格中,用户可以通过常用的算术运算符或者 WPS 文字自带的函数对表格中的数据进行简单的运算。若要进行复杂的数据运算,则应采用第 5 章介绍的 WPS 表格。

表格的计算是以单元格为单位进行的,每一个单元格都有其固定的名称,通常用"列标行号"来命名。表格的列标从左至右依次用英文字母(A,B,C,…)表示,行号则从上到下依次用正整数(1,2,3,…)表示。如表 4-5 所示为表格中各区域的名称及含义。表格计算可利用"表格工具"选项卡中的"公式"按钮实现。

表 4-5 表格中各区域的名称及含义

名　　称	含　　义
LEFT(RIGHT)	光标所在位置左侧(右侧)的单元格
ABOVE(BELOW)	光标所在位置上方(下方)的单元格
B3	位于第 2 列、第 3 行的单元格
A1:B2	从单元格 A1 到 B2 矩形区域内的所有单元格,即由 A1、A2、B1、B2 共 4 个单元格组成的矩形区域
A1,B2	指 A1 和 B2 两个单元格

在"表格工具"选项卡上,单击"公式"按钮,弹出"公式"对话框,如图 4-64 所示。

下面利用"公式"来计算如表 4-6 所示的总分和平均分。

(1)求和。

① 先把光标定位在计算结果存放的单元格 E2 内(表格列标为 A~F,行号为 1~4)。

② 在"表格工具"选项卡中单击"公式"按钮,弹出"公式"对话框,如图 4-64 所示。

图 4-64 "公式"对话框

③ 在"公式"文本框中直接输入"=SUM(LEFT)"公式（求当前光标左侧所有数值的和，为默认值）。

④ 单击"确定"按钮即可完成对 E2 单元格的求和计算。

表 4-6 成绩表

姓 名	语 文	数 学	英 语	总 分	平 均 分
张三	89	78	100	267	89.00
李四	99	99	79	277	92.33
王五	78	88	67	233	77.67

然后再完成对 E3、E4 单元格的求和计算，方法同对 E2 单元格的求和计算。

（2）求平均值。

① 先把光标定位在计算结果存放的单元格 F2 内。

② 在"表格工具"选项卡中单击"公式"按钮，弹出"公式"对话框，如图 4-64 所示。

③ 在"公式"文本框中直接输入"=AVERAGE(B2,C2,D2)"公式或"=AVERAGE(B2:D2)"公式或在"粘贴函数"下拉列表框中选择函数 AVERAGE( )（求平均值函数），一定要注意在函数前面必须加上等号"="，圆括号里输入要计算的单元格区域"B2,C2,D2"或"B2:D2"。如图 4-65 所示。

④ 若要设置数据的格式，则可选取"数字格式"下拉列表中的相关选项，计算出来的结果可以以整数、小数或百分数等形式保存。如本题中假设平均分要求保留两位小数，则可在"数字格式"的下拉列表中选择"0.00"选项。

图 4-65 公式

⑤ 单击"确定"按钮即可完成对 F2 单元格的求平均分计算。

⑥ 同样，求 F3 单元格时把公式变为"=AVERAGE(B3,C3,D3)"或"=AVERAGE(B3:D3)"，求 F4 单元格时把公式变为"=AVERAGE(B4,C4,D4)"或"= AVERAGE(B4:D4)"，即可完成平均分的计算。

4.5.5 表格与文本的相互转换

1. 表格转换成文本

选定要转换的表格的行或列，在"表格工具"选项卡中单击"转换成文本"按钮，出现"表格转换成文本"对话框，如图 4-66 所示。在"文字分隔符"选区中选择相应的分隔符，单击"确定"按钮即可将表格转换成文本。表 4-6 的"成绩表"转换成文本后，如图 4-67 所示。

2. 文本转换成表格

同样，也可以选定文本，把文本的内容以表格的形式进行保存。打开"插入"选项卡，单击"表格"按钮，选择"文本转换成表格"命令，弹出如图 4-68 所示的"将文字转换成表格"对话框。可根据要求选择其中的选项，单击"确定"按钮，即可完成文本转换成表格的操作。

第 4 章　WPS 文字操作

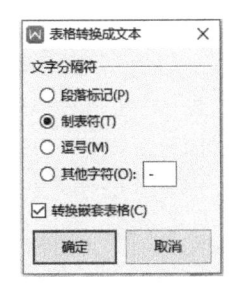

图 4-66　"表格转换成文本"对话框

图 4-67　将表格转换成文本示例

图 4-68　"将文字转换成表格"对话框

4.6　图文混排

4.6.1　图形文件格式

图形文件的格式有许多种，有些格式并不被 WPS 文字所接受。可以在"插入图片"对话框中的"文件类型"下拉列表中查找 WPS 文字所支持的图形文件格式。目前有许多流行的图形文件格式，如 PSD（图像处理软件 Photoshop 的专用格式）、BMP（Windows 位图）、JPG（JPEG 文件交换格式）、GIF（图形交换格式）、PNG（可移植网络图形）等，常用的许多类型的图形文件都可以转换成 WPS 文字能够直接识别的图形文件。

4.6.2　图片的插入及编辑

WPS 文字中，插入的图片可以来自系统自带的剪贴画库，也可从网上下载，还可直接由数码相机或扫描仪获得。总之，只要是 WPS 文字支持的图片格式，都可直接插入。

1．插入图片

（1）插入剪贴画。将光标定位在插入点，打开"插入"选项卡，单击"图片"按钮，在"搜索栏"文本框中输入搜索关键词或者在下方图片分类中选择所需的图片，如图 4-69 所示，双击所需要的图片，即可将指定图片插入文本的指定位置。

（2）插入图片文件。将光标定位在插入点，打开"插入"选项卡，单击"图片"按钮，再单击"来自文件"按钮，如图 4-70(a) 所示，弹出"插入图片"窗口，选择图片插入即可，如图 4-70(b) 所示。

2．编辑图片

（1）移动图片。在图片的任意位置单击，即可选中图片，这时在图片的四周会出现 8 个控制点，如图 4-71 所示。当鼠标移到图片上时，鼠标指针会变成✥形状，按住鼠标左键并拖动鼠标即可使图片在页面上随意移动。若要对图片进行精确移动，则可在按住 Ctrl 键的同时按键盘上的方向键对图片进行上、下、左、右移动。

（2）缩放图片。

① 将鼠标指针移到图片的某个控制点上，按住鼠标左键并拖动鼠标可进行图片的缩放。

② 若在拖动图片四角的控制点的同时按住 Shift 键，可对图片进行等比例缩放。

| 121

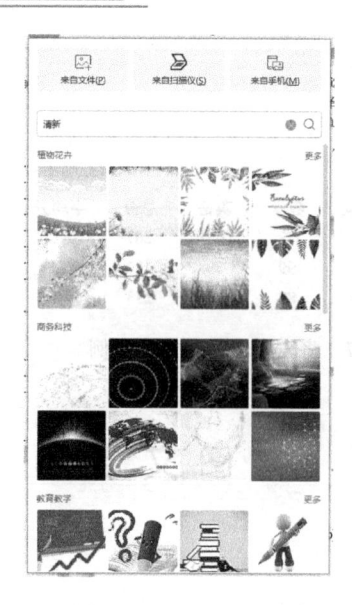

图 4-69　插入剪贴画

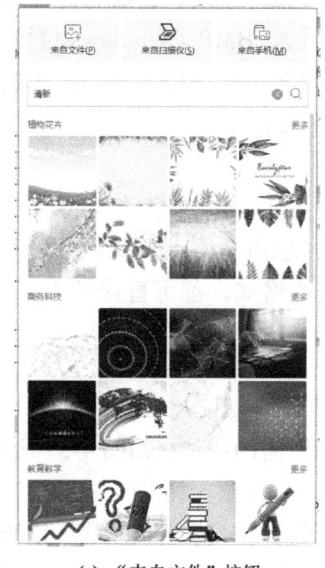

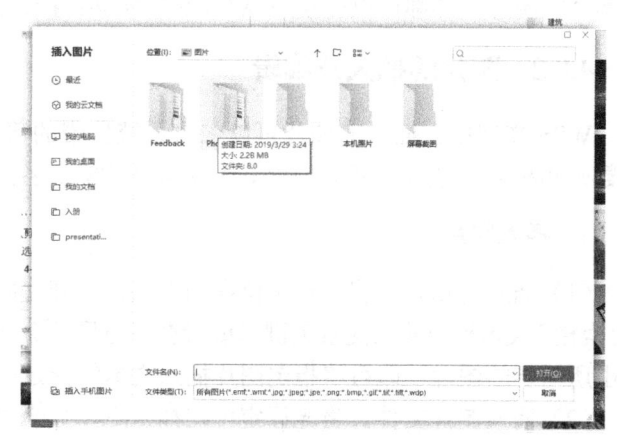

(a)"来自文件"按钮　　　　　　　　　(b)"插入图片"窗口

图 4-70　插入图片文件

③ 若拖动鼠标的同时按住 Alt 键，可对图片进行精细缩放。

(3) 设置图片环绕方式。设置图片的环绕方式，也就是设置图片与文字的位置关系，方法如下：

选中图片后，在"图片工具"选项卡中单击"文字环绕"按钮，然后在"文字环绕"下拉列表中选择对应的环绕方式，如图 4-72 所示。为图片设置"四周型环绕"的效果如图 4-73 所示。若要进一步设置其他图片效果，则选择其他选项进行设置，如图 4-74 所示。

第 4 章　WPS 文字操作

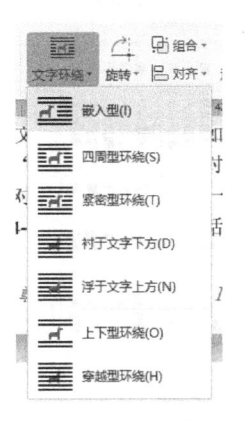

图 4-71　选中图片　　　　　图 4-72　"文字环绕"按钮

图 4-73　"四周型环绕"效果图　　　　　图 4-74　其他选项设置

（4）改变图片的颜色、对比度和亮度。在"图片工具"选项卡中选择"颜色"按钮，并在下拉列表中选择需要的选项，如图 4-75 所示。

若要制作如图 4-76 所示的冲蚀效果，方法如下：

① 在文档中插入图片，将图片"颜色"设置为"冲蚀"，将图片的文字环绕方式设置为"衬于文字下方"。

② 通过"图片工具"选项卡中的"亮度"和"对比度"按钮还可以改变图片的亮度或对比度。

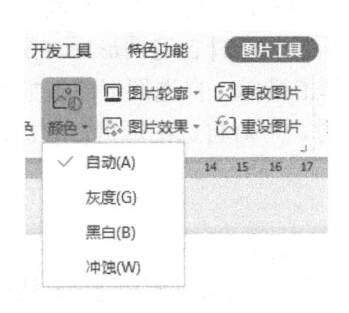

图 4-75　改变图片的颜色　　　　　图 4-76　冲蚀效果

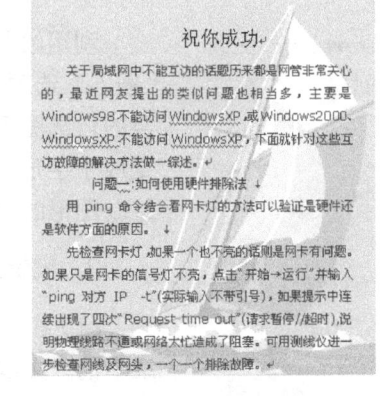

（5）改变图片的背景与轮廓。选中图片后，在"图片工具"选项卡中选择"图片填充"按钮，在打开的下拉列表中执行相应命令，如图 4-77 所示。或者单击"图片轮廓"按钮，在打开的下拉列表中执行相应命令，如图 4-78 所示。

| 123

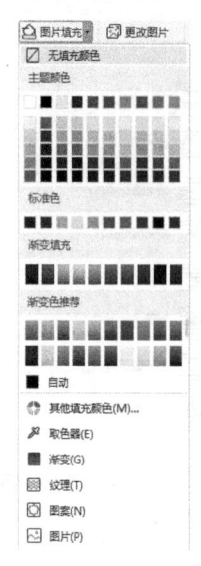

图 4-77　图片填充　　　　　　图 4-78　图片轮廓

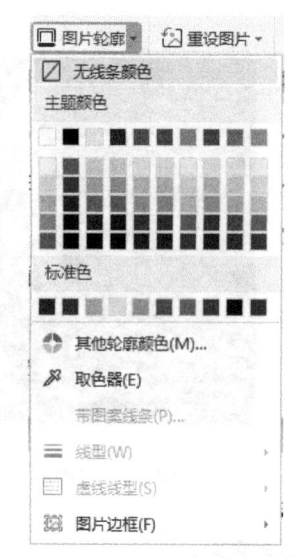

4.6.3　绘制图形

1. 绘制自选图形

在 WPS 文字中，可以直接利用"绘图工具"选项卡中提供的绘图工具绘制正方形、矩形、多边形、直线、曲线、圆、椭圆等简单的图形对象。

选择"插入"选项卡，单击其中的"形状"按钮，在下拉列表中选择所需形状，显示"绘图工具"选项卡如图 4-79 所示。

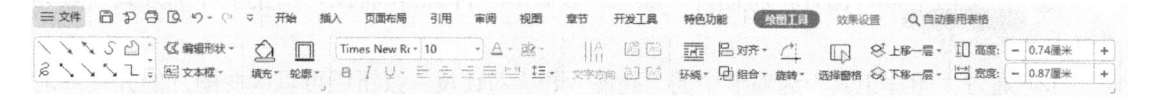

图 4-79　"绘图工具"选项卡

利用绘制自选图形功能可绘制一些特殊形状的图形。单击"插入"选项卡中的"形状"按钮，在弹出的下拉列表中选择需要的自选图形，如图 4-80 所示。选择自选图形后，鼠标指针将变成十字形，在插入位置单击鼠标，自选图形即被插入。拖动绘制图形的同时按住 Shift 键，可对自选图形进行等比例缩放。

2. 编辑图形

（1）在图形中添加文字。选择"插入"选项卡，单击"文本"组中的"文本框"按钮，选择"绘制文本框"选项，然后在文本框中输入文字，将文本框设置为"无填充""无线条"，最后将其拖到图形上即可。在图形中添加文字的效果如图 4-81 所示。

（2）图形的组合与分解。如果要组合图形，则先选定要组合的图形，全部选定后右击，在弹出的快捷菜单中执行"组合"

图 4-80　选择"自选图形"

命令。组合前、后的效果如图 4-82 所示。一旦组合成功，则所组合的图形便会成为一个整体。

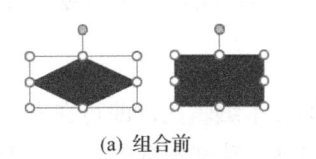

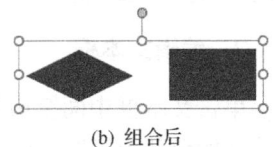

图 4-81　在图形中添加文字的效果图　　　图 4-82　组合前、后的效果示例

如果要分解已组合的图形，可以选中图片后右击，在弹出的快捷菜单中执行"取消组合"命令，即可使组合的图形具有独立性，可以进行独立操作而互不关联。

（3）图形的叠放次序。选中需要调整的图形后右击，根据需要在弹出的快捷菜单中选择上移一层、下移一层、置于顶层或置于底层等。图形叠放次序效果如图 4-83 所示。

（4）图形的旋转及形状的调整。如果要旋转图形，或调整图形的形状，需要先选定图形，这时图形中会出现旋转箭头，称为"旋转控制点"，当把鼠标指针移至控制点上时，鼠标指针会变为形状，如图 4-84 所示。将鼠标指针移至"旋转控制点"上，拖动鼠标即可旋转图形。

有些图形在被选中时，图形周围会出现一个或多个黄色菱形块，称为图形的"调整控制点"，用鼠标拖动这些控制点，可获得各种变形后的图形。如图 4-85(a)所示，通过对图形"调整控制点"和"旋转控制点"的调整，变成了如图 4-85(b)所示的形状。

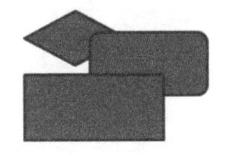

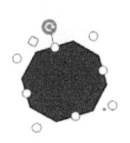

图 4-83　叠放次序效果　　　图 4-84　"自由旋转"示例　　　图 4-85　"变形"示例

图 4-86 是通过"调整控制点"调整图形后的多种图形示例。另外，可以通过"绘图工具"选项卡"形状样式"组中的"填充"按钮、"轮廓"按钮，为图形设置填充色和轮廓色，还可设置特殊效果的线条图案和填充效果等，操作与前面介绍的同类操作方法相同，这里不再赘述。

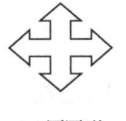

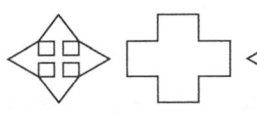

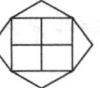

(a) 原图形　　　　　　　　　(b) 变化后的图形

图 4-86　调整图形示例

4.6.4　文本框

文本框是一种特殊的图形对象，主要用来在文档中建立特殊文本。放置在文本框内的文本或图形可在页面上的任何位置移动，并且文本框的大小可随意调整。

1．插入文本框

选择"插入"选项卡，单击"文本框"按钮，选择"横向"、"纵向"或"多行文字"命令，当鼠标指针变成"十"形状后，在需要插入文本框的位置处单击，这时就会出现一个指定的"横排"或"竖排"文本框。注意横排与竖排文字的区别。

2. 编辑文本框

单击文本框中间空白的文本编辑区，即可在文本框内输入文本。当文本框太小，不能显示输入的全部内容时，可通过拖动文本框的控制点来调整文本框的大小。当输入的文本到达文本框的右边框线时会自动换行。还可以选定文本框，在功能区选择"绘图工具"选项卡或"效果设置"选项卡来设置文本框的填充色、线型、线条颜色、尺寸及文字环绕方式等。

注意：如果文本框不需要边框线，将其轮廓颜色设置为"无线条颜色"即可。

4.6.5 艺术字的制作

1. 创建艺术字

艺术字是文字的特殊效果。创建艺术字的方法如下：
（1）选择"插入"选项卡，单击"艺术字"按钮，艺术字样式如图 4-87 所示。
（2）选择一种艺术字样式，然后在添加的虚线框中输入文字即可，如图 4-88 所示。

图 4-87 艺术字样式　　　　　　　　图 4-88 在虚线框中输入文字

2. 编辑艺术字

单击艺术字，在功能区中单击"文本工具"按钮，如图 4-89 所示可以设置艺术字的各种特殊的效果。

4.6.6 图文混排示例

例如，要想编辑如图 4-90 所示的内容，操作步骤如下。
（1）启动 WPS 文字，输入如图 4-90 所示的文字内容。
（2）设置字体、字号和字形。标题采用艺术字，输入文字并设置艺术字样式，将艺术字的"填充颜色"设置为红色，"线条"设置为无线条颜色；然后选定正文，设置为华文新魏、常规、四号、蓝色字体，在"段落格式"对话框中将"行间距"设置为固定值 22 磅。

第 4 章　WPS 文字操作

图 4-89　设置艺术字特殊效果　　　　　　图 4-90　图文混排示例

（3）图片的编辑。添加图片，打开"插入"选项卡，单击"图片"按钮，在"搜索文字"文本框中输入要插入的图片类型（如"花"），如图 4-91 所示，再单击"搜索"按钮，则图库中所有的"花"类型的图片将会显示在下方，如图 4-92 所示。双击需要的图片，即可将指定图片插入文本的指定位置。将"花"的图片放大覆盖全文字，并将"颜色"设置为"冲蚀"，"文字环绕"设置为"衬于文字下方"，其余两张图片拖至文本中对应的左下角和右下角位置，并将图片调到适当的大小。

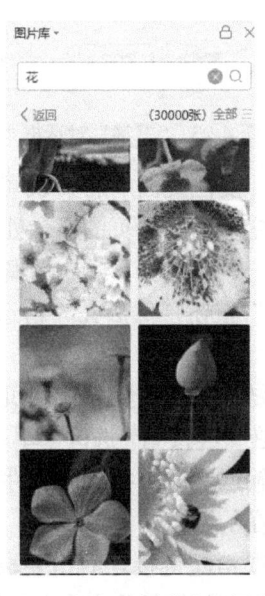

图 4-91　搜索图片　　　　　　图 4-92　插入"图片库"图片

4.7　WPS 文字的高级应用

4.7.1　超链接与文件合并

1. 超链接

超链接能够实现将当前指定文本或图形等对象跳转或链接到当前文档其他位置、原有文件或网页上指定的位置等。

（1）链接到当前文档中的位置。

① 插入"书签"：如果链接目标是当前文档中的其他位置，则设置超链接之前必须要在此位置（链接的目标处）设置一个书签。方法是将插入点定位到此位置，打开"插入"选项卡，单击"书签"按钮，打开"书签"对话框，如图 4-93 所示。指定一个书签名，然后单击"添加"按钮。

② 设置"链接点"：选定要设置超链接的文本或图形，打开"插入"选项卡，单击"超链接"按钮，或按 Ctrl+K 组合键，打开如图 4-94 所示的"插入超链接"对话框。单击"本文档中的位置"按钮，再选择已有的标题文字，然后单击"确定"按钮即可。

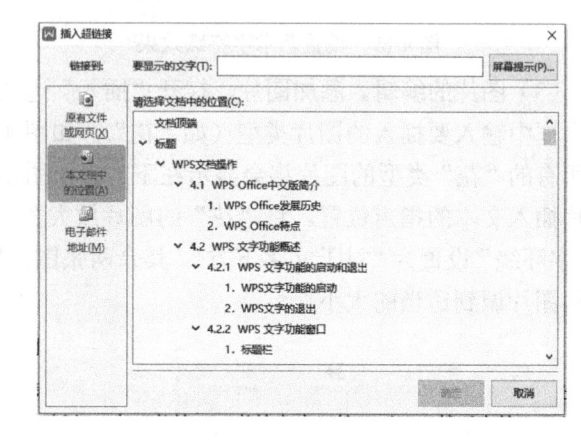

图 4-93 "书签"对话框　　　　　　　　图 4-94 "插入超链接"对话框

例如，要在文档中的第 80 页的位置引用第 2 页的一个概念，则可以利用超链接来实现。先把光标定位到第 2 页的概念处，插入一个"书签"，书签名为"第 2 页"，然后在第 80 页的位置设置一个超链接。选定"概念"两字并插入超链接，在"链接到"选区中单击"本文档中的位置"按钮，然后在"请选择文档中的位置"选区中选择书签名为"第 2 页"的书签即可。

（2）链接到原有文件或网页。选定文本或图形，按 Ctrl+K 组合键，打开"插入超链接"对话框，在"链接到"选区中单击"原有文件或网页"按钮，如图 4-95 所示。此时在"地址"文本框中输入需要链接到的文件名或网页地址，即可实现链接到指定已存在的文件或指定网络中已存在的网页。

（3）取消超链接。右击要取消超链接的文本或图形，在弹出的快捷菜单中执行"超链接"→"取消超链接"命令即可。

2. 文件合并

要把多个 WPS 文字的文件合并成一个文件的操作方法如下：

（1）先把要合并的文件存放到一个文件夹下。

（2）打开"插入"选项卡，单击"审阅"按钮，选择"合并"选项，然后指定到文件存放的文件夹的位置，选择要合并的文件，单击"插入"按钮，即可实现多个文件的合并。

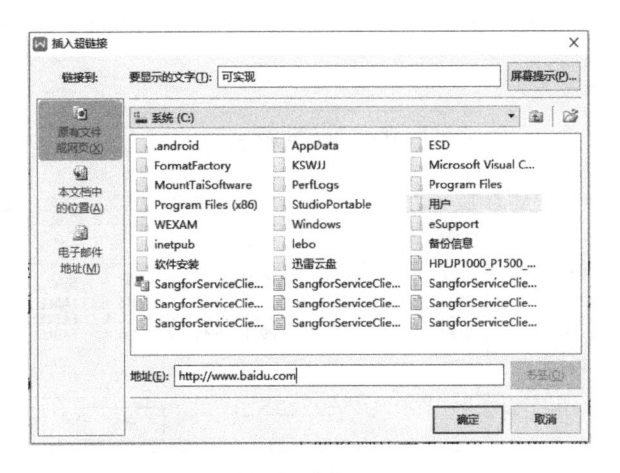

图 4-95 "原有文件或网页"按钮

4.7.2 邮件合并、公式编辑器、录制宏

1. 邮件合并

邮件合并就是通过建立样本和数据源，在样本中输入基本数据，然后将经常变换的数据通过数据源导入样本中合并，从而替换其中的部分关键信息，就可以编辑出满足不同需要的文本。使用这一功能，将大大减少用户的重复性劳动，提高工作效率。实现邮件合并，需建立两个文件：一是在合并过程中保持不变的主文档；二是包含变化信息的数据源。

下面以制作"录取通知书"为例介绍邮件合并的过程。

（1）创建主文档。主文档是在每一份合并文档中都相同的文本内容，它既可以是一个已经打开的文档，也可以在邮件合并过程中创建一个新文档，其创建方法与创建普通文档完全相同。

① 新建一个名为"录取通知书"的普通文档，内容如图 4-96 所示。

② 打开"邮件合并"选项卡，如图 4-97(a)所示。

③ 单击"打开数据源"按钮，选择"选择数据源"选项，打开"选择表格"对话框，选择表格后单击"确定"按钮，如图 4-97(b)所示。

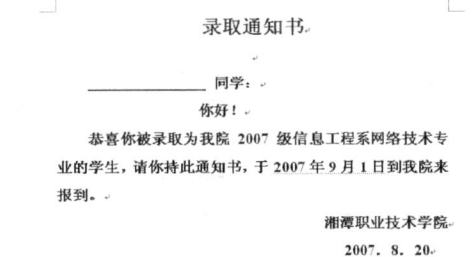

图 4-96 "录取通知书"普通文档

④ 单击"插入合并域"按钮，打开"插入域"对话框，单击"数据库域"单选按钮，选择所需的字段后单击"插入"按钮，如图 4-97(c)所示。

⑤ 单击"查看合并数据"按钮，如图 4-97(d)所示，然后可以通过单击"上一条""下一条"按钮预览录取通知书的最后输出效果图。

⑥ 最后单击"合并到新文档"按钮，打开"合并到新文档"对话框，选择"全部"单选按钮后单击"确定"按钮，如图 4-97(e)所示。数据合并到新文档中，进行相应的编辑排版后，即可打印输出。

(a) 打开"邮件合并"选项卡

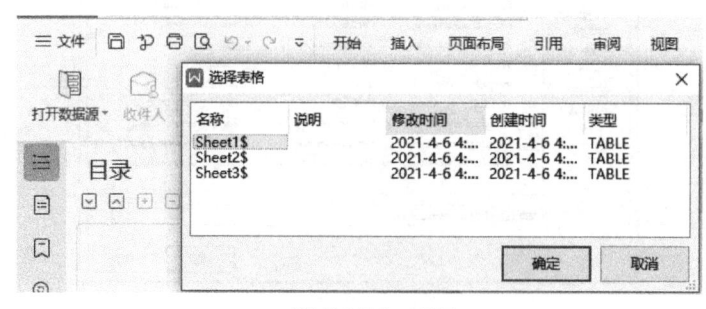

(b) "选择表格"对话框

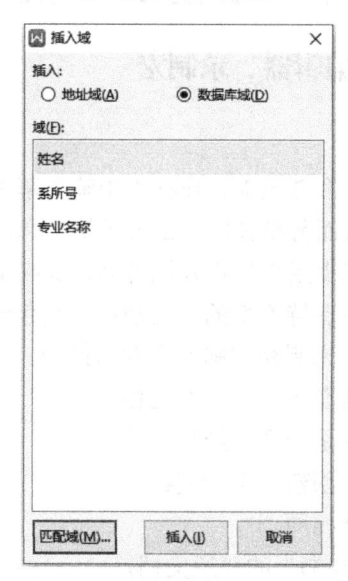

(c) 插入域

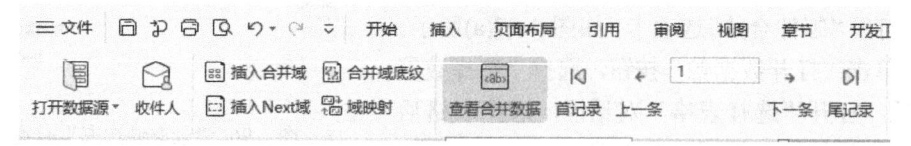

(d) 查看合并数据

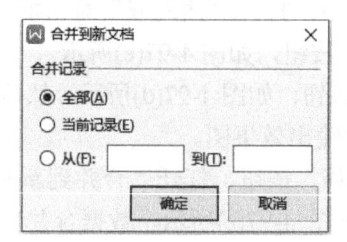

(e) "合并到新文档"对话框

图 4-97 "邮件合并"过程

（2）创建数据源。数据源可以是 WPS 文字表格、WPS 电子表格，也可以是 Access 数据库表格。数据源可先创建好，也可在创建完主文档后再创建。此例数据源是利用 WPS 表格做的一个简单表格，如图 4-98 所示。

2. 公式编辑器

打开"插入"选项卡，单击"公式"按钮，即可打开"公式编辑器"窗口，如图 4-99 所示。其中符号模板中包含了很多常用的数学符号和数学格式，如 ∂、$\prod$、$\notin$、$\therefore$、$\oplus$、$\begin{pmatrix} 2 & 3 \\ 3 & 4 \end{pmatrix}$、$\sqrt{2}$、$\sum 2$、$\int_{-8}^{8}$ 等。在编辑公式时主要使用符号模板。

图 4-98　数据源示例

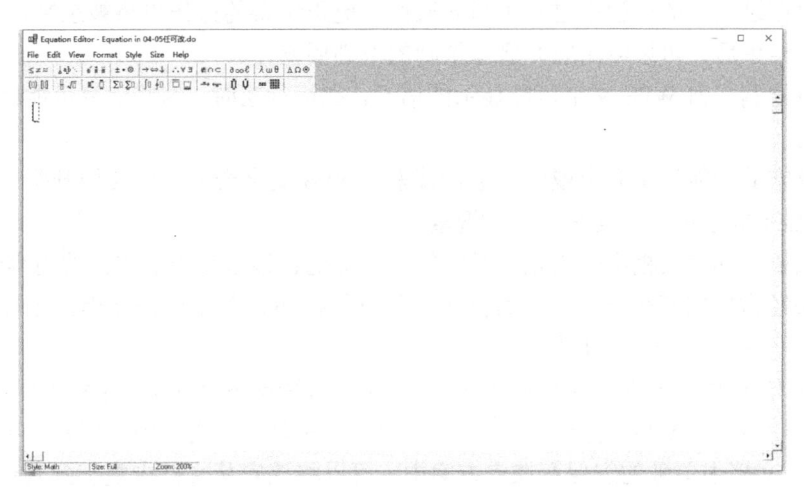

图 4-99　"公式编辑器"窗口

以图 4-100 为例，利用公式编辑器来创建一个方程式。

① 先选择"根式"按钮，然后选择"平方根"选项，再选择"上下标"按钮，将光标插入对应的虚线框中分别输入"csc"和"2"，双击鼠标结束前一种状态，再输入"A-1"，再双击鼠标，输入"-ctgA="。

② 单击"括号"按钮，选择"左花括号"选项，输入"0，k"，然后在"符号"下拉列表中找到"π""<""≤""∈"，依次按式中的格式输入后回车，将光标下移一行，再输入下面式子的内容，并设置正、斜体，就可以完成这个公式的创建了。

3. 录制宏

（1）宏的概念。如果要在 WPS 文字中反复执行某项任务，可以使用宏自动执行该任务。宏是一系列 Word 命令和指令，这些命令和指令组合在一起，形成了一个单独的命令，以实现任务执行的自动化，相当于 DOS 下的批处理文件。

（2）录制宏。单击"视图"选项卡的"宏"按钮，选择"录制宏"命令，弹出"宏"对话框，如图 4-101 所示。可以指定宏名及存放的位置，还可以将宏指定到菜单、工具组或键盘上的某个快捷键。新宏的默认文件名为"Normal.dot"，是一个模板文件类型。在录制宏的过程中可以暂停录制，随后从暂停的位置继续录制。录制一个宏时，可以使用鼠标单击命令和选项，但是宏录制器不能录制鼠标在文档窗口中的移动，必须用键盘来记录这些动作。

$$\sqrt{\csc^2 A - 1} - \operatorname{ctg} A = \begin{cases} 0, k\pi < A \leq \frac{\pi}{2} + k\pi, k \in z \\ -2\operatorname{ctg} A, (k\pi - \frac{\pi}{2}) \end{cases}$$

图 4-100　利用公式编辑器创建的方程式　　　　图 4-101　"宏"对话框

在录制宏之前，可先计划好需要宏执行的步骤和命令。录制宏要注意以下几点：
① 如果在录制宏的过程中进行了错误操作，更正错误的操作也将被录制。
② 录制结束后，可以编辑宏并删除录制的不必要操作。
③ 尽量预测任何 WPS 文字可能显示的信息，在运行宏时，这些信息可能使宏操作停止或造成混淆。
④ 如果宏的功能仅是向上或向下进行搜索，WPS 文字会在达到文档开头或结尾时停止运行宏，并显示提示信息询问是否继续搜索。
⑤ 如果要在其他文档中使用正在录制的宏，请确认该宏与当前文档的内容无关。
⑥ 如果经常使用某个宏，可将其指定为工具组按钮、菜单或快捷键。这样就可以直接运行该宏而不必打开"宏"对话框。

（3）保存宏。可以将宏保存在模板或文档中。在默认情况下，WPS 文字将宏保存在 Normal 模板中。这样所有的 WPS 文档都可使用宏。如果需在单独的文档中使用宏，可以将宏保存在该文档中。文档中单独的宏保存在宏方案中，可以将该宏从文档中复制到其他文档中。在以 Web 页保存并发布的 WPS 文档中，使用脚本标记和脚本编辑器，而不是使用宏来自动执行任务。脚本标记用来标记 WPS 文档中存储脚本的位置。双击 WPS 文档中的"脚本标记"按钮会启动"脚本编辑器"窗口，这时就可以开始编辑脚本了。在 Web 浏览器中显示 Web 页时，将会自动运行脚本。

本章小结

文字处理是大学生必须掌握的基本技能，WPS 文字、Word 都是当下流行的文字处理软件，本章主要介绍了 WPS 文字处理的基本操作和技能，希望大家结合实际情况，能将文字处理的基本技巧运用到学习和工作中，真正达到学以致用的目的。Word 的使用可以参考 WPS 文字的基本操作，进行融会贯通。

习 题

一、选择题

1. 在 WPS 文字编辑状态下，按（　　）键可以删除插入点左侧的字符。
   A．Delete　　　　B．Backspace　　　　C．Ctrl+Delete　　　　D．Ctrl+Backspace
2. 执行（　　）命令，可恢复刚删除的文本。
   A．撤销　　　　B．消除　　　　C．复制　　　　D．粘贴
3. 当 WPS 文字的"剪切"和"复制"命令呈灰色显示时，则表示（　　）。
   A．选定的内容是页眉或页脚　　　　B．选定的文档内容太长，剪贴板放不下
   C．剪贴板里已经有信息了　　　　D．在文档中没有选定任何信息
4. 下列操作中，（　　）不能将选定的内容复制到剪贴板上。
   A．单击"剪贴板"组中的"复制"按钮　　B．单击"剪贴板"组中的"剪切"按钮
   C．单击快捷菜单中的"复制"命令　　　D．按 Ctrl+C 组合键
5. 文档编辑排版结束后，要想预览其打印效果，应选择 WPS 文字中的（　　）功能。
   A．打印预览　　　B．模拟打印　　　C．屏幕打印　　　D．打印
6. 在 WPS 文字文档的编辑过程中，文字下面有红色波浪下画线表示（　　）。
   A．对输入的确认　B．可能有错误　　C．可能有拼写错误　D．为已修改过的文档
7. WPS 文字中将插入点移到文档尾部的快捷键是（　　）。
   A．Ctrl+Home 组合键　　　　　B．Ctrl+End 组合键
   C．Ctrl+PageUp 组合键　　　　D．Ctrl+PageDown 组合键
8. 能够切换插入和改写两种编辑状态的操作是（　　）。
   A．按 Ctrl+C 组合键　　　　　B．用鼠标单击状态栏中的"改写"
   C．按 Shift+I 组合键　　　　　D．用鼠标双击状态栏中的"改写"
9. 下列关于文档分页的叙述，错误的是（　　）。
   A．分页符也能打印出来
   B．WPS 文字文档可以自动分页，也可以人工分页
   C．将插入点置于分页符上，按 Delete 键便可将其删除
   D．分页符标志着前一页的结束，一个新页的开始
10. 在普通视图下，自动分页处显示（　　）。
    A．页码　　　　B．一条虚线　　　C．一条实线　　　D．无显示
11. 下列关于页码、页眉、页脚叙述正确的是（　　）。
    A．页码是系统自动设定的，页眉、页脚需要人为设置
    B．页码、页眉和页脚需要人为设置
    C．页码就是页眉和页脚
    D．页眉和页脚不能是图片
12. WPS 文字具有分栏功能，下列关于分栏的说法中正确的是（　　）。
    A．最多可分 4 栏　　　　　　B．各栏的宽度必须相同

C．各栏的宽度可以不同　　　　　　D．各栏之间的间距是固定的

13．将文字转换成表格的第 1 步是（　　）。

　　A．调整文字的间距

　　B．选择要转换的文字

　　C．选择"插入"选项卡"表格"组中的"文本转换成表格"命令

　　D．设置页面格式

14．在 WPS 文字表格计算中，公式"=SUM(A1,C4)"的含义是（　　）。

　　A．1 行 1 列与 3 行 4 列元素相加　　B．1 行 1 列到 1 行 4 列元素相加

　　C．1 行 1 列与 1 行 4 列元素相加　　D．1 行 1 列与 4 行 3 列元素相加

15．在 WPS 文字文档的编辑过程中，对插入的图片不能进行的操作是（　　）。

　　A．放大或缩小　　　　　　　　　　B．从矩形边缘裁剪

　　C．修改其中的图形　　　　　　　　D．复制到另一个文件的插入点位置

16．在 WPS 文字中，关于设置页边距的说法不正确的是（　　）。

　　A．用户可以使用"页面设置"对话框来设置页边距

　　B．用户既可以设置左、右页边距，也可以设置上、下页边距

　　C．页边距的设置只影响当前页

　　D．用户可以使用标尺来调整页边距

二、填空题

1．WPS 文字文件的扩展名是＿＿＿＿＿＿。

2．在 WPS 文字视图中，＿＿＿＿＿＿视图方式下的显示效果与打印预览效果基本相同。

3．WPS 文字编辑状态下，利用＿＿＿＿＿＿可快速、直观地调整文档的左、右边距。

4．建一个新 WPS 文字文档后，该文档默认的文件名为＿＿＿＿＿＿。

5．WPS 文字提供了 5 种视图方式，分别为＿＿＿＿＿＿、＿＿＿＿＿＿、＿＿＿＿＿＿、＿＿＿＿＿＿和＿＿＿＿＿＿，启动时默认为＿＿＿＿＿＿。

6．在状态栏中，WPS 文字提供了两种工作状态，它们是＿＿＿＿＿＿和＿＿＿＿＿＿。

7．在 WPS 文字文档中，每个段落都有自己的段落标记，段落标记的位置在＿＿＿＿＿＿。

8．WPS 文字编辑状态下，剪切、复制、粘贴操作的快捷键分别为＿＿＿＿＿＿、＿＿＿＿＿＿和＿＿＿＿＿＿。

9．在 WPS 文字编辑状态下，选中一个句子的操作是：将插入光标定位在待选句子中的任意处，然后按住＿＿＿＿＿＿键并单击。

三、简答题

1．简述 WPS 文字的窗口组成。

2．启动 WPS 文字的常用方法有哪几种？

3．保存文档的三要素是什么？

4．若想对一页中的各个段落进行多种分栏，应如何操作？

5．如果文档中的内容在一页没满的情况下要强制换页，如何操作？

四、操作题

1．用 WPS 文字绘制如下案例。

课程\星期\时间		星期一	星期二	星期三	星期四	星期五
上午		高等数学	组成原理	物理	英语	物理
		高等数学	组成原理	物理	英语	物理
		英语	教育学	机械制图	高等数学	教育学
		英语	教育学	机械制图	高等数学	教育学
下午		政治经济学	美术	材料	组成原理	班会
		政治经济学	体育	材料	组成原理	

2．从网上下载《背影》《荷塘月色》《记念刘和珍君》《在庆祝北京大学建校一百周年大会上的讲话》等文章，并保存在 WPS 文档中，清除格式后，按以下要求重新编辑。

（1）每篇文章的标题字体为宋体、二号，并加粗、居中；正文字体为仿宋、小三号，每段首行缩进 2 个字符。

（2）要求应用分隔符，使每篇文章另起一页。

（3）要求文档下方居中部分有页码；页眉设置为文章的名称（页码连续，页眉不同）。

（4）生成目录。

3．应用表格和图形完成如下设计。

星期日	星期一	星期二	星期三	星期四	星期五	星期六
☺	☹	☹	☹	☹	☹	☺

第 5 章

WPS 表格操作

本章导读：

WPS 表格是金山公司 WPS Office 系列办公软件中的一个组件，确切地说，它是一个电子表格软件。它具有丰富的宏命令和函数以及强有力的数据管理功能，极大地提高了人们的工作效率，广泛应用于财务、行政、金融、经济、审计和统计等众多办公领域中。

本章学习目标：

1. 了解 WPS 表格的基本概念、功能、运行环境、启动与退出。
2. 工作簿和工作表的基本概念，工作表的创建、数据输入、编辑和排版。
3. 掌握工作表的插入、复制、移动、更名、保存等基本操作。
4. 掌握工作表中公式的输入与常用函数的使用。
5. 掌握工作表数据的处理，数据的排序、筛选、查找、合并和分类汇总。
6. 掌握图表的创建和格式设置。
7. 了解工作表的页面设置、打印预览和打印。
8. 掌握工作簿和工作表数据的安全、保护及隐藏操作。

5.1 WPS 表格的基础知识

WPS 表格具有很强的图形、图表处理功能，它可用于财务数据处理、科学分析计算等，并能用图表显示数据之间的关系和对数据进行处理。

1. 快速制作表格

在 WPS 表格中，通过使用工作表能快速制作表格。软件提供了丰富的格式化命令，可以利用这些命令完成数字显示、格式设计和图表美化等多种操作。

2. 强大的计算功能

WPS 表格增加了处理大型工作表的能力，提供了 11 大类函数。通过使用这些函数，用户可以完成各种复杂的运算。

3. 丰富的图表

在 WPS 表格中，提供了 100 多种不同格式的图表可供选用。用户只需通过几步简单的操作，就可以制作出精美的图表。可以把图表作为独立的文档打印，也可以与工作表中的数据一起打印。

4. 数据库管理

WPS 表格中的数据都是按照相应的行和列进行存储的。这种数据结构再加上 WPS 表格提供的有关处理数据库的函数和命令，可以很方便地对数据进行排序、查询、分类汇总等操作，使得 WPS 表格具备组织和管理大量数据的能力，从而使 WPS 表格的用途更加广泛。

5. 数据共享与互联网

利用数据共享功能，可以方便地通过互联网实现多个用户同时使用一个工作簿文件，最后再完成共享工作簿的合并工作。通过超链接功能，用户可以将工作表的单元格链接到互联网上的其他资源。WPS 表格还提供了将工作簿文件保存为 Web 页的功能，这样用户可以直接在 Web 浏览器上浏览这些数据。

5.1.1 WPS 表格的启动

WPS 表格的启动一般有以下几种方法。
（1）常规启动。单击"开始"按钮，选择"WPS Office 2019"命令启动。
（2）快捷方式启动。双击桌面上的快捷方式图标 ，启动 WPS Office 2019。
（3）通过已有 WPS 表格文件进入。双击带有 图标（扩展名为 et 或兼容的 Excel 电子表格文件）的文件启动 WPS Office 2019。
（4）通过双击安装在"C:\用名户\APPData\Local\Kingsoft\WPS Office"（安装时的默认路径）下的"ksolaunch.exe"文件启动 WPS Office 2019。

启动 WPS 表格后，屏幕上显示如图 5-1 所示的窗口，表明已进入 WPS 表格的工作界面。

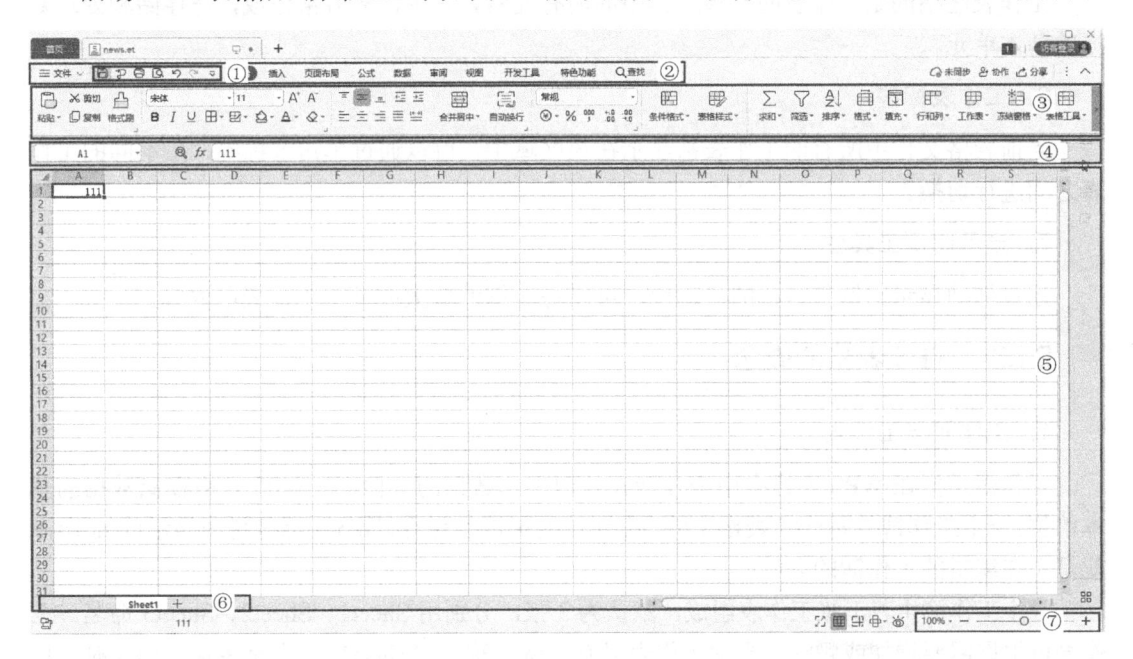

图 5-1 WPS 表格窗口

5.1.2 WPS 表格窗口

从图 5-1 可以看到，WPS 表格窗口由快速访问工具栏、功能标签、功能区、编辑栏、工作表区、工作表标签、显示比例工具栏等部分组成。

1. 快速访问工具栏

快速访问工具栏可帮助用户快速完成工作。预设的快速访问工具栏只有 3 个常用的工具，分别是"保存""撤销""恢复"，如果想将自己常用的工具添加到此区，可按 ▼ 进行设定。

2. 选项卡

表格中的选项卡包括文件、开始、插入、页面布局、公式、数据、审阅、视图、开发工具、特色功能等。各选项卡中收录相关的功能群组，方便使用者切换、选用。

3. 功能区

功能区放置了编辑工作表时需要使用的工具按钮。开启表格时预设会显示"开始"选项卡下的工具按钮，当切换其他的选项卡时，便会显示该选项卡中包含的按钮。

4. 编辑栏

编辑栏的左端是名称框，用来显示当前活动单元格的名称；右端的文本框用来显示、输入或编辑单元格中的数据或公式。

5. 工作表区

工作表区指的是工作表的整体及其中的所有元素，它由许多方格组成，是存储和处理数据的基本单元。

6. 工作表标签

当前表格文件中所有的工作表都显示在该区域中，可以通过单击各标签，在不同的工作表之间进行切换。

7. 显示比例工具栏

通过拖动显示比例工具栏的滑动块，可以等比例的放大或缩小工作表区内容。

5.1.3 WPS 表格的概念

1. 工作簿与工作表

工作簿是指在 WPS 表格中用来存储并处理工作数据的文件，是 WPS 表格存储数据的基本单位。一个工作簿就是一个表格文件，以 et 作为扩展名保存。图 5-1 标题栏中显示的 news.et 就是正在编辑的工作簿的名称。

一个工作簿由若干张工作表组成，默认为 3 张，分别用 Sheet1、Sheet2、Sheet3 命名。工作表可根据需要增加或删除。当前工作表只有一张，称为"Sheet1"。当有多张工作表时，用户可以在工作表标签上单击工作表的名称，从而实现在同一工作簿中不同工作表之间的切换。

2. 单元格

每张工作表由若干条水平和垂直的网格线分割，组成一个一个的单元格，它是存储和处理数据的基本单元。每个单元格都有自己的名称和地址。单元格名称由其所在的列标和行号组成，列标在前，行号在后。如 A6 就代表了第 A 列、第 6 行所在的单元格。

在 WPS 表格中列标用字母表示，从左到右编号为 A，B，C，…，Z，AA，AB，…，AZ，BA，BB，…，IV，…，ZZ，AAA，AAB，…，XFD，共 16384 列。行号从上到下用数字 1，2，3，…，1048576 标记，共 1048576 行。

当前被选中的单元格称为活动单元格，它以白底黑框标记。在工作表中，只有活动单元格才能输入或编辑数据。活动单元格的名称显示在编辑栏左端的名称框中，图 5-1 中的活动单元格为 A1。

3. 单元格区域

一组连在一起的单元格组成的区域称为单元格区域。如 A1:A5 表示从 A1 到 A5 同一列的连续 5 个单元格，B3:F3 表示从 B3 到 F3 同一行的连续 5 个单元格，C4:H8 表示由 C4、H8 为对角形成的矩形区域。

4. 填充柄

活动单元格右下角有一个小黑色方块，称为填充柄。拖动填充柄可以将活动单元格的数据或公式复制到其他单元格。

5.1.4　WPS 表格的退出

当完成工作簿的操作后，可采用以下两种方法退出表格。
（1）选择"文件"选项卡，单击"退出"命令。
（2）单击标题栏中的"关闭"按钮。
如果没有对当前工作簿进行保存，则会出现如图 5-2 所示的对话框，用户根据提示进行相应的操作后，WPS 表格窗口将会关闭。

图 5-2　提示保存对话框

5.2　WPS 表格的基本操作

5.2.1　工作簿操作

工作簿的基本操作主要有创建工作簿、保存工作簿、打开工作簿、关闭工作簿等。

1. 创建工作簿

启动 WPS 表格后，程序会自动创建一个工作簿。默认情况下，WPS 表格为每个新建的工作簿创建了 3 张工作表，其标签名称分别为 Sheet1、Sheet2 和 Sheet3。除了在启动表格时自动创建工作簿，还可以使用以下方法来创建工作簿。

（1）新建空白工作簿。打开"文件"选项卡，单击"表格"组中的"新建空白文档"命令，即可快速新建一个工作簿。创建新工作簿后，表格将自动按照工作簿 1、工作簿 2、工作簿 3……的默认顺序为新工作簿命名。

图 5-3　使用"新建空白文档"命令新建空白工作簿

（2）使用推荐模板创建工作簿。打开"文件"选项卡，单击"表格"命令，接着从列表中选择与需要创建工作簿类型对应的模板，即可生成带有相关文字和格式的工作簿。使用这种方法大大简化了创建工作簿的过程，如图 5-4 所示。

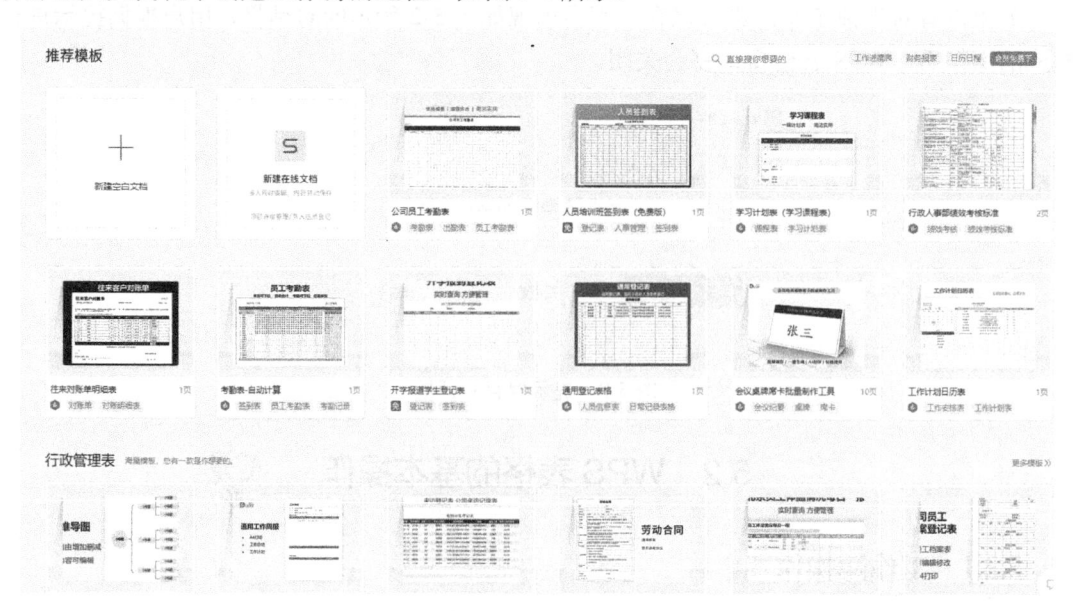

图 5-4　使用推荐模板创建工作簿

2. 保存工作簿

保存工作簿有 3 种方法：一是通过"文件"选项卡保存文件，打开"文件"选项卡，单击"保存"命令；二是打开"文件"选项卡，单击"另存为"命令，打开"另存文件"窗口保存；三是使用 Ctrl+S 组合键。

（1）保存新工作簿。新创建的工作簿第 1 次按上述 3 种方法保存时，会弹出"另存文件"窗口，如图 5-5 所示。在该窗口中选择保存位置、输入文件名，单击"保存"按钮即可。

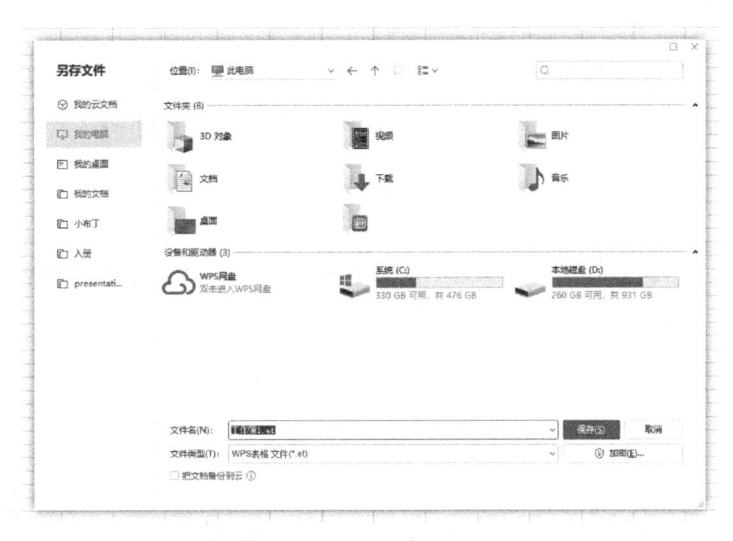

图 5-5　"另存文件"窗口

（2）保存已有工作簿。对已有的工作簿进行保存，可单击常用工具栏中的"保存"按钮或按 Ctrl+S 组合键。如果希望对工作簿备份或者更名，可通过打开"文件"选项卡，单击"另存为"命令，在"另存文件"窗口中输入新文件名或选择新的保存位置实现。

（3）定时备份设置。选择"文件"选项卡，选择"备份与恢复"命令，打开"备份中心"窗口，如图 5-6 所示。选择"定时备份"单选按钮可以设置文档自动保存备份的时间间隔。

图 5-6　"备份中心"窗口

3. 打开工作簿

选择"文件"选项卡，选择"打开"命令，或单击工具栏中的"打开"按钮，出现如图 5-7 所示的窗口，选择要打开的工作簿，然后单击"打开"按钮，即可一次打开一个或多个工作簿。

图 5-7 "打开文件"窗口

4. 关闭工作簿

当完成对某个工作簿的编辑后，如需关闭，则打开"文件"选项卡，单击"退出"命令即可。如果文件尚未保存，则会弹出对话框询问是否保存所做的修改。

5.2.2 管理工作表

一个工作簿中可以包含若干张工作表。当前工作表只有一张，称为活动工作表。对工作表的管理主要是指对工作表进行选择、插入、删除、移动或复制、重命名等操作。

1. 选择工作表

（1）选择单张工作表。单击要使用的工作表标签，该工作表即成为活动工作表。如果看不到所需的工作表标签，则单击标签滚动按钮 |< < > >| 即可显示此标签，然后单击所需工作表标签即可。

（2）选择多张工作表。

① 选择一组相邻的工作表：先单击第 1 张工作表标签，然后按住 Shift 键，再单击最后一张工作表标签。

② 选择一组不相邻的工作表：先单击第 1 张工作表标签，然后按住 Ctrl 键，再依次单击每张要选定的工作表标签。

③ 选定工作簿中的全部工作表：右击工作表标签，然后从弹出的快捷菜单中执行"选定全部工作表"命令。

选定多张工作表后，标题栏中会出现"工作组"。这时对当前工作表内容的改动，也将同时替换其他工作表中的相应数据。

2. 插入工作表

除了预先设置默认的工作表数量，还可以在工作表中根据需要随时插入新的工作表。插入工作表的方法有以下几种。

方法一：右击工作表标签（这里选择 Sheet1），从弹出的快捷菜单中选择"插入"命令，如图 5-8 所示。在弹出的"插入工作表"对话框中设置插入工作表的数目与插入位置，如图 5-9 所示，再单击"确定"按钮，即可在该工作表标签的右侧插入空白工作表，如图 5-10 所示。

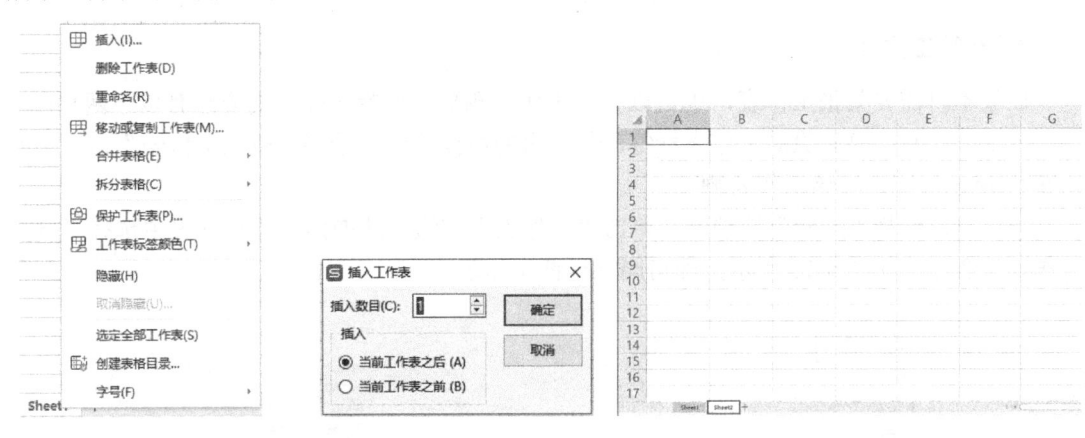

图 5-8　选择"插入"命令　图 5-9　"插入工作表"对话框　图 5-10　在 Sheet1 右侧插入一张空白工作表

方法二：单击工作表标签右侧的"插入工作表"按钮 ＋，如图 5-11 所示，即可在所有工作表标签的右侧插入一张空白工作表，如图 5-12 所示。

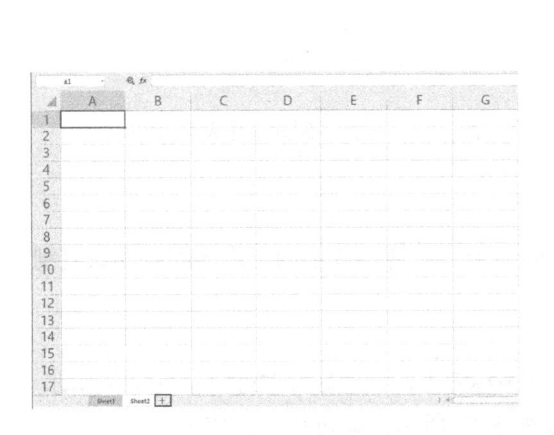

图 5-11　单击"插入工作表"按钮 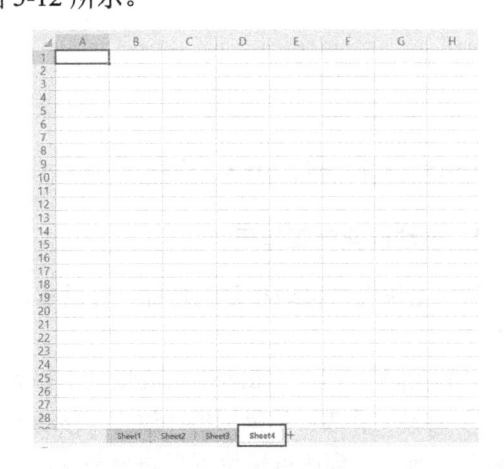　　　　图 5-12　在所有工作表标签的右侧插入一张空白工作表

方法三：选择"开始"选项卡，单击"工作表"按钮，从弹出的下拉列表中选择"插入工作表"命令，如图 5-13 所示，即可在当前工作表（Sheet1）标签的右侧插入一张空白工作表，如图 5-14 所示。

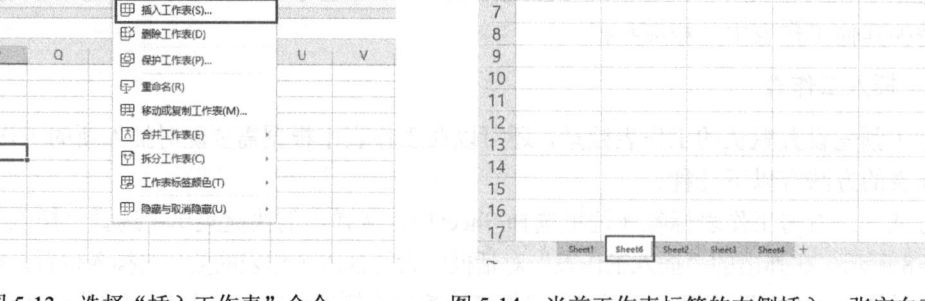

图 5-13　选择"插入工作表"命令　　　　图 5-14　当前工作表标签的右侧插入一张空白工作表

3. 删除工作表

如果不再需要某张工作表，则可以将该工作表删除。删除工作表的方法有以下两种。

方法一：右击要删除的工作表标签，从弹出的快捷菜单中选择"删除工作表"命令，如图 5-15 所示，即可将该工作表删除。

方法二：选择"开始"选项卡，单击"工作表"按钮，从弹出的下拉列表中选择"删除工作表"命令，如图 5-16 所示，即可删除当前工作表。

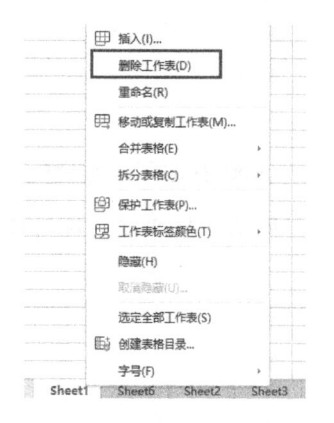

图 5-15　选择"删除工作表"命令 　　　　图 5-16　选择"删除工作表"命令

4. 移动或复制工作表

利用工作表的移动和复制功能，可以实现在同一个工作簿间或不同工作簿间移动或复制工作表。

（1）在同一个工作簿间移动或复制工作表。

① 移动工作表：将鼠标指针放到要移动的工作表标签上，按住鼠标左键向左或向右拖动，如图 5-17 所示。到达目标位置后再释放鼠标，如图 5-18 所示，即可移动工作表。

② 复制工作表：按住 Ctrl 键的同时拖动工作表标签，到达目标位置后，先释放鼠标，再松开 Ctrl 键，即可复制工作表。此时，复制的工作表与原工作表完全相同，只是复制的工作表名称附带一个括号的标记，如图 5-19 所示。

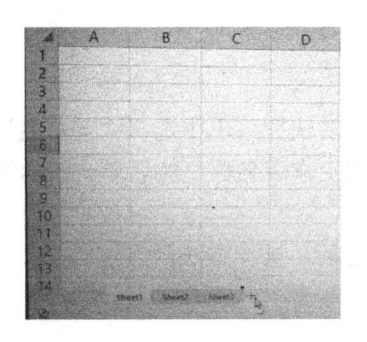

图 5-17　拖动 Sheet1 标签 　　　　图 5-18　将 Sheet1 移到 Sheet3 之后

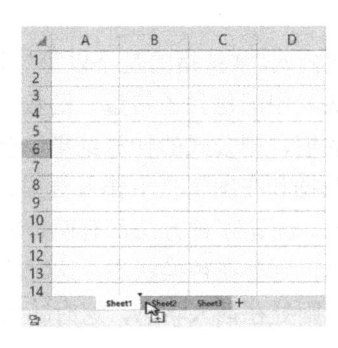

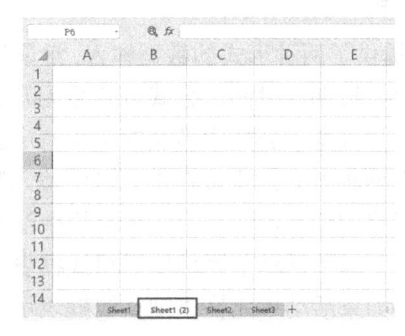

图 5-19　复制的 Sheet1 工作表

（2）在不同工作簿间移动或复制工作表。

① 打开用于接收工作表的工作簿，再切换到要移动或复制工作表的工作簿。

② 右击要移动或复制的工作表标签，从弹出的快捷菜单中选择"移动或复制"命令，弹出如图 5-20 所示的"移动或复制工作表"对话框。

③ 在"工作簿"下拉列表中选择用于接收工作表的工作簿名称。在"下列选定工作表之前"列表中选择把要移动或复制的工作表放在接收工作簿中的哪个工作表之前，如图 5-21 所示。如果要复制工作表，则选中"建立副本"复选框，否则只是移动工作表。

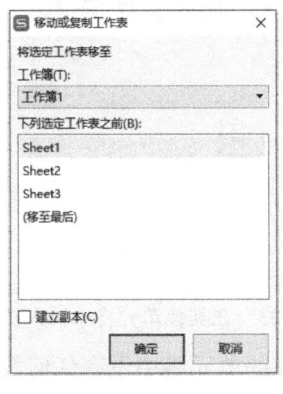

图 5-20　"移动或复制工作表"对话框 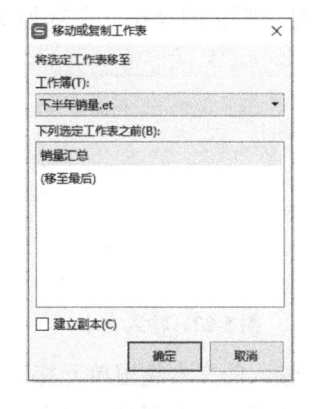　　　图 5-21　设置"工作簿"和"下列选定工作表之前"

④ 单击"确定"按钮，即可完成工作表的移动或复制操作。

5. 重命名工作表

重命名工作表的方法有以下两种。

方法一：右击要重命名的工作表标签，从弹出的快捷菜单中选择"重命名"命令，此时工作表标签呈高亮显示，表示可以编辑，输入新的工作表名称，然后单击该标签以外工作表的任意处或按 Enter 键即可完成重命名工作表。

方法二：双击工作表标签，进入名称编辑状态后，操作方法同方法一。

5.2.3 输入与编辑数据

1. 输入数据

WPS 表格提供了两种形式的数据输入：常量和公式。常量指的是不以等号为开头的数据，包括文本、数字、日期和时间。公式以等号为开头，中间包含了常量、函数、单元格名称、和运算符等。如果改变了公式中涉及的单元格中的值，则公式的计算结果也会相应改变。

输入数据有两种方式：直接在单元格中输入数据和在编辑栏中输入数据。一般情况下，常量直接在单元格中输入，而公式在编辑栏中输入。无论哪种方法都有两种输入状态：插入状态和替换状态。如果活动单元格以黑粗线框表示，则处在替换状态，这时输入的字符会代替原有的字符；如果活动单元格以细实线框表示，则处在插入状态，这时输入的字符会插入光标的后面。

（1）输入文本。任何输入的数据，只要没有指定它是数值或逻辑值，系统就默认它是文本型数据。文本型是表格中常用的一种数据类型，如表格的标题、行标题和列标题等。

输入文本的具体操作步骤如下：

① 选择 A1 单元格，输入"成绩表"，输入完毕后，按 Enter 键，或者单击编辑栏中的"输入"按钮 ✔ 即可输入文本，如图 5-22 所示。

② 选择 A3 单元格，输入"学号"。输入完毕后，可以选择活动单元格，方法有：按 Tab 键选择右侧的单元格为活动单元格；按 Enter 键选择下方的单元格为活动单元格；按方向键可以自由选择其他单元格为活动单元格。

③ 重复步骤②的操作，在其他单元格中输入相应文本，如图 5-23 所示。

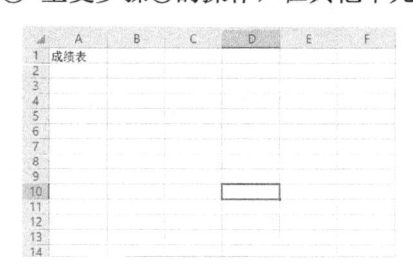

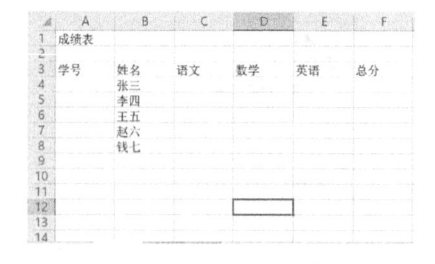

图 5-22　输入文本　　　　　　　图 5-23　在其他单元格中输入相应文本

当用户输入的文本超出单元格宽度时，如果右侧相邻的单元格中没有任何数据，则超出的文本会延伸显示到右侧单元格中；如果右侧相邻的单元格中已有数据，则超出的文本将会被隐藏。此时，只要增大列宽或以自动换行的方式格式化单元格，就可以看到全部的文本内容。如果要使单元格的数据强行转换到下一行中，则按 Alt+Enter 组合键即可。

当输入一个编号、序号、学号等文本型数字时，如"001""02"等类似文本，表格会自动去掉文本开头的 0，而以"1""2"的方式显示。常用解决方法有两种：一是在输入文本编号之前先输入一个英文单引号"'"，然后再输入"001""02"等文本；二是预先设置单元格的数字格式为"文本"类型，则可以直接输入编号。

（2）输入数字。表格是处理各种数据最有效的工具，因此在日常操作中会经常输入大量的数字。例如，如果要输入负数，只要在数字前加一个负号"-"，或者将数字放在圆括号内即可。

输入数字的方法为直接输入，但必须是对一个数值的正确表示。单击要输入数字的单元格，输入数字后按 Enter 键即可，如图 5-24 所示。输入完第 1 个数字后，用户可以继续在其他单元格中输入相应的数字，如图 5-25 所示。

图 5-24　输入数字　　　　　　　　图 5-25　在其他单元格中输入数字

当输入一个较长的数字时，在单元格中就会显示为科学记数法（例如，2.15E+18），以表示该单元格的列宽太小不能将该数字完全显示出来。

（3）输入日期和时间。在使用表格进行各种报表的编辑和统计中，经常需要输入日期和时间。输入日期时，一般使用"/"（斜杠）或"-"（半字线）来分隔日期的年、月、日。年份通常用两位数来表示，如果输入时省略了年份，则 WPS 表格会以当前的年份作为默认值。输入时间时，可以使用":"（冒号）将时、分、秒隔开。

例如，要输入 2021 年 4 月 5 日和 24 小时制的 16 点 38 分，具体操作步骤如下：

① 单击要输入日期的单元格 A1，然后输入"2021-4-5"，按 Tab 键，将光标定位到 B1 单元格，此时，A1 单元格中的内容变为"2021/4/5"，如图 5-26 所示。

② 在 B1 单元格中输入"16:38"，按 Enter 键确认，再次单击输入时间的单元格，即可在编辑栏中看到完整的时间格式，如图 5-27 所示。

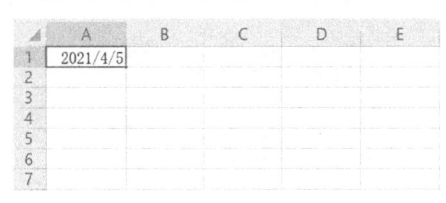

图 5-26　输入日期　　　　　　　　图 5-27　输入时间

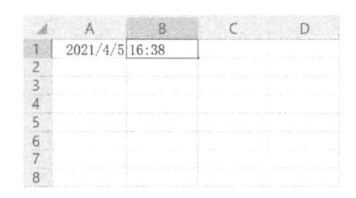

如果要在同一单元格中输入日期和时间，则在它们之间要用空格隔开。用户可以使用 12 小时制或者 24 小时制来显示时间。如果使用 12 小时制格式，则要在时间后加上一个空格，然后输入 AM 或 A（表示上午）、PM 或 P（表示下午）；如果使用 24 小时制格式，则不必使用 AM 或者 PM。

2．数据输入技巧

（1）改变 Enter 键移动方向。在默认情况下，数据输入完成后按 Enter 键，活动单元格会自动下移。如果希望按 Enter 键后活动单元格往右或往其他方向移动，可以执行如下操作进行修改：打开"文件"选项卡，单击"选项"命令，弹出"选项"对话框，单击"编辑"选项卡，选中"按 Enter 键后移动"复选框，然后在"方向"下拉列表中选定移动方向。如果要在按 Enter 键后保持当前单元格为活动单元格，则取消勾选该复选框即可。

（2）在同一单元格中输入多行文本。打开"开始"选项卡，单击"格式"组中的"单元格"命令，单击"对齐"选项卡选中"自动换行"复选框。如果要在单元格中强制换行，可按 Alt+Enter 组合键。

（3）在多个单元格中输入相同数据。先选定需要输入数据的多个单元格，再输入相应的数据，然后按 Ctrl+Enter 组合键即可将数据输入所有选定的单元格。

（4）快速填充数据。

使用填充柄。WPS 表格提供了基于相邻单元格的自动填充功能。利用双击填充柄的方法，可以使一个单元格区域按其相邻数据的格式进行自动填充，具体操作步骤如下。

① 在 A1:A5 单元格区域中分别输入"1、2、3、4、5"（可以输入任意数据，但必须是依次输入），如图 5-28 所示。

② 在 B1 单元格中输入"星期一"，如图 5-29 所示。

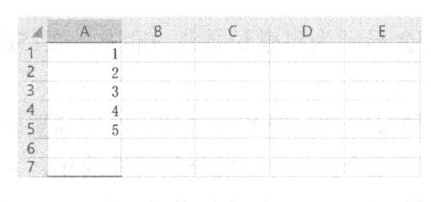

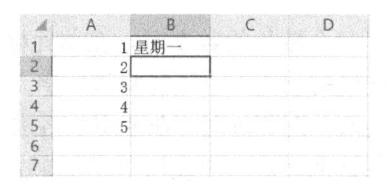

图 5-28　输入数字　　　　　　　　图 5-29　输入"星期一"

③ 双击 B1 单元格右下角的填充柄，系统自动将星期二、星期三、星期四和星期五填充到 B2:B5 单元格区域中，如图 5-30 所示。

使用自定义序列。在实际工作中，可以根据需要设置自定义序列，以便更加快捷地填充固定的序列。下面介绍使用 WPS 表格自定义序列填充的方法。

① 选择"文件"选项卡，选择"选项"命令，弹出"选项"对话框，如图 5-31 所示。

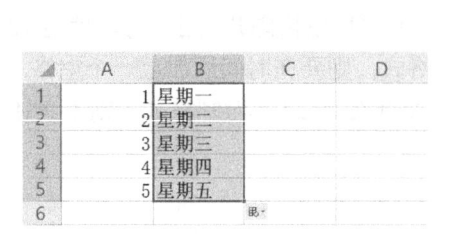

图 5-30　自动填充效果　　　　　　图 5-31　"选项"对话框

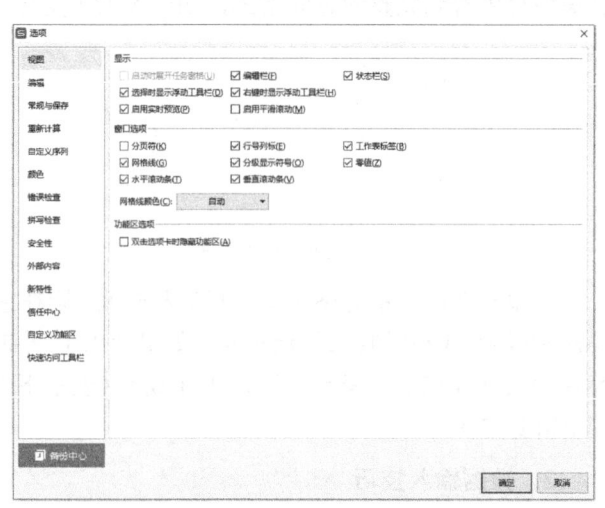

② 在左侧选择"自定义序列"选项，在"输入序列"文本框中输入自定义的序列项，在每项末尾按 Enter 键隔开，如图 5-32 所示。

③ 单击"添加"按钮，自定义的序列项将自动出现在"自定义序列"列表框中，如图 5-33 所示。

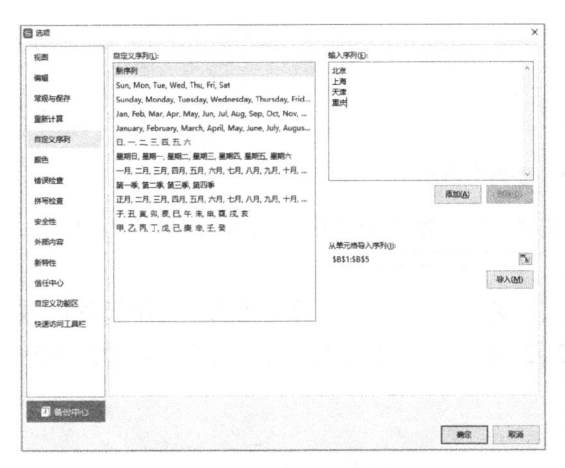

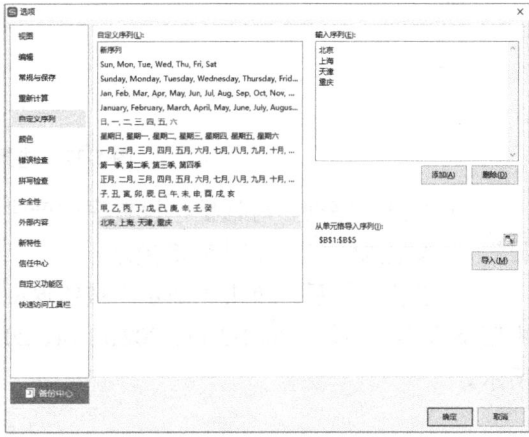

图 5-32　设置"输入序列"文本框　　　　　图 5-33　"自定义序列"列表框

④ 设置完毕后，单击"确定"按钮，返回工作表中。在 A1 单元格中输入自定义序列的第 1 个数据，再通过拖动填充柄的方法进行填充，释放鼠标后，即可完成自定义序列的填充，如图 5-34 所示。

使用序列生成器。从"序列"对话框中可以了解到 WPS 表格提供的自动填充工具。利用"序列"对话框填充日期时，可以选择不同的日期单位，如"工作日"，则填充的日期将忽略周末或其他法定的节假日。具体操作步骤如下。

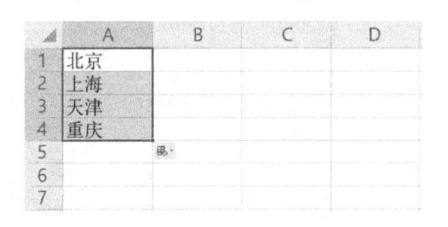

图 5-34　利用自定义序列填充数据

① 在 A2 单元格中输入日期"2021/2/8"，如图 5-35 所示。

② 选择需要填充的 A2:A13 单元格区域（必须要包括初始数据所在的单元格），如图 5-36 所示。

图 5-35　输入日期　　　　　　　　　　　图 5-36　选择单元格区域

③ 选择"开始"选项卡，选择"填充"按钮，在弹出的下拉列表中选择"序列"命令，如图 5-37 所示。

图 5-37　选择"序列"命令

④ 弹出"序列"对话框，设置序列产生在"列"，类型为"日期"，日期单位为"工作日"，步长值为"1"，如图 5-38 所示。

⑤ 设置完毕后，单击"确定"按钮返回工作表中，此时可以看到在选择的单元格区域中填充的日期忽略了 2021/2/13、2021/2/14、2021/2/20 和 2021/2/21 这 4 个周末日期，如图 5-39 所示。

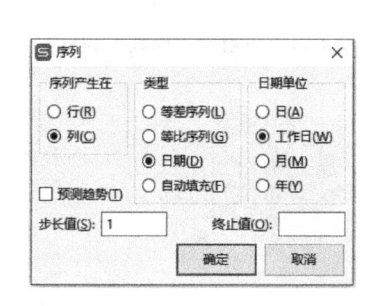

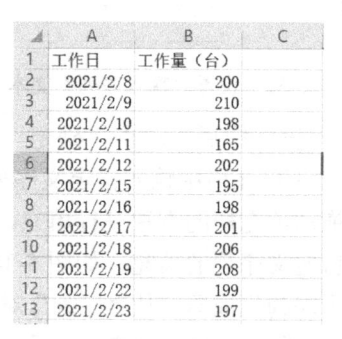

图 5-38　"序列"对话框　　　　图 5-39　利用"序列"对话框填充日期

3. 编辑工作表数据

（1）选择单元格或区域。

① 选择一个单元格：单击单元格。

② 选择整行或整列：单击行号或列标。

③ 选择矩形区域：单击区域左上角单元格并向右下角拖动，到适当位置后松开鼠标即可。

④ 选择相邻行（列）：选择一行（列），按住 Shift 键，再单击最后一行（列）。

⑤ 选择不相邻的单元格（行、列）：按住 Ctrl 键，再依次单击其他单元格（行、列）。

⑥ 选择整张工作表：单击"全选"按钮。

⑦ 取消选择：用鼠标单击任意选中的单元格。

（2）编辑单元格数据。若单元格中的数据需要进行全部修改，只要单击单元格，输入数据再按 Enter 键即可。若只修改单元格中的部分数据，则选中单元格后按 F2 键或双击单元格，出现插入点 I 型光标，就可以修改部分数据了。

（3）复制、移动单元格数据。在表格中，有时有大量重复的数据需要输入，此时就可以通过复制数据的方法进行输入，从而节省时间、提高效率。复制单元格数据的方法有以下几种。

方法一：单击要复制数据的单元格，选择"开始"选项卡，在"剪贴板"组中单击"复制"按钮，再单击要将数据复制到的目标单元格，然后单击"剪贴板"组中的"粘贴"按钮，如图 5-40 所示。

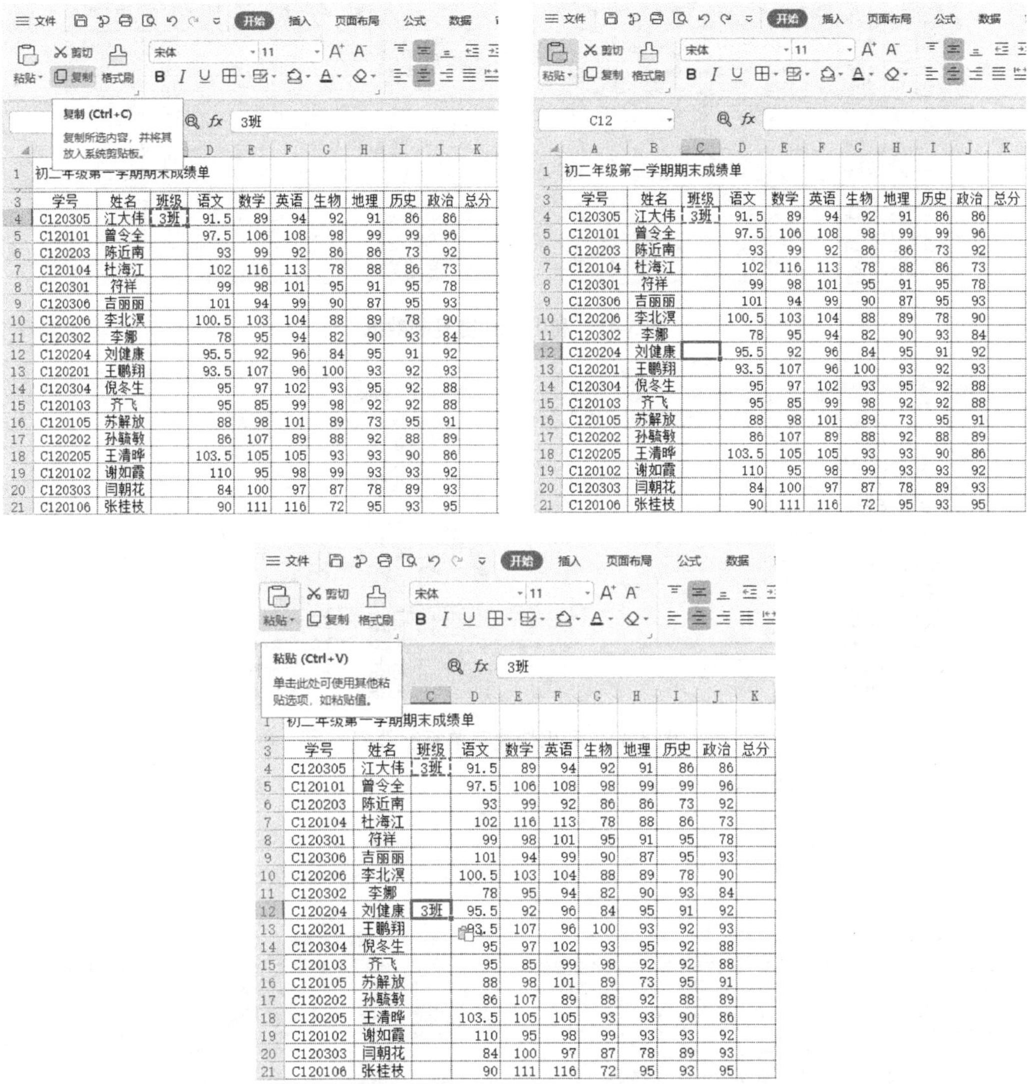

图 5-40　利用剪贴板复制数据

方法二：单击要复制数据的单元格，将鼠标指针移至单元格的边框上，当其变为四向箭头时，按住 Ctrl 键的同时按住鼠标并将其拖动至目标单元格，然后再释放鼠标并松开 Ctrl 键，如图 5-41 所示。

方法三：右击要复制数据的单元格，从弹出的快捷菜单中选择"复制"命令，然后右击目标单元格，从弹出的快捷菜单中选择"粘贴"命令，如图 5-42 所示。

创建工作表后，有时会发现某些单元格中数据的位置不对，此时就需要将该单元格中的数据移动到正确的位置。移动单元格数据的方法有以下两种。

方法一：单击要移动数据的单元格，选择"开始"选项卡，单击"剪贴板"组中的"剪切"按钮,如图 5-43 所示;再单击目标单元格,然后单击"剪贴板"组中的"粘贴"按钮,如图 5-44 所示,即可完成数据的移动,如图 5-45 所示。

图 5-41 利用 Ctrl 键复制数据

图 5-42 利用快捷菜单复制数据

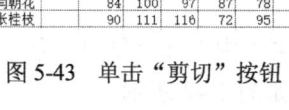

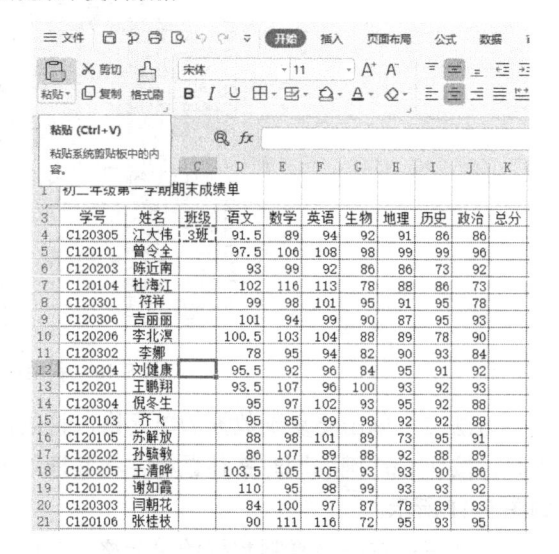

图 5-43 单击"剪切"按钮   图 5-44 选择目标单元格并单击"粘贴"按钮

方法二:单击要移动数据的单元格,将鼠标指针移至单元格的边框上,当其变为四向箭头时,如图 5-46 所示,按住鼠标将其拖动至目标单元格处,如图 5-47 所示,到达目标位置后释放鼠标即可,如图 5-48 所示。

图 5-45　利用剪贴板移动数据　　　　　图 5-46　光标变为四向箭头

图 5-47　拖动到目标单元格　　　　　　图 5-48　利用鼠标移动数据

（4）清除单元格数据。清除数据内容是指删除单元格中的数据，但单元格中设置的数据格式并没有被删除，如果再次输入数据，仍然以之前设置的数据格式来显示。如单元格的格式为日期型，清除数据内容后再次输入数据，其数据格式仍为日期型数据。清除数据内容的具体方法如下。

单击要清除数据内容的单元格，选择"开始"选项卡，单击"格式"按钮，选择"清除"命令，再选择"内容"命令，如图 5-49 所示。

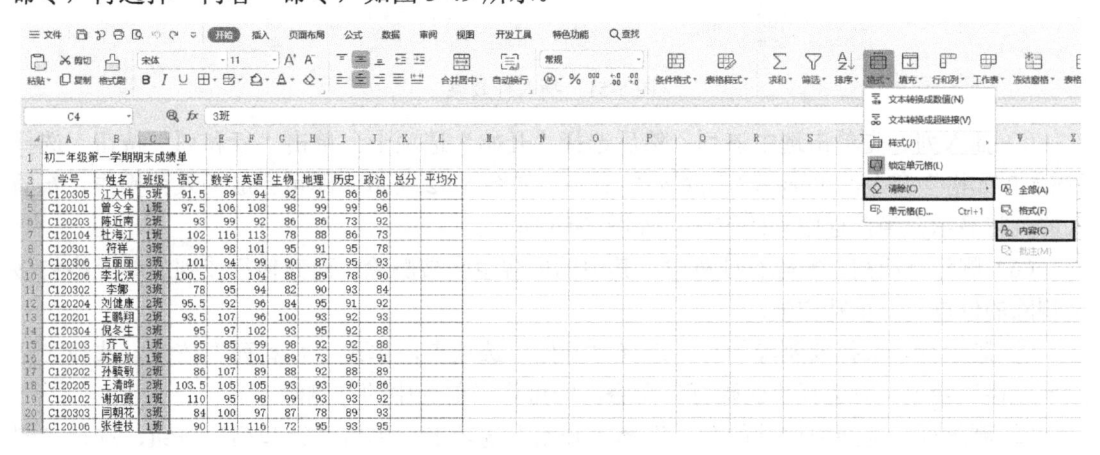

图 5-49　选择"内容"命令

（5）插入行和列。在工作表中输入数据后，可能会发现数据有错位或遗漏问题，这时不用担心，因为 WPS 表格允许用户创建完表格后，再插入或删除整行或整列，而表格中已有的数据将自动移动。

① 插入行。先单击选中该行，然后选择"开始"选项卡，单击"行和列"按钮，选择"插入单元格"命令，再选择"插入行"命令，如图 5-50 所示，即可完成插入行操作。新插入的行将显示在当前选中行的上方，如图 5-51 所示。

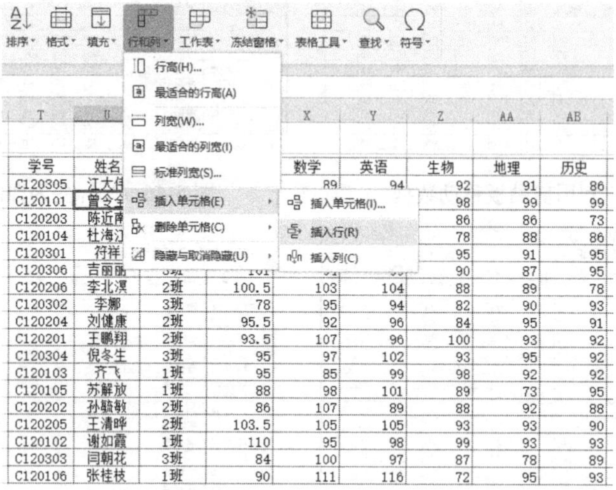

图 5-50 选择"插入行"命令

图 5-51 插入行效果

② 插入列。先单击选中该列，然后选择"开始"选项卡，单击"行和列"按钮，选择"插入单元格"命令，再选择"插入列"命令，如图 5-52 所示，即可完成插入列操作。新插入的列将显示在当前选中列的左侧，如图 5-53 所示。

（6）删除行或列。删除行或列时，其中的内容也会被删除。而其他行或列的单元格将移至删除的位置，以填补空缺。

① 删除行。选择要删除的行，选择"开始"选项卡，单击"行和列"按钮，选择"删除单元格"命令，再选择"删除行"命令，即可将当前选中的行删除。

② 删除列。选择要删除的列，选择"开始"选项卡，单击"行和列"按钮，选择"删除单元格"命令，再选择"删除列"命令，即可将当前选中的列删除。

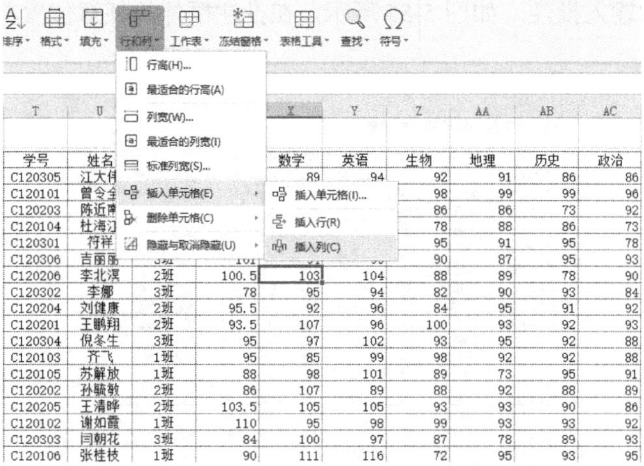

图 5-52　选择“插入列”命令

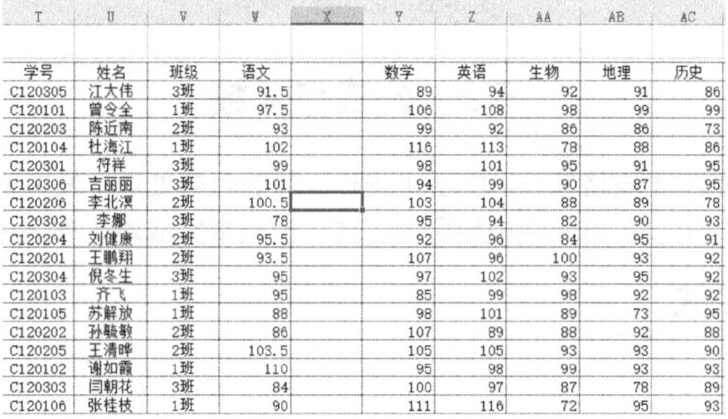

T	U	V	W	X	Y	Z	AA	AB	AC
学号	姓名	班级	语文		数学	英语	生物	地理	历史
C120305	江大伟	3班	91.5		89	94	92	91	86
C120101	曾令全	1班	97.5		106	108	98	99	99
C120203	陈近南	2班	93		99	92	86	86	73
C120104	杜海江	1班	102		116	113	78	88	86
C120301	符祥	3班	99		98	101	95	91	95
C120306	吉丽丽	3班	101		94	99	90	87	95
C120206	李北溟	2班	100.5		103	104	88	89	78
C120302	李娜	3班	78		95	94	82	90	93
C120204	刘健康	2班	95.5		92	96	84	95	91
C120201	王鹏翔	2班	93.5		107	96	100	93	92
C120304	倪冬生	3班	95		97	102	93	95	92
C120103	齐飞	1班	95		85	99	98	92	92
C120105	苏解放	1班	88		98	101	89	73	95
C120202	孙毓敏	2班	86		107	89	88	92	88
C120205	王清晔	2班	103.5		105	105	93	93	90
C120102	谢如霞	1班	110		95	98	99	93	93
C120303	闫朝花	3班	84		100	97	87	78	89
C120106	张桂枝	1班	90		111	116	72	95	93

图 5-53　插入列效果

（7）插入、编辑批注。批注是单元格数据内容的补充说明，其作用是帮助自己及他人了解创建工作表时的想法，同时可供其他用户参考。为单元格添加批注的具体操作步骤如下。

① 单击要添加批注的单元格，选择“审阅”选项卡，单击“新建批注”按钮，此时，该单元格的右上角会出现一个红色的三角标记，并弹出批注框，如图 5-54 所示。

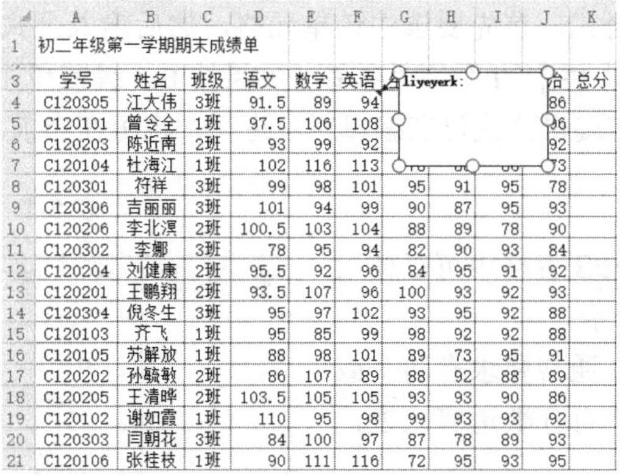

图 5-54　弹出批注框

② 在批注框中输入批注，如图 5-55 所示。在批注框外的任意位置单击，即可完成批注的添加。

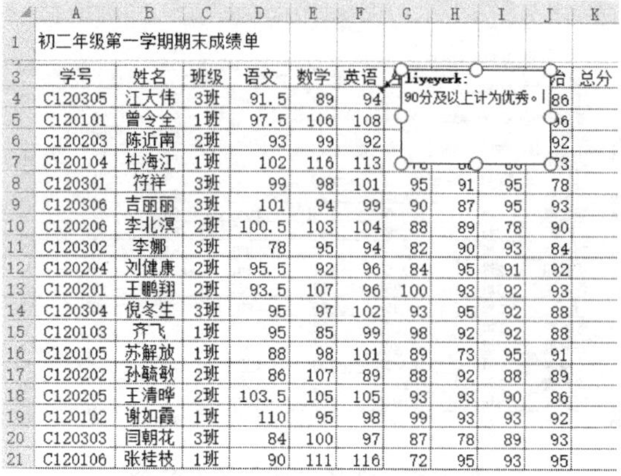

	A	B	C	D	E	F	G	H	I	J	K
1	初二年级第一学期期末成绩单										
3	学号	姓名	班级	语文	数学	英语				治	总分
4	C120305	江大伟	3班	91.5	89	94				86	
5	C120101	曾令全	1班	97.5	106	108				96	
6	C120203	陈近南	2班	93	99	92				92	
7	C120104	杜海江	1班	102	116	113				73	
8	C120301	符祥	3班	99	98	101	95	91	95	78	
9	C120306	吉丽丽	3班	101	94	99	90	87	95	93	
10	C120206	李北溟	2班	100.5	103	104	88	89	78	90	
11	C120302	李娜	3班	78	95	94	82	90	93	84	
12	C120204	刘健康	2班	95.5	92	96	84	95	91	92	
13	C120201	王鹏翔	2班	93.5	107	96	100	93	92	93	
14	C120304	倪冬生	3班	95	97	102	93	95	92	88	
15	C120103	齐飞	1班	95	85	99	98	92	92	88	
16	C120105	苏解放	1班	88	98	101	89	73	95	91	
17	C120202	孙毓敏	2班	86	107	89	88	92	88	89	
18	C120205	王清晔	2班	103.5	105	105	93	93	90	86	
19	C120102	谢如霞	1班	110	95	98	99	93	93	92	
20	C120303	闫朝花	3班	84	100	97	87	78	89	93	
21	C120106	张桂枝	1班	90	111	116	72	95	93	95	

图 5-55　添加批注内容

5.3　公式与函数

作为一个专门的电子表格软件，除了可进行一般的表格处理，最主要的还是进行数据运算。在表格中，用户可以在单元格中使用公式或者函数来完成对工作表中数据的各种运算。

5.3.1　使用公式

1. 建立公式

公式是在工作表中对数据进行运算的等式，它可以对工作表中的数据进行加法、减法、乘法、除法、比较等多种运算。在输入一个公式时总以“=”开头，然后才是公式的表达式。公式中可以包含运算符、单元格地址、常量、函数等。以下是一些公式的示例：

=52*156　　　　　　常量运算

=E2*30%+F2*70%　　　使用单元格地址

=INT(4.36)　　　　　使用函数

要在单元格中输入公式，首先要选中该单元格，然后输入公式（先输入等号），最后按 Enter 键或用鼠标单击编辑栏中的“✓”按钮。如果按 Esc 键或单击编辑栏中的“×”按钮，则取消本次输入。输入和编辑公式可在编辑栏中进行，也可在当前单元格中进行。

2. 运算符

（1）算术运算符。WPS 表格中可以使用的算术运算符如表 5-1 所示。

在执行算术运算时，通常要求有两个或两个以上的参数，但对于百分数运算来说，只有一个参数。

表 5-1　算术运算符

运 算 符	举 例	公式计算的结果	含 义
+	=1+5	6	加法
−	=10−2	8	减法
*	=5*5	25	乘法
/	=8/2	4	除法
%	=5%	0.05	百分数
^	=2^4	16	乘方

（2）比较运算符。比较运算符用于对两个数据进行比较运算，其结果只有两个：真（TRUE）或假（FALSE）。WPS 表格中可以使用的比较运算符如表 5-2 所示。

（3）文本连接符。文本连接符&用来合并文本串。如在编辑栏中输入公式“="abcd"&"efg"”，再按 Enter 键，则在单元格中显示公式计算的结果为 abcdefg。

（4）运算符优先级。在 WPS 表格中，不同的运算符具有不同的优先级。同一级别的运算符依照“从左到右”的次序来运算，运算符优先级如表 5-3 所示。可以使用括号来改变表达式中的运算顺序。

表 5-2　比较运算符

运 算 符	举　例	公式计算的结果	含　义
=	=2=1	FALSE	等于
<	=2<1	FALSE	小于
>	=2>1	TRUE	大于
<=	=2<=1	FALSE	小于或等于
>=	=2>=1	TRUE	大于或等于
<>	=2<>1	TRUE	不等于

表 5-3　运算符优先级

运 算 符	含　义
^	乘方
%	百分数
*和/	乘法、除法
+和-	加法、减法
=　<　>　<=　>=　<>	比较运算符

3. 单元格的引用

（1）引用的作用。一个引用代表工作表上的一个或一组单元格，引用指定公式中使用的数据的位置。通过引用，用户可以在一个公式中使用工作表中不同单元格的数据，也可以在几个公式中使用同一个单元格的数据。

（2）引用的表示。在默认状态下，WPS 表格使用行号和列标来表示单元格的引用。如果要引用单元格，则只需按顺序输入列标和行号即可。例如，D6 表示引用了 D 列和第 6 行交叉处的单元格。如果要引用单元格区域，则要输入区域左上角的单元格、英文输入法下的冒号（:）和区域右下角的单元格。例如，如果要引用从 A 列第 10 行到 E 列第 20 行的单元格区域，则可以输入“A10:E20”。

（3）相对引用。相对引用是指单元格引用会随公式所在单元格的位置的变化而变化。

在如图 5-56 所示的表格中，J3 单元格中的公式为“=C3+D3+E3+F3+G3+H3+I3”，表示在 J3 单元格中引用 C3、D3、E3、F3、G3、H3 和 I3 中的数据，并将这 7 个数据相加。

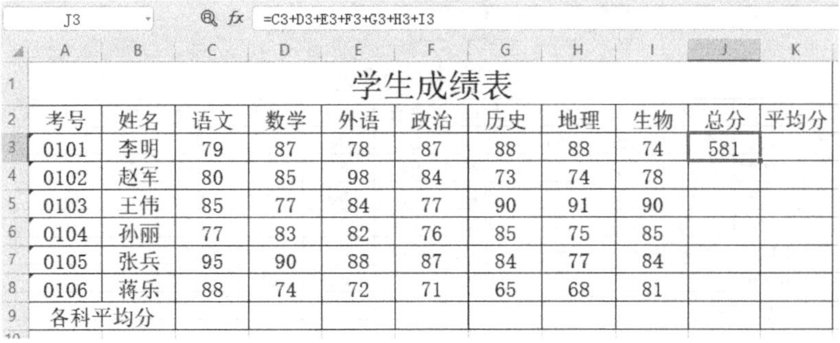

	A	B	C	D	E	F	G	H	I	J	K
1	学生成绩表										
2	考号	姓名	语文	数学	外语	政治	历史	地理	生物	总分	平均分
3	0101	李明	79	87	78	87	88	88	74	581	
4	0102	赵军	80	85	98	84	73	74	78		
5	0103	王伟	85	77	84	77	90	91	90		
6	0104	孙丽	77	83	82	76	85	75	85		
7	0105	张兵	95	90	88	87	84	77	84		
8	0106	蒋乐	88	74	72	71	65	68	81		
9	各科平均分										

图 5-56　相对引用

使用拖动法将 J3 单元格中的公式复制到单元格 J4 中后，则 J4 单元格中的公式自动改变为“=C4+D4+E4+F4+G4+H4+I4”，如图 5-57 所示。

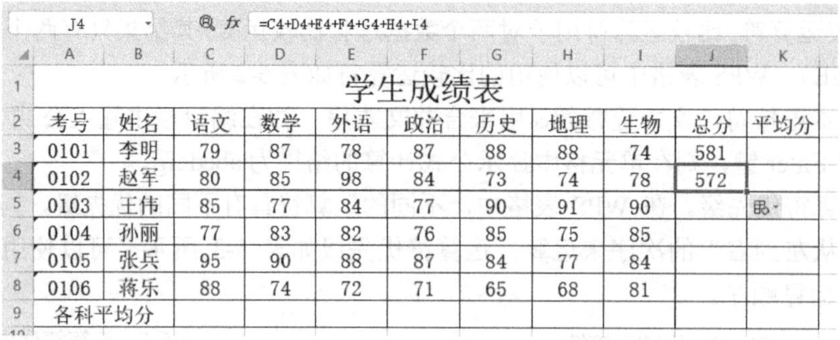

J4 =C4+D4+E4+F4+G4+H4+I4

学生成绩表										
考号	姓名	语文	数学	外语	政治	历史	地理	生物	总分	平均分
0101	李明	79	87	78	87	88	88	74	581	
0102	赵军	80	85	98	84	73	74	78	572	
0103	王伟	85	77	84	77	90	91	90		
0104	孙丽	77	83	82	76	85	75	85		
0105	张兵	95	90	88	87	84	77	84		
0106	蒋乐	88	74	72	71	65	68	81		
各科平均分										

图 5-57　相对引用的特点

注意：在工作表中使用拖动法计算某一列单元格的结果时，使用的就是相对引用。在默认情况下，表格公式中的单元格使用相对引用。

（4）绝对引用。在引用单元格的列标和行号之前分别添加符号“$”便为绝对引用，在如图 5-58 所示的表格中，J3 单元格的公式为“=$C$3+$D$3+$E$3+$F$3+$G$3+$H$3+$I$3”，这就是绝对引用。

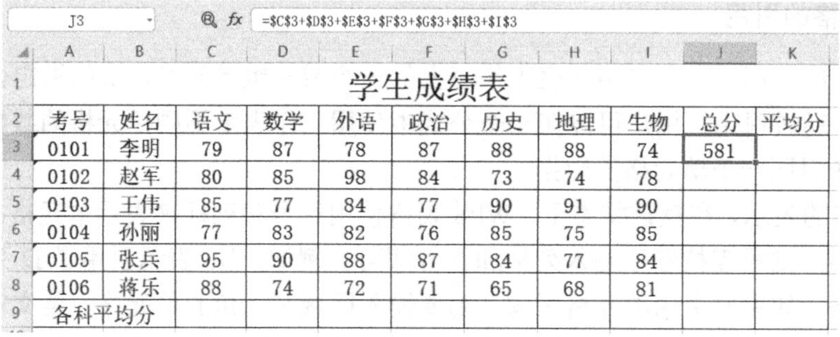

J3 =$C$3+$D$3+$E$3+$F$3+$G$3+$H$3+$I$3

学生成绩表										
考号	姓名	语文	数学	外语	政治	历史	地理	生物	总分	平均分
0101	李明	79	87	78	87	88	88	74	581	
0102	赵军	80	85	98	84	73	74	78		
0103	王伟	85	77	84	77	90	91	90		
0104	孙丽	77	83	82	76	85	75	85		
0105	张兵	95	90	88	87	84	77	84		
0106	蒋乐	88	74	72	71	65	68	81		
各科平均分										

图 5-58　绝对引用

使用拖动法将 J3 单元格中的公式复制到 J4 单元格中，此时可以看到 J4 单元格公式中引用的单元格地址并未改变，仍为“=$C$3+$D$3+$E$3+$F$3+$G$3+$H$3+ $I$3”，如图 5-59 所示。

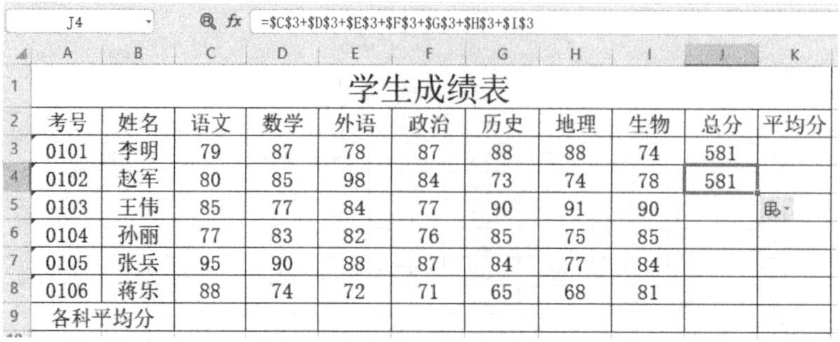

J4 =$C$3+$D$3+$E$3+$F$3+$G$3+$H$3+$I$3

学生成绩表										
考号	姓名	语文	数学	外语	政治	历史	地理	生物	总分	平均分
0101	李明	79	87	78	87	88	88	74	581	
0102	赵军	80	85	98	84	73	74	78	581	
0103	王伟	85	77	84	77	90	91	90		
0104	孙丽	77	83	82	76	85	75	85		
0105	张兵	95	90	88	87	84	77	84		
0106	蒋乐	88	74	72	71	65	68	81		
各科平均分										

图 5-59　绝对引用的特点

注意：使用复制和粘贴功能时，公式中绝对引用的单元格地址不改变，相对引用的单元格地址将会发生改变。使用剪切和粘贴功能时，公式中绝对引用和相对引用的单元格地址都不会发生改变。

（5）混合引用。在某些情况下，用户需要在复制公式时保持行不变或者列不变，这时就要使用混合引用了。在如图 5-60 所示的表格中，J3 单元格中的公式为“=$C$3+$D$3+E3+F3+G3+H3+I3”，这就是混合引用的一种。

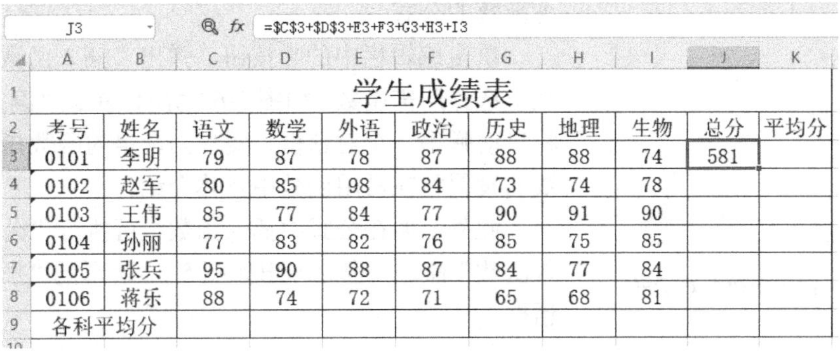
J3　=$C$3+$D$3+E3+F3+G3+H3+I3

学生成绩表										
考号	姓名	语文	数学	外语	政治	历史	地理	生物	总分	平均分
0101	李明	79	87	78	87	88	88	74	581	
0102	赵军	80	85	98	84	73	74	78		
0103	王伟	85	77	84	77	90	91	90		
0104	孙丽	77	83	82	76	85	75	85		
0105	张兵	95	90	88	87	84	77	84		
0106	蒋乐	88	74	72	71	65	68	81		
各科平均分										

图 5-60　混合引用

使用拖动法将 J3 单元格中的公式复制到单元格 J4 中后，公式中只有对 C3 和 D3 单元格引用的地址没有改变，而在前面没有添加“$”符号的单元格地址都发生了变化，如图 5-61 所示。

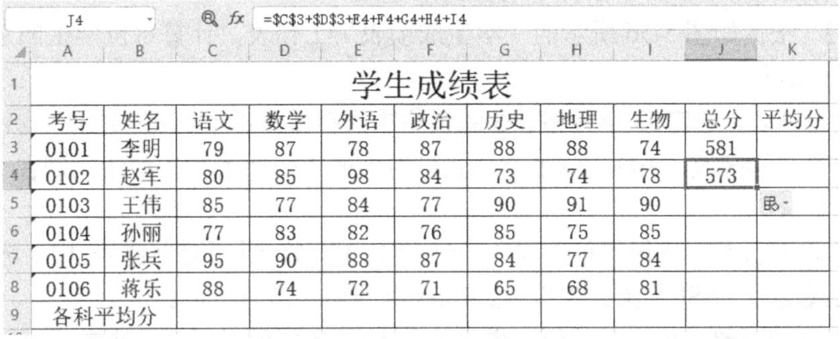
J4　=$C$3+$D$3+E4+F4+G4+H4+I4

学生成绩表										
考号	姓名	语文	数学	外语	政治	历史	地理	生物	总分	平均分
0101	李明	79	87	78	87	88	88	74	581	
0102	赵军	80	85	98	84	73	74	78	573	
0103	王伟	85	77	84	77	90	91	90		
0104	孙丽	77	83	82	76	85	75	85		
0105	张兵	95	90	88	87	84	77	84		
0106	蒋乐	88	74	72	71	65	68	81		
各科平均分										

图 5-61　混合引用的特点

注意：在编辑栏中选择公式后，利用 F4 键可以进行相对引用与绝对引用的切换。按一次 F4 键转换成绝对引用，连续按两次 F4 键转换为不同的混合引用，再按一次 F4 键可还原为相对引用。

5.3.2 使用函数

函数是预先编制好的用于数值计算和数据处理的公式。WPS 表格提供了数百个可以满足各种计算需求的函数。

1. 函数的格式

函数以函数名开始，后面紧跟左圆括号、以逗号分隔的参数序列和右圆括号，即：

函数名（参数序列）

参数序列可以是一个或多个参数，也可以没有参数。

2. 函数的输入

如果能够记住函数名，则直接从键盘输入函数是最快的方法。如果不能记住函数名，则可以用下列方法输入包含函数的公式。

单击编辑栏中的 fx 按钮，弹出"插入函数"对话框，从中选择所需函数，如图 5-62 所示。单击"确定"按钮后，将自动弹出一个对话框，要求为选定的函数指定参数。参数的设置将在常用函数中具体介绍。

此外，要在公式中插入函数，可执行"公式"→"插入函数"命令，也会弹出如图 5-62 所示的"插入函数"对话框。

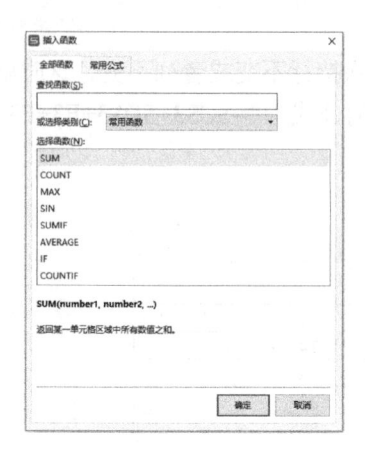

图 5-62 "插入函数"对话框

3. 常用函数

（1）求和函数 SUM( )。

● 格式：SUM(number1, number2,…)，其中"number1, number2,…"为 1～30 个需要求和的参数。

● 功能：返回某一单元格区域中所有的数字之和。

【例 5-1】 根据如图 5-56 所示的"学生成绩表"工作表，计算每位学生的总分。

操作方法如下：

① 选定工作表，选定 J3 单元格。在编辑栏中直接输入"=SUM(C3:I3)"，并按 Enter 键。

② 选定单元格区域 C3:I3，单击"公式"组中的"快速求和"按钮，则在 J3 单元格中显示总分值。

③ 选定 J3 单元格，在编辑栏中输入"=SUM ( )"，将光标移到圆括号中，选定单元格区域 C3:I3，公式变为"=SUM(C3:I3)"，按 Enter 键即可求出总分值。

④ 选定 J3 单元格，单击 fx 按钮，弹出如图 5-62 所示的对话框，选定"选择函数"列表中的 SUM，单击"确定"按钮后弹出如图 5-63 所示的"函数参数"对话框。单击"数值 1"文本框右侧的 按钮切换到 WPS 表格的工作表界面，选定单元格区域 C3:I3，单击 按钮返回到如图 5-63 所示的对话框，然后单击"确定"按钮。

注意：操作方法①是直接在单元格中输入完整的函数和参数，这是最常见的方式，但要求记住函数名和参数序列。

操作方法②单击的是"快速求和"按钮，需要在选定求和的单元格区域后再单击该按钮，自动将值及公式保存到本列下方第 1 个空单元格或本行右侧第 1 个空单元格中。

操作方法③是先在编辑栏中输入一个空函数，再选定参加运算的单元格，系统自动将选定单元格填入函数，这种方式对于非连续、无规律的单元格的运算较方便。

操作方法④采用"插入函数"对话框和"函数参数"对话框，这对多项数据的运算及不熟悉函数格式的用户特别有用。

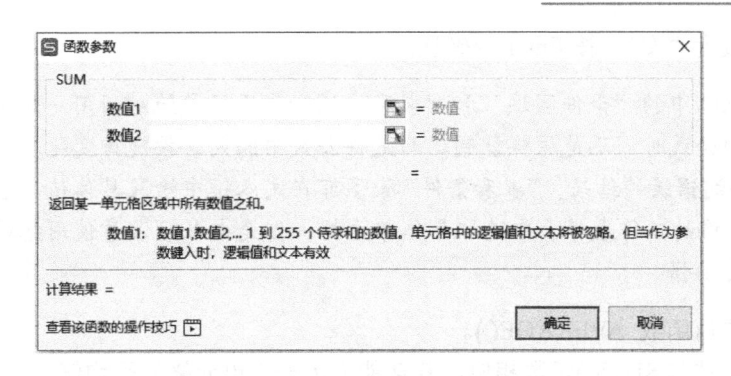

图 5-63 "函数参数"对话框

（2）条件求和函数 SUMIF( )。
● 功能：根据指定条件对若干单元格求和。
● 格式：SUMIF(条件区域,求和条件,求和区域)。

"条件区域"是指用于条件判断的单元格区域；"求和条件"用于确定哪些单元格将被相加求和，其形式可以为数字、表达式或文本，例如，求和条件可以表示为 5、"45"、">=60"、"English"等；"求和区域"指需要求和的实际单元格区域。只有当"条件区域"中的相应单元格满足条件时，才对"求和区域"中的单元格求和。如果省略了"求和区域"，则直接对"条件区域"中的单元格求和。

【例 5-2】在图 5-64 的"计算机成绩"工作表中，用 SUMIF( )函数分别计算期评中男生、女生的合计情况。

操作步骤如下：

① 在 A13、A14 单元格中分别输入文本"男生合计"和"女生合计"。

② 单击 G13 单元格，单击 f_x 按钮，弹出"插入函数"对话框，选定"选择函数"中的 SUMIF，单击"确定"按钮后弹出如图 5-65 所示的"函数参数"对话框。单击"区域"文本框右侧的按钮切换到 WPS 表格的工作表界面，选定单元格区域 D4:D12，单击按钮返回到如图 5-65 所示的对话框，将单元格区域 D4:D12 修改为绝对引用$D$4:$D$12。在"条件"文本框中输入"男"。单击"求和区域"文本框右侧的按钮切换到 WPS 表格的工作表界面，选定单元格区域 G4:G12，单击按钮返回到图 5-65 所示的对话框，将单元格区域 G4:G12 修改为绝对引用$G$4:$G$12，然后单击"确定"按钮。在编辑栏中看到该单元格的公式为=SUMIF($D$4:$D$12,"男", $G$4:$G$12)。

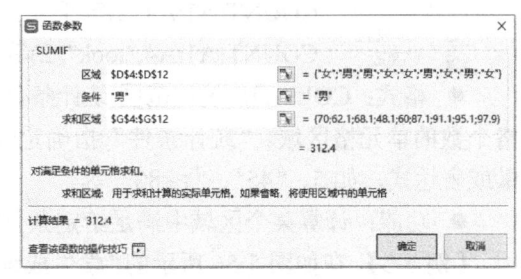

图 5-64 "计算机成绩"工作表　　图 5-65 "函数参数"对话框

③ 拖动 G13 单元格右下角的填充柄至 G14 单元格。单击 G14 单元格，在编辑栏中将公

式中的"男"改为"女",按 Enter 键确认。

> 说明:步骤②中的"条件区域"和"求和区域"使用的是绝对引用。如果使用相对引用的话,则在复制公式时,不是原样复制,而是将公式中的列名按规律变化后才复制到目标单元格中,就会得到错误的结果。"求和条件"除了可在文本框中输入具体值,还可通过单击 按钮在 WPS 表格的工作表界面中选取具体单元格。但是也必须注意使用绝对引用,否则在复制公式时也会出错。

(3)求平均值函数 AVERAGE( )。

该函数的用法与 SUM( )函数相似,其功能为求若干单元格的平均值。

在如图 5-56 所示的"学生成绩表"工作表中,要求计算每位学生的平均分。单击 K2 单元格,在编辑栏中输入"平均分"。单击 K3 单元格,在编辑栏中输入"=AVERAGE(C3:I3)",再按 Enter 键即可。

(4)求最大值、最小值函数 MAX( )、MIN( )。

● 格式:MAX(number1, number2,…),其中"number1, number2,…"为 1~30 个需要找出最大数值的参数。

● 功能:返回数据集中的最大数值。参数可以为数字、单元格列表等。

● 函数 MIN 与函数 MAX 相似,其返回的值为最小值。

【例 5-3】 在如图 5-64 所示的"计算机成绩"工作表中,求期评中的最高分与最低分。

操作步骤如下:

① 在 A15、A16 单元格中分别输入文本"最高分"和"最低分"。

② 单击 G15 单元格,在编辑栏中输入"=MAX( )",将光标移到圆括号中,用鼠标选择单元格区域 G4:G12,按 Enter 键确认。

③ 单击 G16 单元格,按步骤②中的方法输入公式"=MIN( )"即可。

(5)统计函数 COUNT( )、COUNTIF( )。

● 格式:COUNT(value1, value2,…),其中"value1, value2,…"是包含或引用各种类型数据的参数(1~30 个),但只有数字类型的数据才被计数。

● 功能:计算参数表中的数字参数和包含数字的单元格的个数,用来从混有数字、文本、逻辑值等的单元格或数据中统计出数字类型数据的个数。

【例 5-4】 在下面的示例中

COUNT(A1:A4)等于 2;

COUNT(A1:A4, 2)等于 3;

COUNT(A1:A4,"look", 2)等于 3。

● 格式:COUNTIF(统计范围,统计条件)。"统计范围"指需要计算其中满足条件的单元格个数的单元格区域。"统计条件"指确定哪些单元格将被计算在内的条件,条件可以是常量或表达式,如 5、"45"、">=80"等。

● 功能:计算某个区域中满足给定条件的单元格的个数。

【例 5-5】在如图 5-56 所示的"学生成绩表"中,分别统计每门课程不及格(60 分以下)、及格(60~80 分)、良好(80~90 分)、优秀(90 分以上)的人数。

操作步骤如下:

① 在A10、A11、A12、A13单元格中分别输入文本"不及格人数""及格人数""良好人数""优秀人数"。

② 在C10单元格中输入公式"=COUNTIF(C3:C8,"<60")",并将其复制到D10、E10、F10、G10、H10、I10单元格中。

③ 在C11单元格中输入公式"=COUNTIF(C3:C8,">=60")-COUNTIF(C3:C8,">=80")",并将其复制到D11、E11、F11、G11、H11、I11单元格中。

④ 在C12单元格中输入公式"=COUNTIF(C3:C8,">=80")-COUNTIF(C3:C8,">=90")",并将其复制到D12、E12、F12、G12、H12、I12单元格中。

⑤ 在C13单元格中输入公式"=COUNTIF(C3:C8,">=90")",并将其复制到D13、E13、F13、G13、H13、I13单元格中。

（6）条件判断函数IF( )。
- 格式：IF(逻辑表达式, 值1, 值2)。
- 功能：根据逻辑表达式的真假值返回不同的结果。当逻辑表达式为真时，返回值为1，否则返回值为2。

【例5-6-1】 如图5-56所示，在L2单元格中输入"评语"。如果"平均分"在90分以上，则"评语"为"优秀"；其他情况，"评语"为"非优秀"。

操作步骤如下：

① 单击L3单元格，单击 fx 按钮，弹出"插入函数"对话框，选定"逻辑函数"，再选定其中的"IF"，单击"确定"按钮弹出"函数参数"对话框。

② 在"测试条件"文本框中输入"K3>=90"，表示判断的条件。在"真值"文本框中输入"优秀"，表示平均分在90分以上（条件为真）时返回"优秀"，在"假值"文本框中输入"非优秀"，表示平均分在90分以下（条件为假）时返回"非优秀"。如图5-66(a)所示。

③ 单击"确定"按钮，拖动L3单元格右下角的填充柄至L8单元格，完成所有评语。

【例5-6-2】 如图5-56所示，在L2单元格中输入"评语"。如果"平均分"在90分以上，则"评语"为"优秀"；如果"平均分"在80～90分之间，则"评语"为"良好"；如果"平均分"在60～80分之间，则"评语"为"合格"；如果"平均分"在60分以下，则"评语"为"不合格"。

操作步骤如下：

① 单击L3单元格，单击 fx 按钮，弹出"插入函数"对话框，选定"逻辑函数"，再选定其中的"IF"，单击"确定"按钮弹出"函数参数"对话框。

② 在"测试条件"文本框中输入"K3>=90"，表示判断的条件。在"真值"文本框中输入"优秀"，表示平均分在90分以上（条件为真）时返回"优秀"，如图5-66(b)所示。

③ 将光标定位到"假值"文本框中，单击 fx 按钮，在条件为假时嵌入一个IF语句判断是否为"良好"，如图5-67所示。

④ 方法同第③步，在"假值"文本框中再次嵌入一个IF语句判断是"合格"还是"不合格"，如图5-68(a)所示。单击"确定"按钮，则在编辑栏中显示该单元格的公式为"=IF(K3>=90,"优秀",IF(K3>=80,"良好",IF(K3>=60,"合格","不合格")))"。该公式在一个IF函数中又嵌套了两个IF( )函数。IF( )函数最多可以嵌套7层，用"真值"及"假值"参数可以构造很复杂的检测条件。

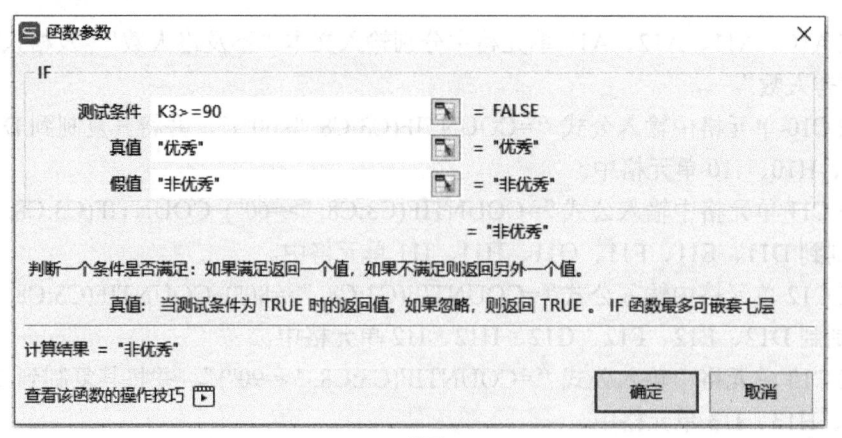

(a) 设置 1

(b) 设置 2

图 5-66　IF( )函数参数设置

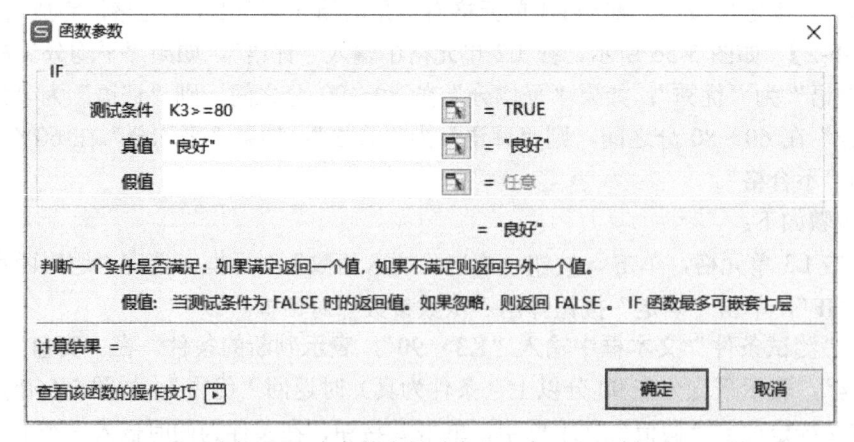

图 5-67　在条件为假时嵌入一个 IF( )语句

⑤ 将 L3 单元格中的公式复制到 L4~L8 单元格中。

【例 5-6-3】 And( )函数与 IF( )函数的结合。如图 5-56 所示，在 L2 单元格中输入"评语"。如果"语文"和"数学"成绩都在 85 分以上，则"评语"为"优秀"，否则"评语"为"一般"。

第 5 章 WPS 表格操作

And( )函数如下。
- 格式：And(逻辑表达式 1，逻辑表达式 2,…)。
- 功能：根据逻辑表达式的真假值返回结果。当所有逻辑表达式都为真时，返回值为逻辑真，只要有一个逻辑表达式为假时，返回值都为逻辑假。

操作步骤如下：

① 单击 L3 单元格，单击 fx 按钮，弹出"插入函数"对话框，选定"逻辑函数"，再选定其中的"IF"，单击"确定"按钮弹出"函数参数"对话框。

② 在"测试条件"文本框中输入"and(C3>=85,D3>=85)"，表示判断的条件。在"真值"文本框中输入"优秀"，表示当"语文"和"数学"成绩都在 85 分以上（条件为真）时返回"优秀"，在"假值"文本框中输入"一般"，表示"语文"和"数学"成绩不都满足 85 分以上（条件为假）时返回"一般"。如图 5-68(b)所示。

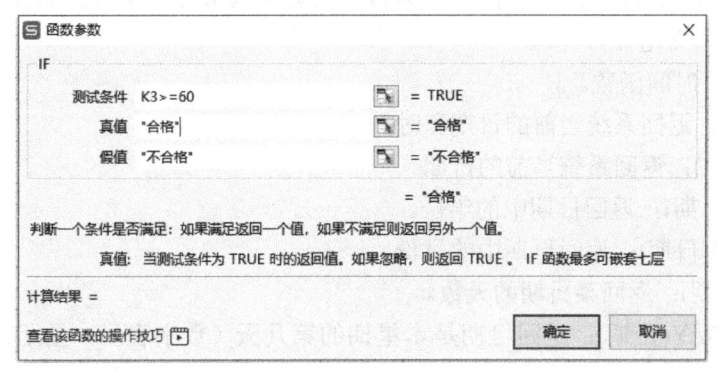

(a) 3 层嵌套

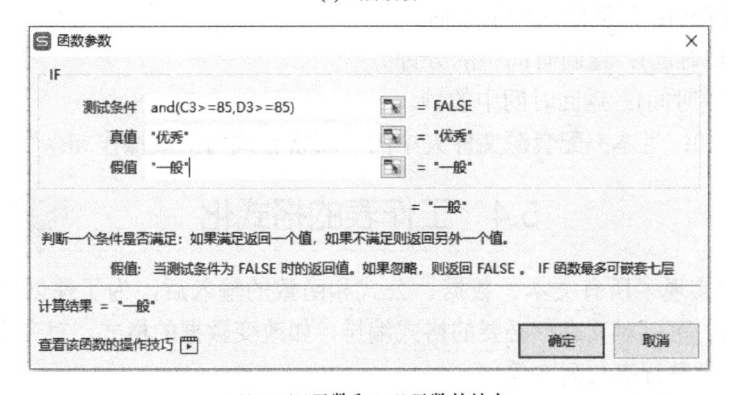

(b) And( )函数和 IF( )函数的结合

图 5-68　函数参数设置

③ 单击"确定"按钮，拖动 L3 单元格右下角的填充柄至 L8 单元格，完成所有评语。

(7) 取整函数 INT( )。
- 格式：INT(number)。
- 功能：将数值向下取整为最接近的整数。

例如：INT(4.36)等于 4；
　　　INT(-1.8)等于-2。

（8）四舍五入函数 ROUND( )。
- 格式：ROUND(n, m)。
- 功能：按指定的位数 m 对数值 n 进行四舍五入。

说明：当 $m \geq 0$ 时，从小数位的第 $m+1$ 位向第 m 位四舍五入。当 $m<0$ 时，从整数位的第（$-m$）位向前进行四舍五入。

例如：ROUND(124.36374,2)等于 124.36；
ROUND(124.36374,-2)等于 100。

（9）取子串函数 LEFT( )、RIGHT( )、MID( )。
- LEFT(字符串, n)：从字符串的左侧开始取 n 位字符。如 LEFT("文化", 1)等于"文"。
- RIGHT(字符串, n)：从字符串的右侧开始取 n 位字符。如 RIGHT("文化", 1)等于"化"。
- MID(字符串, m, n)：从字符串的第 m 位开始连续取 n 个字符。如 MID("计算机文化基础", 4, 2)等于"文化"。

（10）日期、时间函数。
- NOW( )：返回系统当前的日期和时间。
- TODAY( )：返回系统当前的日期。
- YEAR(日期)：返回日期中的年份。
- MONTH(日期)：返回日期中的月份。
- DAY(日期)：返回某日期的天数。
- WEEKDAY(日期)：返回日期是本星期的第几天（数字表示，星期日是本星期的第一天）。
- HOUR(时间)：返回时间中的小时。
- MINUTE(时间)：返回时间中的分钟。
- SECOND(时间)：返回时间中的秒。

综合案例（1）：见本书配套源文件夹中的"表格公式与函数操作.xlsx"。

5.4 工作表的格式化

在工作表中实现了所有文本、数据、公式和函数的输入后，为了使创建的工作表更加美观、数据醒目，可以对其进行必要的格式编排，如改变数据的格式、对齐方式，为表格添加边框和底纹，调整行高与列宽等。

工作表的格式化，一般采用 3 种方法实现：一是使用"开始"功能区；二是使用"设置单元格格式"对话框；三是使用表格的自动套用格式功能。图 5-69 为"开始"功能区及所有功能的图标。

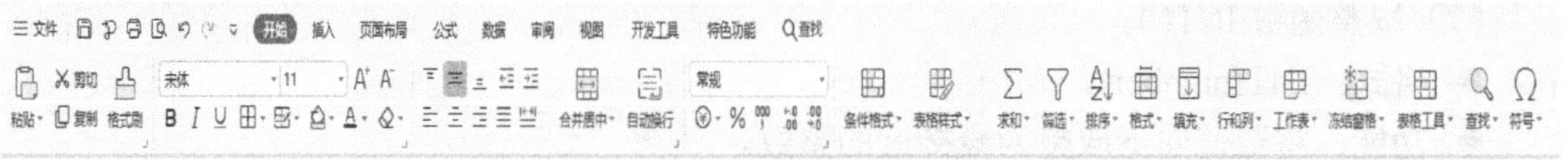

图 5-69 "开始"功能区

5.4.1 格式化数据

1. 设置文本格式

（1）更改字体或字体大小。选定单元格或单元格区域，在"开始"选项卡中的"字体"下拉列表中选择所需的字体，在"字号"下拉列表中选择所需的字体大小。

（2）更改字体颜色。如果要应用最近所选的颜色，则可单击"字体颜色"按钮；如果要应用其他颜色，则可单击"字体颜色"按钮旁的下三角按钮，然后单击调色板上的某种颜色。

（3）设置粗体、斜体或下画线。在"开始"选项卡中，单击所需的格式按钮即可。

除了通过"开始"功能区进行设置，还可以选定单元格或单元格区域，在"开始"选项卡中单击"字体"组的对话框启动器按钮，打开"单元格格式"对话框，在"字体"选项卡中进行相应设置，如图 5-70 所示。

2. 设置数字格式

在 WPS 表格中，可以使用数字格式更改数字（包括日期和时间）的外观，而不更改数字本身。应用的数字格式并不会影响单元格中的实际数值（显示在编辑栏中的值），WPS 表格是使用该实际数值进行计算的。

利用"开始"选项卡能够快速将数字改为"货币""百分比""千位分隔符"等格式。如果要进行其他特殊格式的设置，可单击如图 5-71 所示的"单元格格式"对话框中的"数字"选项卡进行修改。为了改变计算精度，还可以通过"开始"选项卡中的"增加小数位数""减少小数位数"按钮来实现。每单击一次，数据的小数位数会分别增加或减少一位。各种数据格式的样例如图 5-72 所示。

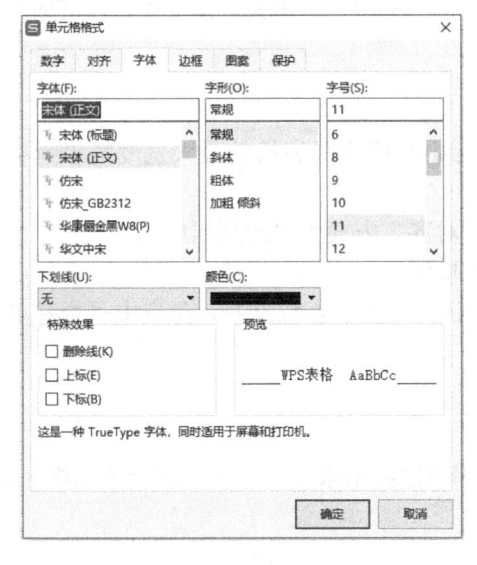

图 5-70 "字体"选项卡　　　　　图 5-71 "数字"选项卡

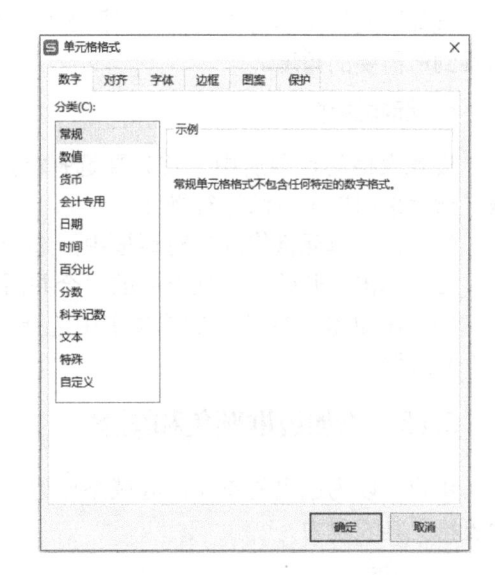

3. 设置日期、时间格式

选择要设置格式的单元格，打开"单元格格式"对话框，单击"数字"选项卡，选择"分类"列表框中的"日期"或"时间"选项，然后单击"确定"按钮即可。

5.4.2 设置对齐方式

在 WPS 表格中，单元格中数据的对齐方式包括水平对齐、垂直对齐、任意方向对齐和标题居中 4 种。

1. 水平对齐

在默认为"常规"格式的单元格中，文本是左对齐的，数字、日期和时间是右对齐的，逻辑型数据是水平居中对齐的。要设置水平对齐方式，首先要选择设置格式的单元格，再单击"开始"选项卡中的相应按钮即可。也可以单击"对齐方式"组的对话框启动器按钮，打开"单元格式"对话框，在"对齐"选项卡中的"水平对齐"下拉列表中进行选择，如图 5-73 所示。

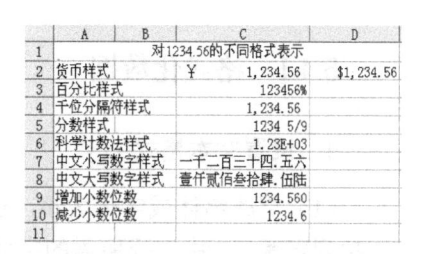

图 5-72 数据格式样例

2. 垂直对齐

垂直对齐方式是指数据在单元格垂直方向上的对齐，包括靠上、居中、靠下等。设置方式与"水平对齐"设置类似。

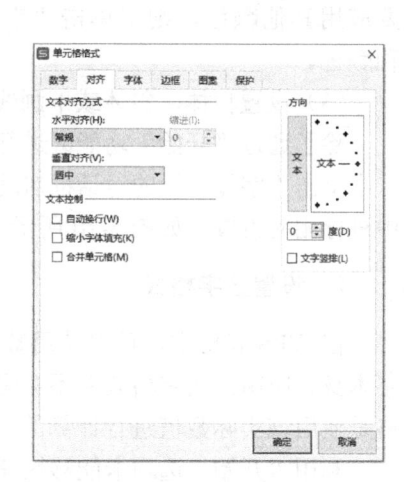

图 5-73 "对齐"选项卡

3. 任意方向对齐

选择要旋转文本的单元格。在图 5-73 中的"方向"框中，单击某一角度值，也可拖动指示器到所需要的角度。

4. 标题居中

设置表格的标题居中，首先要选择标题及该行中按照实际表格的最大宽度的单元格区域，然后采用以下方法进行操作：
（1）在"单元格格式"对话框中，选择"水平对齐"方式为"跨列居中"。
（2）单击"开始"选项卡中的"合并后居中"按钮。
（3）在如图 5-73 所示的选项卡中选择"水平对齐"方式为"居中"，再选中"合并单元格"复选框。

5.4.3 添加边框颜色和图案

用户可以为选定的单元格区域添加边框、颜色和图案，用来突出显示或区分单元格区域，使表格更具表现力。

1. 边框

在默认情况下，单元格的边框是虚线，不能打印出来。如果要在打印时加上表格线，则必须为单元格添加边框。

利用"开始"选项卡中的 田 按钮可为表格加上简单的边框线。若要设置较复杂的边框线，则可在"单元格格式"对话框中的"边框"选项卡中进行设置。如图 5-74 所示，先在线条"样式"列表框中选择线型，然后在"颜色"下拉列表中选择线条颜色，再在"边框"选区各位置上单击，设置所需的上、下、左、右框线。

2. 颜色和图案

（1）用纯色设置单元格背景色。选择要设置背景色的单元格，单击"开始"选项卡中的"填充颜色"按钮或单击按钮旁的下三角按钮，选择模板上的一种颜色。

（2）用图案设置单元格背景。选择要设置背景的单元格，打开"单元格格式"对话框，单击"图案"选项卡，如图 5-75 所示。在"图案颜色"下拉列表中选择所需的图案颜色，在"图案样式"下拉列表中选择所需的图案样式。

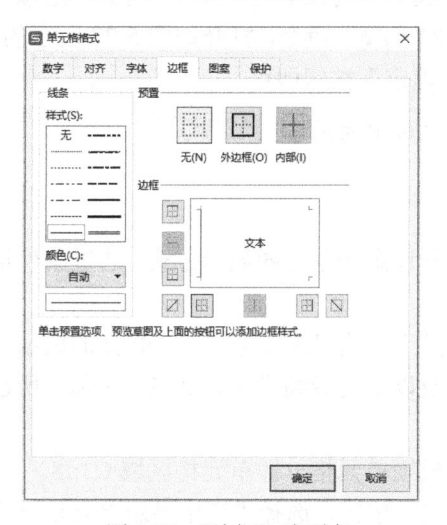

图 5-74 "边框"选项卡　　　　　图 5-75 "图案"选项卡

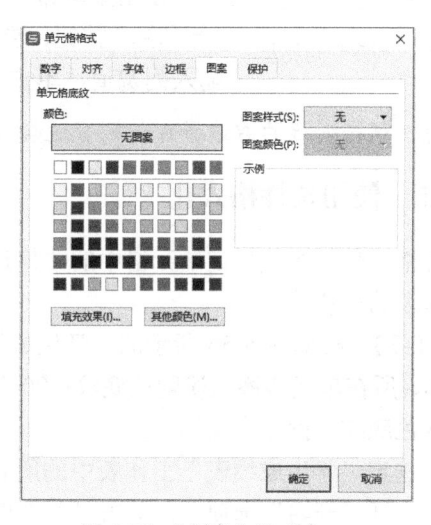

5.4.4 调整行高和列宽

在 WPS 表格中，行高和列宽是可以调整的。调整行高和列宽有两种方法：使用鼠标拖动或执行菜单命令。

1. 调整单元格行高

使用鼠标拖动：将鼠标指向要改变行高的行号的下边界，此时鼠标指针变成一个竖直方向的双向箭头，拖动其下边界到适当的高度，然后松开鼠标即可。若要改变多行的高度，需要先选定这些行，然后拖动其中任意一行的行号下边界到适当位置即可。如果要更改工作表中所有行的高度，单击"全选"按钮，然后拖动任意一行的下边界即可。

使用菜单命令：选中一行或多行，打开"开始"选项卡，单击"行和列"按钮，选择"行高"命令，打开如图 5-76 所示的对话框，输入行高值，单击"确定"按钮即可。

图 5-76 "行高"对话框

注意：双击行号的下边界可使行高适合单元格中的内容。

2. 调整单元格列宽

在对工作表的编辑过程中，有时会出现单元格中显示一长串"####"的情况。如果调整单元格的列宽，使之大于数据的长度，则会恢复数据的显示。

使用鼠标拖动：将鼠标指向要改变列宽的列标的右边界，此时鼠标指针变成一个水平方向的双向箭头，拖动其边界到适当的宽度，然后松开鼠标即可。如果要更改多列的宽度，先选定所有要更改的列，然后拖动其中某一选定列标的右边界即可。如果要更改工作表中所有列的列宽，单击"全选"按钮，然后拖动任意列标的右边界即可。

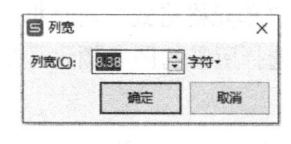

使用菜单命令：选中一列或多列，打开"开始"选项卡，单击"行和列"按钮，选择"列宽"命令，打开如图 5-77 所示的对话框，输入列宽值，单击"确定"按钮即可。

图 5-77 "列宽"对话框

注意：双击列标的右边界可使列宽适合单元格中的内容。

5.4.5 使用条件格式化

条件格式化是指在规定单元格中的数值达到设定条件时的显示方式。通过条件格式化可增强工作表的可读性。

【例 5-7】 在如图 5-56 所示的"学生成绩表"工作表中，将小于 60 分的成绩设置为红色、斜体，所在单元格添加淡紫色底纹；90 分及以上的成绩设置为蓝色、粗体，所在单元格添加浅绿色底纹。操作步骤如下：

（1）选定"学生成绩表"工作表中的所有成绩单元格，即单元格区域 C3:I8。

（2）打开"开始"选项卡，单击"条件格式"按钮，选择"突出显示单元格规则"选项中的"小于"命令，弹出如图 5-78 所示的"小于"对话框。

（3）在左侧的文本框中输入"60"，再在右侧下拉列表中选择"自定义格式"选项，然后单击"确定"按钮，将会弹出"单元格格式"对话框，如图 5-79 所示。

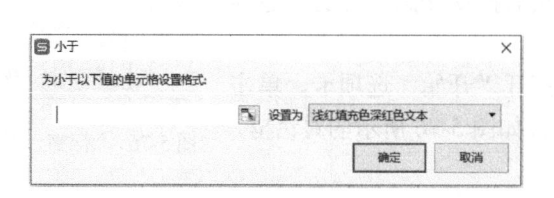

图 5-78 "小于"对话框 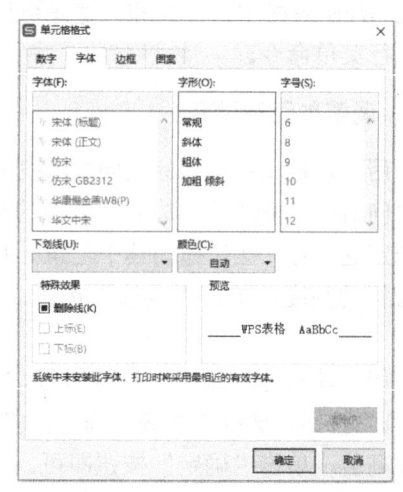　　　　图 5-79 "单元格格式"对话框

（4）在弹出的对话框的"字体"选项卡中，按题目要求将字体颜色设置成"红色"，字形设置为"斜体"，然后在"图案"选项卡中将背景色设置成"淡紫色"。

（5）小于 60 分的格式设置完成。设置 90 分及以上成绩单元格的操作方法与上述步骤类似。

> **说明**：如果设定了多个条件且同时有不止一个条件为真，则 WPS 表格只会使用其中为真的第 1 个条件。如果设定的所有条件都不满足，则单元格将会保持原有格式。

5.4.6 套用表格格式

WPS 表格提供了套用表格格式的功能，它可以根据预先设定的表格格式方案，将用户的表格格式化，使用户的编辑工作变得更加轻松。

操作步骤如下：

（1）先选择要格式化的单元格区域。

（2）打开"开始"选项卡，单击"表格样式"按钮，弹出如图 5-80 所示的"预设样式"下拉列表。

（3）单击要应用的预设样式，选定的单元格区域将应用选定的格式。

如果要对表格中的数字、边框、字体、图案、列宽和行高统一进行格式化，则可以打开"开始"选项卡，单击"单元格样式"下拉列表来完成，如图 5-81 所示。如果想更精确地控制或自定义单元格样式，可以通过以下操作来完成：打开"开始"选项卡，单击"单元格样式"下拉列表，单击"新建单元格样式"选项进行设置。

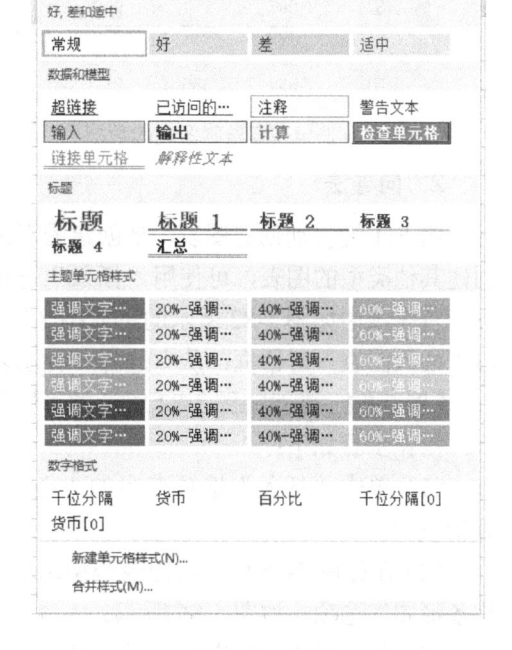

图 5-80 "预设样式"下拉列表　　　　图 5-81 "单元格样式"选项卡

综合案例（2）：见本书配套资源文件夹中的"表格基本操作与格式化.xlsx"。

5.5 图表

将工作表中的数据以图表的形式展示出来,可以使繁杂的数据变得更直观、生动,更有利于分析和比较数据之间的关系。WPS 表格提供了强大的图表制作功能,不仅能够制作多种不同类型的图表,而且能够对图表进行修饰,使数据一目了然。

5.5.1 创建图表

在 WPS 表格中,图表可以放在工作表中,称为嵌入式图表;也可以放在具有特定名称的独立工作表中,称为图表工作表。嵌入式图表和图表工作表均与工作表数据相链接,并随工作表数据的变化而自动更新。

创建图表的方法有两种:"一步法"与"向导法"。

1. 一步法

WPS 表格默认的图表类型是柱形图。在工作簿中创建图表的方法很简单。首先在工作表上选定需要绘制图表的数据,如图 5-82 所示,再按 F11 键,便得到如图 5-83 所示的图表。

图 5-82 选定需要绘制图表的数据   图 5-83 "一步法"创建图表

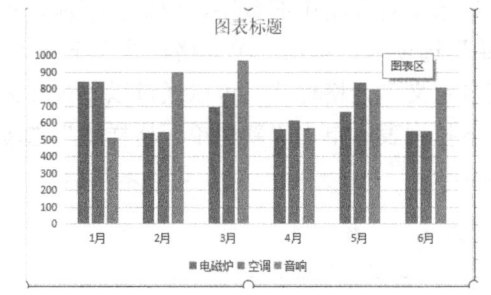

2. 向导法

用 F11 键自动创建图表,是创建图表最简单的方法,但是只能创建柱形图。若要快速地创建其他类型的图表,可使用"插入"选项卡中的"图表"组,其中存放了若干图表工具。

首先选中如图 5-82 所示的单元格区域,单击"插入"选项卡中的"全部图表"按钮,弹出"插入图表"对话框,从中选择一种图表类型,图表即被创建并嵌入当前工作表。

【例 5-8】 针对如图 5-82 所示的"销售情况表"建立一个簇状条形图。

操作步骤如下:

(1) 单击"插入"选项卡中的"全部图表"按钮,弹出如图 5-84 所示的"插入图表"对话框。

(2) 在如图 5-85 所示的图表类型选项列表中选择条形图,然后在右侧的选区中选中"簇状条形图"选项,如图 5-86 所示。

(3) 最后单击"确定"按钮,要插入的图表就显示出来了,如图 5-87 所示。

第 5 章　WPS 表格操作

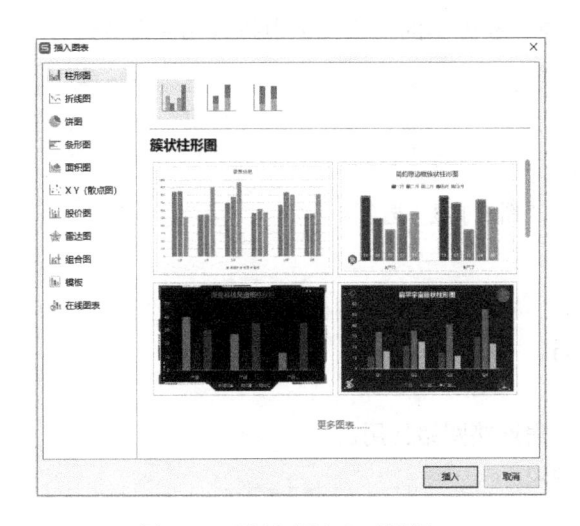

图 5-84　"插入图表"对话框

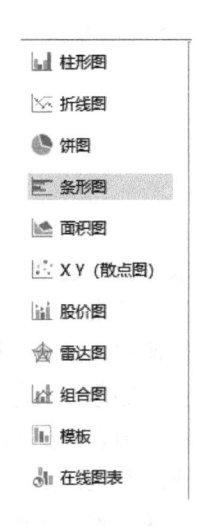

图 5-85　图表类别

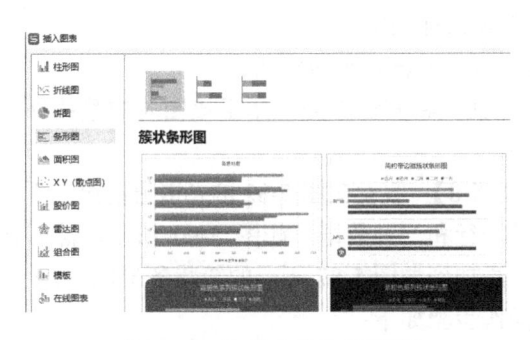

图 5-86　选择"簇状条形图"

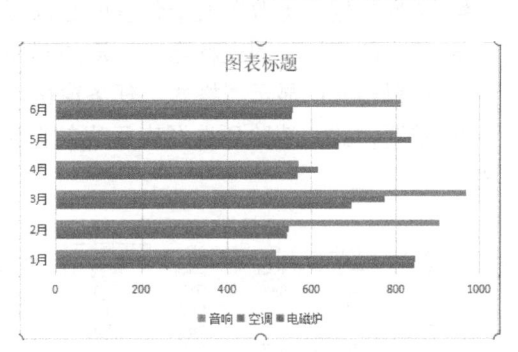

图 5-87　题目要求的簇状条形图

5.5.2　编辑图表

用"一步法"或"向导法"创建图表后，还可以对其进行调整、修改和格式化，使其更加美观，更具表现力。

1．调整图表

嵌入工作表的图表可以移动或改变大小。

（1）移动图表。在 WPS 表格中移动图表非常简单，首先选定要移动的图表，然后拖动图表到目标位置即可。

（2）调整图表的大小。选定要调整的图表，其四周会出现控制点，拖动这些控制点即可调整图表的大小，如图 5-88 所示。

2．修改图表

编辑图表的方法有 3 种：一是利用"图表

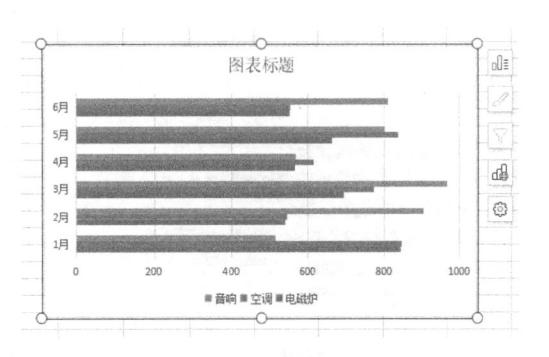

图 5-88　调整图表大小

工具"选项卡中的工具按钮进行修改，"图表工具"选项卡如图 5-89 所示；二是执行"图表"

| 173

菜单中的相关命令；三是右击待编辑对象，在弹出的快捷菜单中执行相应命令进行修改。

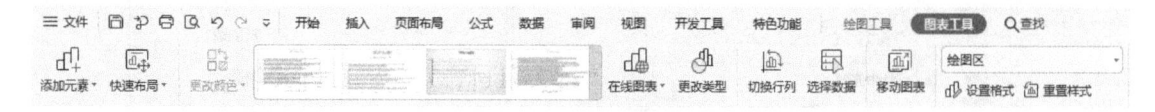

图 5-89 "图表工具"选项卡

"图表工具"选项卡的功能如下。
- 添加元素：添加图表元素（例如，标题、图例、网格线和数据标签）。
- 快速布局：更改图表的整体布局。
- 更改颜色：自定义颜色和样式。
- 在线图表：更丰富的图表样式，需连接网络使用。
- 更改类型：更改为其他类型的图表。
- 切换行列：交换坐标轴上的数据。
- 选择数据：更改图表中包含的数据区域。
- 移动图表：将图表移至工作簿的其他工作表或标签中。
- 设置格式：显示"格式"任务窗格，微调所选图表元素的格式。
- 重置样式：清除所选图表元素的自定义格式，将其还原为应用于该图表的整体外观样式。

【例 5-9】 假设在图 5-82 的"销售情况表"中添加了一行和一列数据，如图 5-90 所示，然后把该数据添加到如图 5-87 所示的簇状条形图中。

操作步骤如下：

① 选中单元格区域 A1:E7，单击"插入"选项卡中的"全部图表"按钮，在图表类型选项列表中选择条形图，然后在右侧的选区中选中"簇状条形图"选项，完成效果如图 5-91 所示。

② 选中图表，右击，选择"选择数据"选项，弹出"编辑数据源"对话框，如图 5-92 所示。

图 5-90 添加一行和一列数据

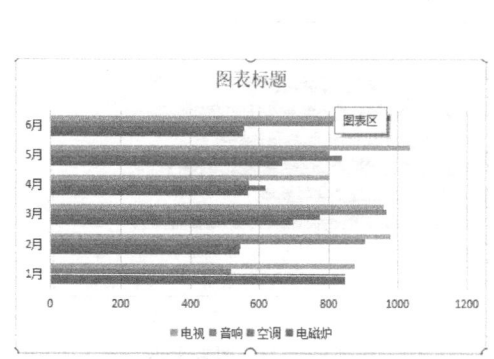

图 5-91 完成效果

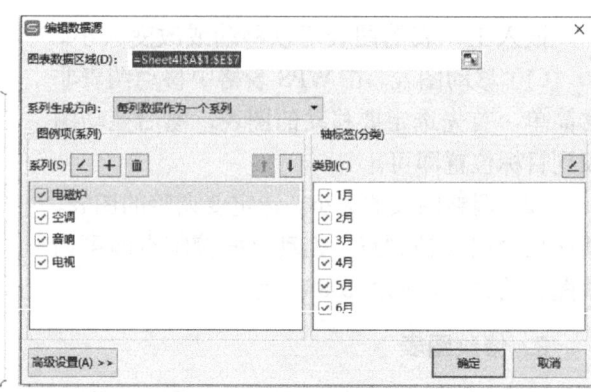

图 5-92 "编辑数据源"对话框

在"图表数据区域"文本框中直接输入"=Sheet4!$A$1:$E$8",或者直接用鼠标从工作表中选取所有的数据,表格会自动在此文本框中生成选取的范围函数表达式,如图 5-93 所示,单击"确定"按钮。最后的结果如图 5-94 所示。

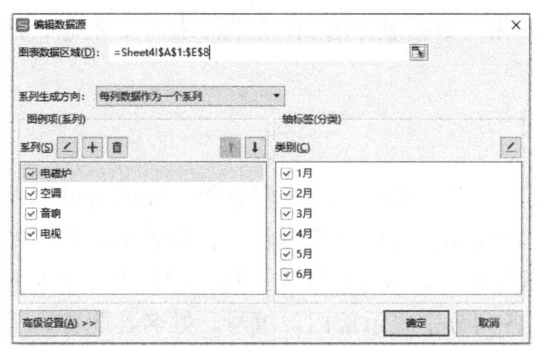

图 5-93 输入图表数据区域

图 5-94 修改图表数据区域后的图表

3. 格式化图表

创建好图表之后,为了让其更加美观,还可以进行格式化设置。图表格式化是指对图表对象进行格式设置,包括字体、字号、图案、颜色、数字样式等。

图表格式化方法有 3 种:一是双击该对象,进行相应设置;二是右击该对象,在弹出的快捷菜单中执行相应的格式设置命令;三是利用"图表工具"选项卡中的工具对图表进行修改。这 3 种方法都能打开相应的格式设置对话框。下面列举坐标轴格式设置的方法,其他对象格式的设置方法与此类似。

双击分类轴或数据轴,右侧将弹出"属性"窗格,选择"坐标轴选项"中的"坐标轴"按钮,如图 5-95 所示。

打开"图表工具"功能区,单击"设置格式"按钮,可以对图表背景进行设置。通过对各图表对象进行一系列设置以后,就能得到一张非常美观的图表,如图 5-96 所示。

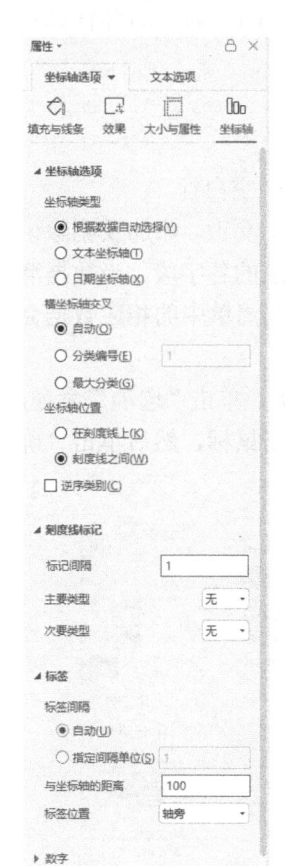

图 5-95 "属性"窗格

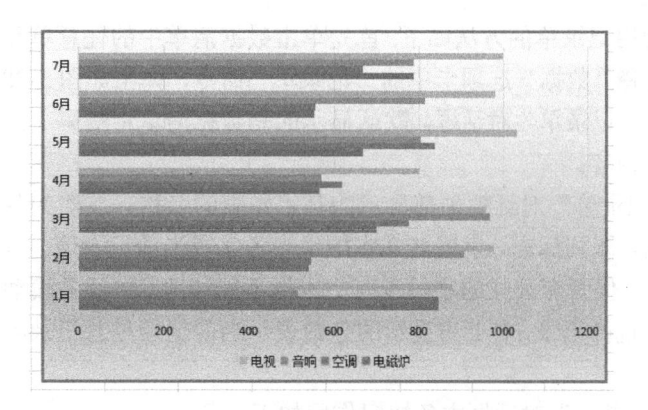

图 5-96 格式化后的图表

综合案例（3）：见本书配套资源文件夹中的"表格图表操作.xlsx"。

5.6 数据管理

表格中常见的数据管理主要有对工作表中的相关数据进行增加、删除、排序、汇总、筛选等各种处理。

5.6.1 创建和使用数据清单

数据清单是一系列包含相关数据的工作表，如学生成绩单或工资表等。数据清单可以像数据库一样使用，其中行表示记录，列表示字段。如图 5-97 所示的某公司基本情况表，每一行代表一个人的基本信息，各列分别表示部门、编号、姓名、职务、工资等属性。

创建数据清单时应注意以下几点问题：

（1）一张工作表中只能建立一个数据清单。

（2）在数据清单的第 1 行中创建列标志，每一列的名称（字段名）必须是唯一的。

（3）在设计数据清单时，应使同一列中的各行具有相同类型的数据项。

图 5-97 数据清单示例

（4）在数据清单的字段名下至少要有一行数据。

（5）一个数据清单中不能包含空白行或空白列。

（6）在工作表的数据清单与其他数据间至少留出一个空白列和一个空白行。

WPS 表格提供了记录单功能管理数据清单，可以在记录单中查看、更改、添加及删除记录，还可以根据指定的条件查找特定的记录。记录单中只显示一条记录的各字段，当数据清单比较大时，使用记录单会很方便。在记录单上输入或编辑数据，数据清单中的相应数据会自动更改。

可以通过执行以下命令添加"记录单"按钮。打开"文件"选项卡，单击"选项"命令，在"快速访问工具栏"中选择"常用命令"中的"记录单"选项并双击鼠标，然后单击"确定"按钮。

使用记录单的方法如下：首先单击数据清单中的任意单元格，选择"数据"选项卡中的"记录单"命令，弹出如图 5-98 所示的"记录单"对话框。默认显示的是数据清单中的第 1 条记录的内容。

"记录单"对话框顶部显示的是工作表的名称。左侧为各字段名，即列标志。字段名文本框中为各字段当前记录值，可以修改，但含有公式的字段没有文本框不能修改。中间的滚动条用于选择记录。右上角显示的分数表示当前记录是总记录的第几条。

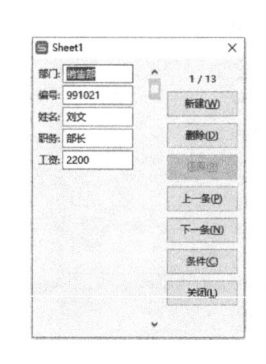

图 5-98 "记录单"对话框

"记录单"对话框中各按钮作用如下。

- "新建"按钮：用于在数据清单末尾添加记录。
- "删除"按钮：用于删除当前显示的记录。
- "还原"按钮：取消对当前记录的修改。
- "上一条"按钮：显示上一条记录。
- "下一条"按钮：显示下一条记录。
- "条件"按钮：按指定条件查找与筛选记录。单击该按钮后，在字段名文本框中输入条件，按 Enter 键显示第 1 条满足条件的记录，单击"下一条"按钮可查看其他满足条件的记录。
- "关闭"按钮：关闭"记录单"对话框，返回工作表。

5.6.2 数据排序

通过排序功能，可以根据某些特定列的内容来重新排列数据清单中的行。这些特定列称为排序的"关键字"。在 WPS 表格中，最多可以依据 3 个关键字进行排序，依次称为"主要关键字""次要关键字""第三关键字"。

对数据排序时，WPS 表格会遵循下列原则：先根据"主要关键字"进行排序，如果遇到某些行的主要关键字的值相同，则按照"次要关键字"进行排序，如果某些行的"主要关键字"和"次要关键字"的值都相同，再按"第三关键字"进行排序。如果 3 个关键字的值都相同，则保持它们原始的次序。

WPS 表格使用特定的排序方式，根据单元格中的值而不是格式来排列数据。

- 数字（包括日期、时间）按照数值大小进行排序，由小到大为升序，由大到小为降序。
- 英文字母、标点符号按"ASCII 码"值大小进行排序。
- 汉字一般按照拼音字母顺序排序，也可按笔画顺序排序。
- 当以逻辑值为关键字进行升序排序时，FALSE 排在 TRUE 前；进行降序排序时，TRUE 排在 FALSE 前。
- 空格始终排在最后。

排序的方法有两种：

- 按照一个关键字进行排序，可使用"升序"按钮 $\frac{A}{Z}\downarrow$ 或"降序"按钮 $\frac{Z}{A}\downarrow$。
- 按照多个关键字进行排序，可单击"数据"选项卡中的"排序"命令，打开"排序"对话框，进行相应设置。

下面通过一个实例说明排序的步骤。

【例 5-10】 首先将图 5-97 的数据清单复制到 Sheet2 工作表中。在 Sheet1 工作表中按职务进行升序排序。在 Sheet2 工作表中以"部门"为主要关键字（升序），"工资"为次要关键字（降序）进行排序，要求"部门"以笔画顺序排序。

操作步骤如下：

（1）在 Sheet1 工作表中选择数据清单，按 Ctrl+C 组合键，在工作表标签上单击 Sheet2，单击 A1 单元格，按 Ctrl+V 组合键，将 Sheet1 工作表中的数据清单复制到 Sheet2 工作表中。

（2）在 Sheet1 工作表中，单击"职务"所在列的任意单元格，单击"升序"按钮，使数据清单按"职务"进行升序排列。

（3）在 Sheet2 工作表中，单击数据清单中的某一个单元格，单击"数据"选项卡中的"排序"命令，弹出如图 5-99 所示的"排序"对话框。

（4）在该对话框中，设置主要关键字为"部门"，次序选择"升序"，然后单击"添加条件"按钮，再设置次要关键字为"工资"，次序为"降序"。单击"选项"按钮，出现如图 5-100 所示的"排序选项"对话框，选择"方式"为"笔画排序"。先单击"确定"按钮关闭"排序选项"对话框，再单击"确定"按钮，完成排序操作。

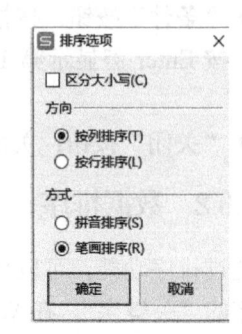

图 5-99 "排序"对话框　　　　　图 5-100 "排序选项"对话框

说明：① 排序前应先选中数据清单中某一个单元格，否则会出错。
② 在一般情况下，第 1 行数据作为标题行，不参与排序，所以在如图 5-99 所示的"排序"对话框中，默认为"数据包含标题"。如果出现第 1 行要参与排序的情况，则应取消勾选"数据包含标题"复选框，在选择关键字时，显示的将是"列 A、列 B"等，而不是"部门、编号"等。

5.6.3　数据筛选

在一个大的数据表里，要快速找到所需的数据不太容易。WPS 表格提供了"自动筛选"和"高级筛选"命令来筛选数据，可以只显示符合用户设定条件的某一个值或某一行值，而隐藏其他值。

1. 自动筛选

使用自动筛选命令，实际上是在标题行建立一个自动筛选器。通过这个自动筛选器可以查询到含有某些特征值的行。

使用自动筛选的步骤如下：

（1）单击数据清单中的任意一个单元格。

（2）打开"数据"选项卡，单击"筛选"命令，建立自动筛选器，如图 5-101 所示，可以看到标题行每列右侧都有一个下三角按钮。

（3）单击希望进行筛选的数据列右侧的下三角按钮，从下拉列表中选定要显示的项，在工作表中就可以看到筛选后的结果。

（4）如果要使用基于另一列中数值的附加条件，则在另一列中重复步骤（3）。

图 5-101　建立自动筛选器

2. 高级筛选

要使用高级筛选命令，数据清单必须要有列标，而且在工作表的数据清单上方或下方，至少要有 3 个能用于条件区域的空行。

【例 5-11】 在某公司基本情况表中筛选出策划部、销售部、财务部 3 个部门中工资在 1000 元～1500 元之间的员工信息。

操作步骤如下：

（1）将数据清单中含有要筛选值的列的列标复制到第 16 行中，作为条件标志。在条件标志下面的一行中，输入要筛选的条件，如图 5-102 所示。

（2）单击数据清单中的任意一个单元格，打开"数据"选项卡，单击"高级筛选"命令，弹出如图 5-103 所示的"高级筛选"对话框。

图 5-102　输入筛选条件　　　　图 5-103　"高级筛选"对话框

（3）分别单击"列表区域"和"条件区域"文本框右侧的 ![] 按钮返回到工作表界面，选择列表区域和条件区域。注意数据清单的列标志和条件区域中的条件标志都必须选中。如果不通过单击 ![] 按钮选定，而直接在文本框中输入，则必须使用绝对地址。

（4）如果要将筛选结果放在原数据表中，可选中"在原有区域显示筛选结果"单选按钮。如果要将筛选结果放在工作表的其他地方，可选中"将筛选结果复制到其他位置"单选按钮（注意：本书截图中"其它"的正确写法应为"其他"），接着单击"复制到"文本框右侧的 ![] 按钮，然后单击要放置筛选结果的区域的左上角单元格。

（5）设置好列表区域和条件区域后，单击"确定"按钮即可得到筛选结果。

高级筛选条件可以包括一列中的多个条件和多列中的多个条件。

在"条件区域"中，条件在同一行上，表示"与"运算，多个条件要同时满足。条件在不同行上，则表示"或"运算，只要满足一个条件即可被筛选出来。

● 单列上具有多个条件：如果对于某一列具有两个或多个筛选条件，那么可直接在各行中从上到下依次输入各个条件。

● 多列上具有单个条件：如果要在两列或多列中查找满足单个条件的数据，则在条件区域的同一行中输入所有条件。

● 某一列或另一列上具有单个条件：如果要找到满足某一列条件或另一列条件的数据，则在"条件区域"的不同行中输入条件。

● 两列上具有两组条件之一：如果要找到满足两组条件（每一组条件都包含针对多列的条件）之一的数据行，则在各行中输入条件。

5.6.4 分类汇总

分类汇总是在数据清单中快速汇总数据的方法。使用"分类汇总"命令，如图5-104所示，WPS表格将自动创建公式、插入分类汇总结果，并且可以对分类汇总后不同类型的数据进行分析。

需要注意的是，在分类汇总之前，必须对数据清单进行排序且数据清单的第1行必须有列标志，如图5-105所示。

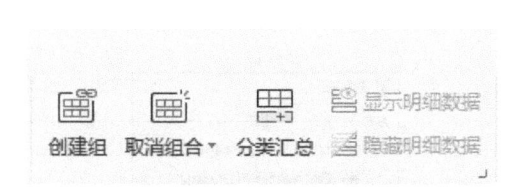

图 5-104　分类汇总

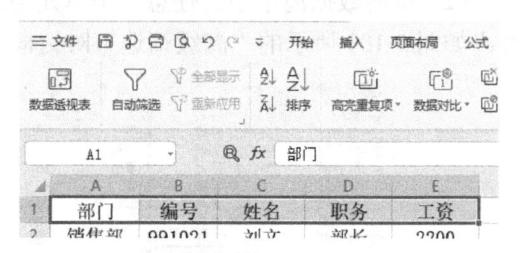

图 5-105　列标志

1. 分类汇总操作

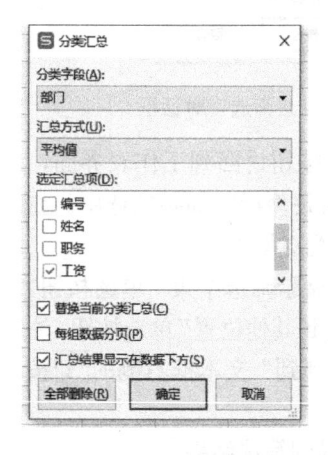

图 5-106　"分类汇总"对话框

【例5-12】在如图5-97所示的某公司基本情况表中，对某公司职员的工资按部门进行分类汇总，计算每个部门的平均工资。

操作步骤如下：

（1）先选定分类汇总的分类字段，对数据清单进行排序。选择"部门"列中的某一个单元格，单击"升序"按钮或"降序"按钮。

（2）在要分类汇总的数据清单中，单击任意一个单元格。

（3）打开"数据"选项卡，单击"分类汇总"命令，弹出如图5-106所示的"分类汇总"对话框。

（4）在"分类字段"下拉列表中，选择需要用来分类汇总的数据列。选定的数据列应与步骤（1）中进行排序的列相同。本例选择"部门"列。

（5）在"汇总方式"下拉列表中，选择所需的用于计算分类汇总的函数。常用的汇总方式如下。

● 求和：统计数据清单中数值的和。它是数字数据的默认函数。

● 计数：统计数据清单中数据项的个数。它是非数字数据的默认函数，如可按姓名的计数方式来统计人数。

● 平均值：统计数据清单中数值的平均值。

● 最大值：统计数据清单中数值的最大值。

● 最小值：统计数据清单中数值的最小值。

● 乘积：统计数据清单中所有数值的乘积。

● 计数值：统计数据清单中含有数字数据的记录或行的数目。

本例选择“平均值”汇总方式，即按部门统计平均工资。

（6）在“选定汇总项”选区中，选定需要对其汇总计算的数据列对应的复选框。本例选择“工资”。

“分类汇总”对话框中其他选项的功能如下。

● 替换当前分类汇总：如果之前已分类汇总，选择它则表示用当前的分类汇总替换之前的分类汇总，否则会保存原有的分类汇总。每次分类汇总的结果均显示在工作表中，这样就实现了多级分类汇总。

● 每组数据分页：勾选该复选框后，每一类数据占据一页。打印时每组数据单独打印在一页上。

● 汇总结果显示在数据下方：若不勾选该复选框，则汇总结果将显示在数据上方。

● 全部删除：清除数据清单中的所有分类汇总，恢复数据清单原有状态。

（7）单击“确定”按钮，得到分类汇总结果。

2. 查看分类汇总结果

上例的汇总结果如图 5-107 所示。

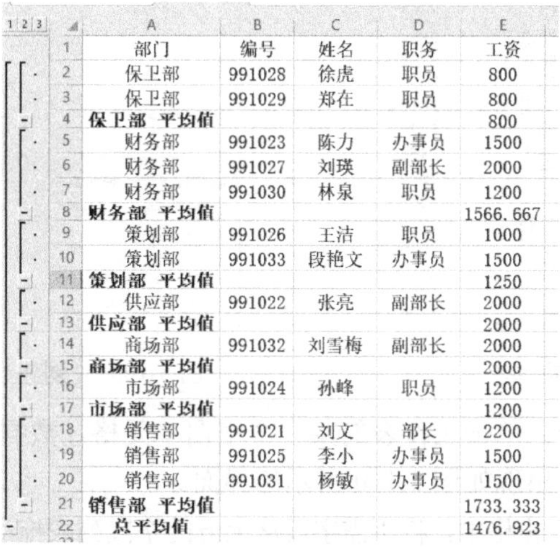

	A	B	C	D	E
1	部门	编号	姓名	职务	工资
2	保卫部	991028	徐虎	职员	800
3	保卫部	991029	郑在	职员	800
4	保卫部 平均值				800
5	财务部	991023	陈力	办事员	1500
6	财务部	991027	刘瑛	副部长	2000
7	财务部	991030	林泉	职员	1200
8	财务部 平均值				1566.667
9	策划部	991026	王洁	职员	1000
10	策划部	991033	段艳文	办事员	1500
11	策划部 平均值				1250
12	供应部	991022	张亮	副部长	2000
13	供应部 平均值				2000
14	商场部	991032	刘雪梅	副部长	2000
15	商场部 平均值				2000
16	市场部	991024	孙峰	职员	1200
17	市场部 平均值				1200
18	销售部	991021	刘文	部长	2200
19	销售部	991025	李小	办事员	1500
20	销售部	991031	杨敏	办事员	1500
21	销售部 平均值				1733.333
22	总平均值				1476.923

图 5-107　分类汇总结果

在分类汇总结果中，左侧有一些特殊按钮，如1、2、3、+、-。单击第 1 级显示级别符号1按钮，能隐藏所有明细数据，只显示对数据清单总的汇总值。单击第 2 级显示级别符号2按钮，则隐藏数据清单原有数据，显示各类汇总值。单击第 3 级显示级别符号3按钮，能显示所有的明细数据。+按钮和-按钮类似资源管理器中的展开和折叠按钮，单击它们可以显示或隐藏各级别的明细数据。

5.6.5 数据透视表和透视图

数据透视表用于快速汇总大量数据和建立交叉列表的交互式表格，可以转换行或列查看对源数据的不同汇总，还可以通过显示不同的页面来筛选数据，也可以根据需要显示明细数据。建立了透视表以后，还可根据需要建立透视图，它是一种为数据提供图形化分析的交互式图表。

使用 WPS 表格的"数据透视表"命令，可以快速建立数据透视表和透视图。下面通过一个例子来介绍具体操作步骤。

【例 5-13】 在如图 5-108 所示的数据清单中，按"品名"和"品种"统计销售量之和。

操作步骤如下：

（1）单击数据清单中的某一个单元格。

（2）打开"插入"选项卡，单击"数据透视表"命令，弹出如图 5-109 所示的"创建数据透视表"对话框。

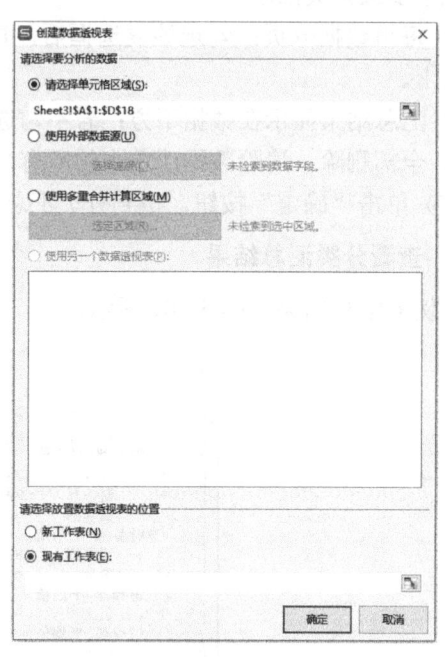

图 5-108 数据清单　　　　图 5-109 "创建数据透视表"对话框

（3）选择现有工作表，单击工作表的某一个空白单元格，数据透视表将会创建在这里。单击"确定"按钮，将会出现如图 5-110 所示的界面。

（4）在"数据透视表"窗格中，将所需字段从上方的字段列表拖动到下方数据透视表区域的"行"和"列"中；对于要汇总数据的字段，将其拖动到"值"中；将要作为报表筛选用的字段拖动到"筛选器"中。本例按图 5-111 进行设置，即将"超市"拖到"筛选器"位置，将"品名"拖到"行"位置，将"品种"拖到"列"位置，将"销售量"拖到"值"位置。

在图 5-112 中，单击要隐藏或显示其中项的字段右侧的下三角按钮▼，选中对应每个要显示的项的复选框，取消勾选对应要隐藏的项的复选框即可查看不同级别的明细数据。

如果觉得创建的数据透视表不符合要求，还可以通过"数据透视表"窗格把相关字段从数据透视表中拖出，再把合适的字段拖入到指定的区域中，便能重新获得不同的数据汇总结果。

数据透视图（如图 5-113 所示）既具有数据透视表数据的交互式汇总特性，又具有图表的可视性优点。跟数据透视表一样，一张数据透视图可按多种方式查看相同数据，只需单击分类轴、数据轴及图例上的▼按钮，选择对应选项即可。

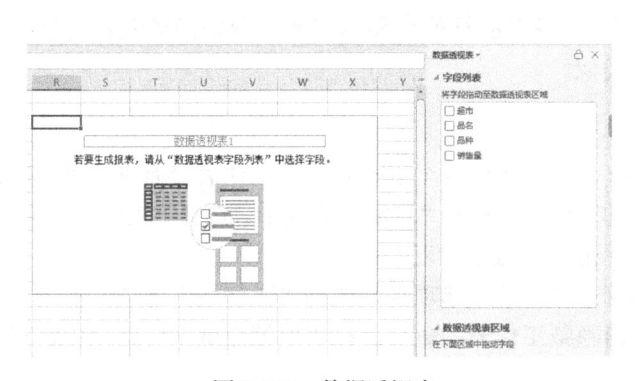

图 5-110　数据透视表　　　　　　　　　图 5-111　拖动示例

图 5-112　数据透视表　　　　　　　　　图 5-113　数据透视图

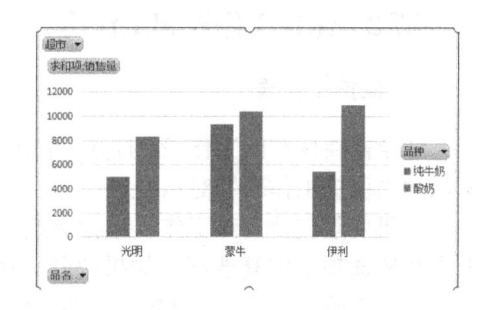

综合案例（4）：见本书配套资源文件夹中的"表格数据管理.xlsx"和"表格数据管理操作要求.docx"。

5.7　保护数据

5.7.1　隐藏行、列、工作表

为了突出某些行或列，可将其他行或列隐藏；为避免屏幕上的窗口和工作表数量太多，从而造成不必要的修改，可以隐藏工作簿和工作表。如果隐藏了工作簿的一部分，数据将从视图中消失，但并没有从工作簿中删除。如果保存并关闭了工作簿，下次打开该工作簿时隐藏的数据仍然会是隐藏的。打印工作簿时，WPS 表格不会打印隐藏部分。

1. 隐藏行或列

选定待隐藏的行或列，打开"开始"选项卡，选择"行和列"选项，单击"隐藏与取消隐藏"命令，再执行"隐藏行"或"隐藏列"命令。还有另一种更快捷的方法就是选定行或列后右击，在弹出的快捷菜单中执行"隐藏"命令，也可实现行或列的隐藏。

如果要取消行的隐藏，先选择其上方和下方的行，再右击，在弹出的快捷菜单中执行"取消隐藏"命令。取消隐藏列的方法与之类似。

也可将鼠标指针放到隐藏行的下一行的边框线上，如图 5-114 所示，当鼠标指针变成""时，就可以直接双击鼠标左键（或者右击，然后选择"取消隐藏"命令），隐藏的行就会显示出来。取消隐藏列的方法与之类似。

图 5-114　取消隐藏行

2. 隐藏工作表

用户可隐藏不想显示的工作表，但一个工作簿中至少要有一张工作表没有被隐藏。隐藏工作表的操作方法是先选定需要隐藏的工作表，打开"开始"选项卡，选择"工作表"选项，单击"隐藏与取消隐藏"命令，然后单击"隐藏工作表"命令。

如果要取消对工作表的隐藏，则打开"开始"选项卡，选择"工作表"选项，单击"隐藏与取消隐藏"命令，然后单击"取消隐藏工作表"命令，在"取消隐藏"对话框中，双击需要显示的被隐藏的工作表的名称即可。

5.7.2　保护工作表和工作簿

1. 保护工作表

选定需要保护的工作表，打开"审阅"选项卡，单击"保护工作表"命令，弹出如图 5-115 所示的"保护工作表"对话框。

如果要限制他人对工作表进行更改，可取消勾选"允许此工作表的所有用户进行"列表框中相应选项前的复选框。如果要防止他人取消工作表保护，则可在"密码（可选）"文本框中输入密码，再单击"确定"按钮，然后在"重新输入密码"对话框中再次输入密码即可。注意，密码是区分大小写的。

如果要撤销对工作表的保护，则打开"审阅"选项卡，单击"撤销工作表保护"命令即可。如果设置了密码，则需输入工作表的保护密码才能撤销。

2. 保护工作簿

打开"审阅"选项卡，单击"保护工作簿"命令，弹出如图 5-116 所示的对话框。

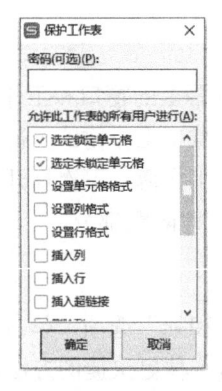

图 5-115　"保护工作表"对话框 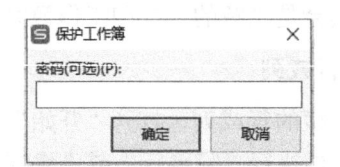　　　　图 5-116　"保护工作簿"对话框

对工作簿进行保护设置后，工作簿中的工作表将不能进行移动、删除、隐藏、取消隐藏或重新命名操作，而且也不能插入新的工作表。

为防止他人取消工作簿保护，还可以设置密码。如果要撤销对工作簿的保护，则先打开工作簿，然后打开"审阅"选项卡，单击"撤销工作簿保护"命令即可。如果设置了保护密码，输入密码后方可撤销对工作簿的保护。

3. 为工作簿设置权限

如果想保护工作簿不被他人打开或修改，可以为工作簿设置打开权限和修改权限。

打开需要设置权限的工作簿，打开"文件"选项卡，单击"另存为"命令，在"另存文件"窗口中，执行"加密"命令，弹出如图 5-117 所示的"密码加密"对话框。"打开文件密码"是指打开工作簿时需输入正确的密码，否则不能打开该工作簿。"修改文件密码"是指对该工作簿修改后保存时需输入正确的密码，否则任何改动将不会被保存。

图 5-117 "密码加密"对话框

5.8 打印工作表

为了使打印出的工作表布局更加合理美观，还需设置打印区域、插入分页符、设置打印纸张大小及页边距、添加页眉和页脚等。

5.8.1 页面设置

选择"页面布局"选项卡，单击"页面设置"组的对话框启动器按钮，弹出如图 5-118 所示的"页面设置"对话框。它包含了页面、页边距、页眉/页脚、工作表 4 个选项卡。

1. 设置页面

在如图 5-118 所示的"页面"选项卡中，可完成方向、缩放、纸张大小、起始页码等设置。

● 方向：设置工作表是按照纵向方式打印还是横向方式打印。

● 缩放：可以将工作表中的打印区域按比例缩放打印。

图 5-118 "页面设置"对话框

● 纸张大小：设置打印纸型。

● 起始页码：在"起始页码"的文本框中可以输入第 1 页的页码。如果要使 WPS 表格自动给工作表添加页码，则在"起始页码"文本框中，输入文本"自动"即可。

2. 设置页边距

单击"页面设置"对话框的"页边距"选项卡，如图 5-119 所示，可以设置页面的上、下、左、右边距及工作表数据在页面的居中方式。

在"上""下""左""右"数值框中可微调所需的页边距数值，更改打印数据与打印纸边缘的距离。还可在"页眉"数值框中更改页眉和页顶端之间的距离，在"页脚"数值框中更改页脚和页底端之间的距离，但这些设置值应该小于工作表中设置的上、下页边距值，并且大于或等于最小打印边距值。

在"居中方式"选区中可以选择将工作表在页面水平方向或垂直方向居中打印。

3. 设置页眉/页脚

页眉和页脚是打印在工作表每页的顶端和底端的内容。单击"页眉/页脚"选项卡，如图 5-120 所示。

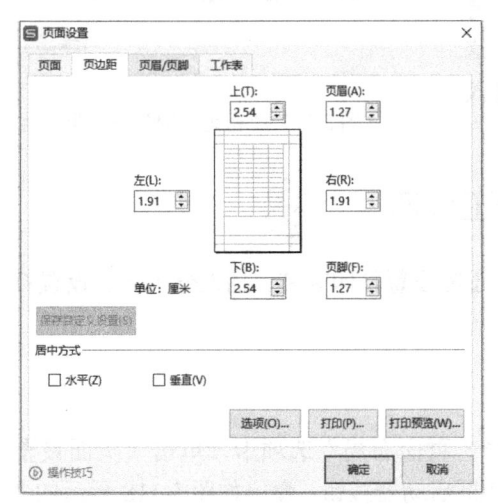

图 5-119 "页边距"选项卡　　　　图 5-120 "页眉/页脚"选项卡

从"页眉"或"页脚"下拉列表中选定需要的页眉或页脚，预览区域会显示打印时的页眉或页脚外观。如果需要根据已有的内置页眉或页脚来创建自定义页眉或页脚，可在"页眉"或"页脚"下拉列表中选择所需的页眉和页脚选项，再单击"自定义页眉"或"自定义页脚"按钮。单击"自定义页眉"按钮后打开的"页眉"对话框如图 5-121 所示。

单击"左"、"中"或"右"文本框，然后单击相应的按钮，在所需的位置插入相应的页眉内容，如页码、日期等。如果要在页眉中添加其他文字，则在"左"、"中"或"右"文本框中输入相应的文字即可。自定义页脚的方法与之类似。

4. 设置工作表

在如图 5-122 所示的"工作表"选项卡中，可以设置打印区域，指定每一页打印的行标题或列标题，指定是否打印网格线或行号列标，以及设置打印顺序等。

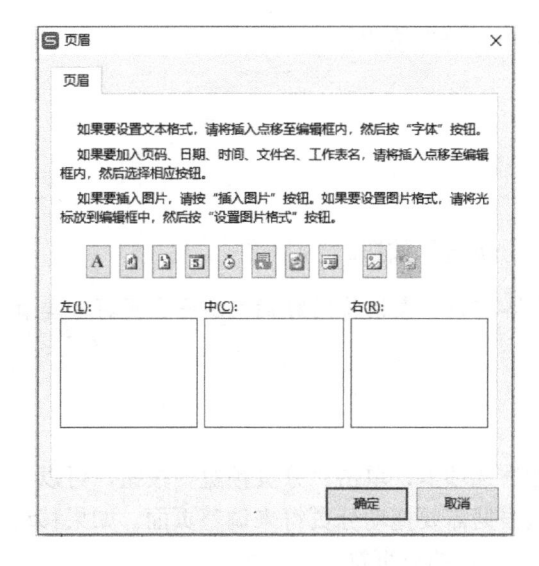

图 5-121 "页眉"对话框　　　图 5-122 "工作表"选项卡

5.8.2 打印区域设置

1. 设置打印区域

在打印工作表时，有些内容可能不需要打印出来，因此可把需要的内容设置为打印区域。方法有 3 种：

（1）在"页面设置"对话框的"工作表"选项卡中设置。

（2）选定待打印的工作表区域，打开"文件"选项卡，单击"打印"按钮，选择"选定工作表"命令，选择需要的选项。

（3）打开"页面布局"选项卡，单击"打印区域"按钮，选定打印区域并执行"设置打印区域"命令。

2. 删除打印区域

打开"页面布局"选项卡，单击"打印区域"按钮，选择"取消打印区域"命令，可以删除已经设置的打印区域。

5.8.3 控制分页

如果需要打印的工作表中的内容不止一页，WPS 表格会自动插入分页符，将工作表分成多页。分页符的位置取决于纸张的大小、页边距设置和设定的打印比例。可以插入水平分页符或垂直分页符改变页面上数据行或数据列的数量。在分页预览中，还可以用鼠标拖动分页符改变其在工作表中的位置。

1. 插入水平分页符

操作步骤如下：

（1）单击要插入分页符的行下面的行号。

（2）打开"页面布局"选项卡，单击"插入分页符"按钮。

2. 插入垂直分页符

操作步骤如下：
（1）单击要插入分页符的列右侧的列标。
（2）打开"页面布局"选项卡，单击"插入分页符"按钮。

> **注意**：如果单击的是工作表其他位置的单元格，WPS表格将同时插入水平分页符和垂直分页符，这样就把打印区域内容分成了4页。

3. 移动分页符

插入分页符后，会有虚线显示。打开"视图"选项卡，单击"分页预览"按钮，可以看到蓝色的框线，这些框线就是分页符。用户可以根据需要拖动分页符来调整页面。如果移动了WPS表格自动设置的分页符，将使其变成人工设置的分页符。

> **注意**：只有在分页预览中才能移动分页符。

4. 删除分页符

如果要删除人工设置的水平分页符或垂直分页符，则单击水平分页符下方或垂直分页符右侧的单元格，然后打开"页面布局"选项卡，选择"分隔符"选项，单击"删除分页符"命令即可。

5.8.4 打印预览与打印

1. 打印预览

通过打印预览可以在屏幕上查看文档的打印效果，并且可以调整页面的设置来得到所要的打印效果。

打印预览有4种方法：
（1）打开"文件"选项卡，选择"打印"选项，单击"打印预览"命令，在页面右侧显示的内容就是打印预览。
（2）打开"页面布局"选项卡，单击"页面设置"组的对话框启动器按钮，弹出如图5-118所示的"页面设置"对话框，单击"打印预览"按钮可进行查看。
（3）打开"页面布局"选项卡，单击"打印预览"命令，然后整个工作表会以将要打印的形式显示出来。
（4）直接按组合键 **Ctrl+P**。

2. 打印

打印有3种方法：
（1）打开"文件"选项卡，选择"打印"选项，单击"打印"命令。
（2）在"页面设置"对话框中单击"打印"按钮。

(3) 在"打印预览"窗口中单击"打印"按钮。

本 章 小 结

通过本章的学习,读者可了解到 WPS 表格是功能强大的数据处理软件,日常生活中的数据计算、数据统计、数据分类和数据分析都可以用表格中的相应功能来完成,特别是公式和函数为批量数据的计算提供了很大的方便,被广泛地应用在学习和生活中。

本章学习帮助读者了解并掌握了 WPS 表格的基本功能与运行环境;了解了工作簿和工作表的基本概念,掌握了工作表的创建、数据输入、编辑和排版等基本操作;掌握了公式的输入与常用函数的使用;掌握了图表的创建、编辑与格式设置操作;掌握了数据排序、筛选、分类汇总、数据透视表的相关知识与操作;掌握了工作表的页面设置、打印预览和打印等基本操作。

习 题

一、选择题

1. WPS 表格的主要功能是(   )。
   A. 表格处理、文字处理、文件管理
   B. 表格处理、网络通信、图表处理
   C. 表格处理、数据库管理、图表处理
   D. 表格处理、数据库管理、网络通信

2. 以下有关 WPS 表格工作簿、工作表的说法错误的是(   )。
   A. WPS 表格默认的工作表名为 Sheet1、Sheet2、Sheet3 等
   B. WPS 表格默认的工作簿名为工作簿 1、工作簿 2、工作簿 3 等
   C. 若干个工作簿组成一个工作表
   D. 工作表用"列标"和"行号"来标识列和行

3. 在 WPS 表格的不同单元格输入下面内容,其中被 WPS 表格识别为字符型数据的是(   )。
   A. 1999-3-4   B. $100   C. 34%   D. 广州

4. 在 WPS 表格中,(   )数据需要进行格式设置后再输入。
   A. 电话   B. 姓名   C. 科室   D. 年龄

5. 在 WPS 表格中,假设单元格区域 B1: B6 的各单元格中均已有数据,A1、A2 单元中数据分别为 3 和 6,若选定单元格区域 A1:A2 并双击填充柄,则单元格区域 A3:A6 中的数据序列为(   )。
   A. 7,8,9,10   B. 3,4,5,6   C. 3,6,3,6   D. 9,12,15,18

6. 下列(   )不能由一个初值通过填充柄拖动获得。
   A. "一月"到"十二月"   B. "甲"到"癸"
   C. 1st~4th   D. 1~9

7. 在 WPS 表格中,选择不连续的行的方法是(   )。
   A. 拖动鼠标   B. 用鼠标分别单击行号

C. 按 Ctrl 键再单击行号　　　　　　　　D. 按 Alt 键再单击行号

8. 在 WPS 表格中，关于"删除"和"清除"的正确叙述是（　　）。
   A. 删除指定区域是将该区域的数据连同单元格一起从工作表中删除；清除指定区域指仅清除该区域中的数据，而单元格本身仍保留
   B. 删除内容不可以恢复，清除的内容可以恢复
   C. 删除和清除均不移动单元格本身，但删除操作会将原单元格清空，而清除操作是将原单元格中的内容变为 0
   D. Delete 键的功能相当于删除命令

9. 下列有关 WPS 表格中 COUNT 函数的叙述正确的是（　　）。
   A. 可以统计指定单元格中数值型数据的个数
   B. 可以统计指定单元格中汉字文本数据的个数
   C. 可以统计指定单元格中逻辑型数据的个数
   D. 可以统计指定单元格中日期型数据的个数

10. 在 WPS 表格中，要计算单元格区域 A1:C5 中值大于等于 30 的单元格个数，应使用公式（　　）。
    A. =COUNT(A1:C5,">=30")　　　　　　B. =COUNTIF(A1:C5,>=30)
    C. =COUNTIF(A1:C5,">=30")　　　　　D. =COUNTIF(A1:C5,>="30")

11. 在 WPS 表格中，单元格格式包括（　　）。
    A. 数值的显示格式　　　　　　　　　　B. 字符间距
    C. 是否显示网格线　　　　　　　　　　D. 单元格高度及宽度

12. 在 WPS 表格中先选定 1~10 行，再在选定的基础上改变第 5 行的行高，则（　　）。
    A. 1~10 行的行高均改变，并与第 5 行的行高相等
    B. 1~10 行的行高均改变，并与第 5 行的行高不相等
    C. 只有第 5 行的行高改变
    D. 只有除第 5 行外的行高改变

13. 下列有关 WPS 表格"图表"的叙述错误的是（　　）。
    A. 它是以一种图形化的方式来表示工作表中的内容的
    B. 其创建方法有"一步法"和"向导法"
    C. "向导法"可以进行全面设置
    D. "一步法"的结果是无法二次修改的

14. 下列有关 WPS 表格"透视表"的叙述错误的是（　　）。
    A. "透视表"按主、次两个字段分类汇总
    B. 其产生的结果可以放在新的工作表中
    C. 其产生的结果可以放在现有的工作表中
    D. 在建立"透视表"过程中数据源区域是无法改变的

二、填空题

1. 在 WPS 表格中，行号或列标设为绝对地址时，需在其左侧附加_____字符。
2. 在 WPS 表格中，在输入一个公式之前，必须先输入_____符号。

3．在 WPS 表格中，文本运算 abb&bbc 的结果为_____。
4．已知 WPS 表格中某张工作表的 D1=10，D2=20，D3=30，则 SUM(1,2,3)的结果为_____。
5．在 WPS 表格中，假设 A1，B1，C1，D1 分别为 2，3，7，3，则 SUM(A1:C1)/D1 的结果为_____。
6．已知 WPS 表格中某张工作表的 D1=1，D2=2，D3=3，D4=4，D5=5，D6=6，则 SUM(D1:D3, D6)的结果为_____。
7．已知 WPS 表格中某张工作表的 D1=10，D2=20，D3=30，则 AVERAGE(D1,D2,D3)的结果为_____。
8．已知 WPS 表格中某张工作表的 D1=10，D2=20，D3=15，D4=11，则 MAX(D1, D3, D4)的结果为_____。
9．在 WPS 表格中，ROUND(34.563,1)的结果为_____。
10．已知 WPS 表格中某张工作表的 D1=80，则 IF(D1<80,0,(D1-10)*2)的结果为_____。
11．在 WPS 表格中，最多允许按_____个关键字进行排序。
12．在 WPS 表格中，图表工作表的名称约定为_____。

三、操作题

打开本书配套资源文件夹中的操作素材文件 Book.et，按下列要求完成操作，并同名保存结果。

1．将 A1 单元格中的标题文字"初二年级第一学期期末成绩单"在 A1:L1 区域内合并居中，为合并后的单元格填充"深蓝"色，并将其字体设置为黑体、浅绿、16（磅）。在 A 列和 B 列之间插入一列，在 B3 单元格中输入列标题"序号"，自单元格 B4 向下填充 1、2、3、…直至单元格 B21。
2．将数据区域 A3:M21 的外边框线与内部框线均设为单细线，第 A～M 列的列宽为 9 字符、第 3～21 行的行高为 20 磅。将数据区域 E4:M21 的数字格式设为数值、保留两位小数。将 B 列中序号的数字格式设为文本。
3．运用公式或函数分别计算出每个人的总分和平均分，填入"总分"和"平均分"列中。将编排计算完成的工作表"成绩单"复制一份副本，并将副本工作表名称更改为"分类汇总"。
4．在新工作表"分类汇总"中，首先按照"班级"为主要关键字（升序）、"总分"为次要关键字（降序）对数据区域进行排序，然后通过分类汇总功能求出每个班各科的平均分，其中分类字段为"班级"，汇总方式为"平均值"，汇总项分别为 7 个学科，并将汇总结果显示在数据下方。

第 6 章

WPS 演示操作

本章导读：

WPS 演示是金山公司 WPS Office 系列办公软件中的一个组件，是一个集文字、图形、声音、视频等多媒体对象于一体的演示文稿制作软件，是一种表达某种观点、演示工作成果、传达各种信息的强有力的工具。

WPS 演示特别适用于教师制作电子教学幻灯片，也常用于介绍公司的产品，展示公司的成果等。

本章学习目标：

1. 了解演示文稿的基本概念，WPS 演示的功能、运行环境、启动与退出。
2. 了解演示文稿的创建、打开和保存。
3. 掌握演示文稿视图的使用，演示页的文字编排，图片和图表等对象的插入，演示页的插入、删除、复制以及演示页顺序的调整。
4. 掌握演示页版式的设置、模板与配色方案的套用、母版的使用。
5. 掌握演示页放映效果的设置、换页方式及对象动画的选用、演示文稿的播放与打印。

6.1 WPS 演示概述

利用 WPS 演示创建的演示文稿称为电子演示文稿，通常是由一张张的幻灯片组成的，WPS 演示的主要功能如下：

（1）创建集文字、图形、声音及视频等于一体的多媒体演示文稿。

（2）可以方便地编辑演示文稿，利用模板统一整个演示文稿的风格。

（3）使用幻灯片切换、定时、动画方式控制演示文稿的放映，可以单独运行播放演示文稿，也可以通过网络在多台计算机上放映演示文稿，召开联机会议。

（4）制作具有超链接功能的多媒体文档，实现跳转到不同位置的功能。

（5）制作互联网文档，可以针对互联网设计演示文稿，再将其保存为与 Web 兼容的格式，例如，HTML 文档在互联网上传播。

6.1.1 WPS 演示的启动与退出

1. WPS 演示的启动

启动 WPS 演示可以通过以下方法实现：

（1）单击"开始"按钮，选择"WPS Office 2019"命令启动。

（2）若桌面上有 WPS 快捷方式图标，双击该图标也可启动。

(3)双击一个 WPS 演示文件可启动。

(4)通过双击安装在"C:\用名户\APPData\Local\Kingsoft\WPS Office"(安装时的默认路径)下的"ksolaunch.exe"文件启动 WPS Office 2019。

2. WPS 演示的退出

如果要退出 WPS 演示,可以用下列 3 种方法来实现。

(1)单击 WPS 演示窗口右上角的"关闭"按钮,即可退出 WPS 演示。

(2)单击"文件"选项卡,选择"退出"命令。

(3)按 Alt+F4 组合键退出。

在退出 WPS 演示时,如果演示文稿尚未保存,会出现一个对话框,询问是否需要保存对当前文稿所做的修改。如果要保存,则单击"是"按钮,否则单击"否"按钮,若单击"取消"按钮,则不保存演示文稿并返回到当前窗口状态。

6.1.2 WPS 演示窗口

WPS 演示窗口由标题栏、快速访问工具栏、选项卡、功能区、大纲/幻灯片窗格、幻灯片编辑区、备注窗格、状态栏和视图按钮/显示比例工具栏等几部分组成,如图 6-1 所示。

图 6-1 WPS 演示窗口

● 标题栏:显示当前正在编辑的演示文稿的名称。

● 快速访问工具栏:位于窗口顶部的左侧,用于放置一些常用工具,默认包括"保存""撤销""恢复"3 个工具按钮。单击快速访问工具栏右侧的"自定义快速工具栏"按钮,在弹出的快捷菜单中可根据需要将常用的工具按钮添加到快速访问工具栏中。

● 选项卡:用于切换功能区,单击选项卡的标签名称,就可以完成切换。

● 功能区:放置编辑文档时所需的功能按钮,系统将功能区的按钮按功能划分为一个一个的组。在某些组右下角有对话框启动器按钮,单击该按钮可以打开相应的对话框,打开的对话框中包含了该组中的相关设置选项。

● 大纲/幻灯片窗格：单击不同的选项卡标签，即可在对应的窗格间进行切换。在"幻灯片"选项卡中列出了当前演示文稿中所有幻灯片的缩略图；在"大纲"选项卡中以大纲形式列出了当前演示文稿中各张幻灯片的文本内容。

● 幻灯片编辑区：是编辑幻灯片内容的场所，是演示文稿的核心。在该区域中可对幻灯片内容进行编辑、查看和添加对象等操作。

● 备注窗格：每个幻灯片对应一个备注页。备注页上方为幻灯片缩略图，下方为演示文稿报告人对该幻灯片添加的说明。

● 状态栏：位于窗口底部的左侧，显示当前系统的运行状态信息，即正在操作的幻灯片序号、总幻灯片数和演示文稿类型。

● 视图按钮/显示比例工具栏：位于窗口底部的右侧，"视图按钮"用于切换文档的视图方式，单击相应按钮，即可切换到相应视图；"显示比例工具栏"用于对编辑区的显示比例和缩放尺寸进行调整，用鼠标拖动缩放滑块后，标尺左侧会显示缩放的具体数值。

6.1.3　WPS演示的视图方式

视图是在 WPS 演示中加工演示文稿的工作环境。每种视图都按自己特有的方式显示和加工演示文稿，每种视图都将用户的处理焦点集中在演示文稿的某个要素上。在一种视图中对演示文稿所做的修改，会自动反映在该演示文稿的其他视图中。

WPS 演示提供了普通视图、幻灯片浏览视图、备注页视图和阅读视图，如图 6-2 所示。

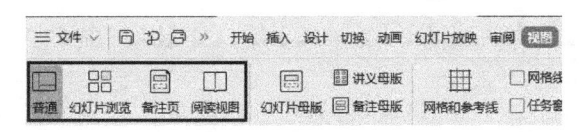

图 6-2　视图按钮

可通过单击"视图"选项卡"演示文稿视图"组中的各视图按钮实现切换，还可单击演示文稿右下角的视图按钮，在各视图之间轻松地进行切换。

1. 普通视图

普通视图是主要的编辑视图，可用于撰写或设计演示文稿。普通视图又分为两种形式，分别是"幻灯片"和"大纲"，主要区别在于 WPS 演示工作界面最左侧的预览窗口，用户可以通过单击该预览窗口上方的切换按钮进行切换，如图 6-3 所示。

普通视图中主要包含幻灯片窗格（或大纲窗格）、幻灯片编辑区和备注窗格。用户拖动各部分的边框即可调整显示大小。

在普通视图中可以调整幻灯片的总体结构以及编辑单张幻灯片中的内容，还可以在备注窗格中添加演讲者备注。

2. 幻灯片浏览视图

在幻灯片浏览视图中，可以在屏幕上同时看到演示文稿的所有幻灯片，这些幻灯片是以缩略图的形式显示的。当一屏显示不下时，可以拖动右侧的滚动条查看其他的幻灯片，如图 6-4 所示。在该视图中，可以很容易地添加、删除和移动幻灯片，以及选择动画效果，但是不能修改文本内容。显示在窗口中的幻灯片张数与显示比例有关，显示比例越小，能同时显示的幻灯片的数量越多。

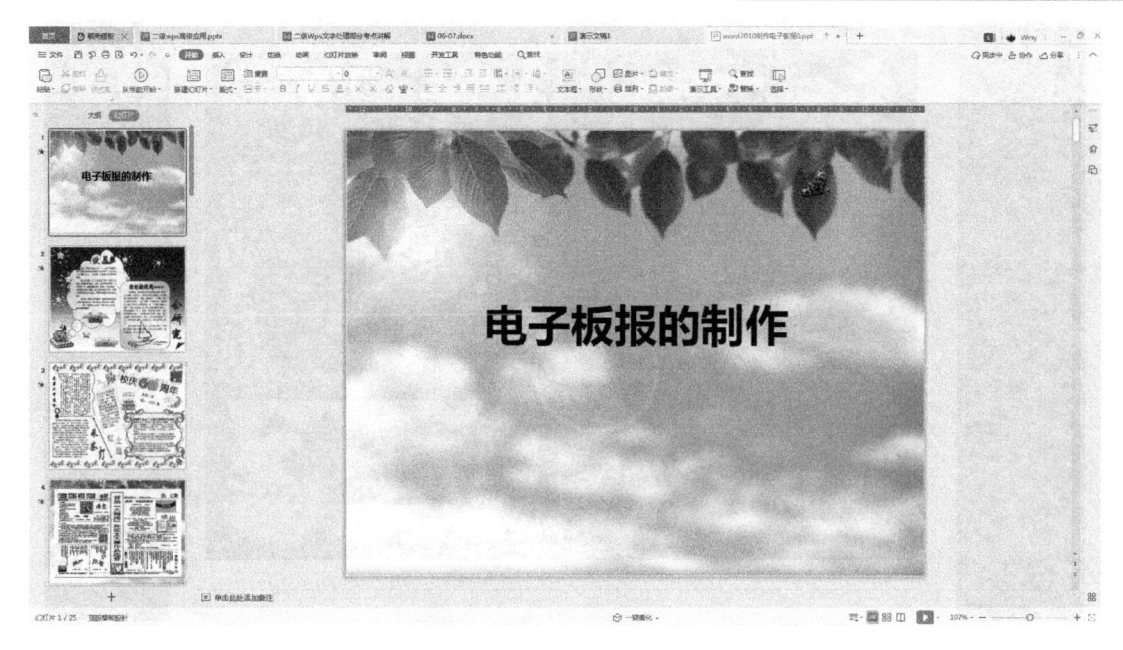

图 6-3　普通视图

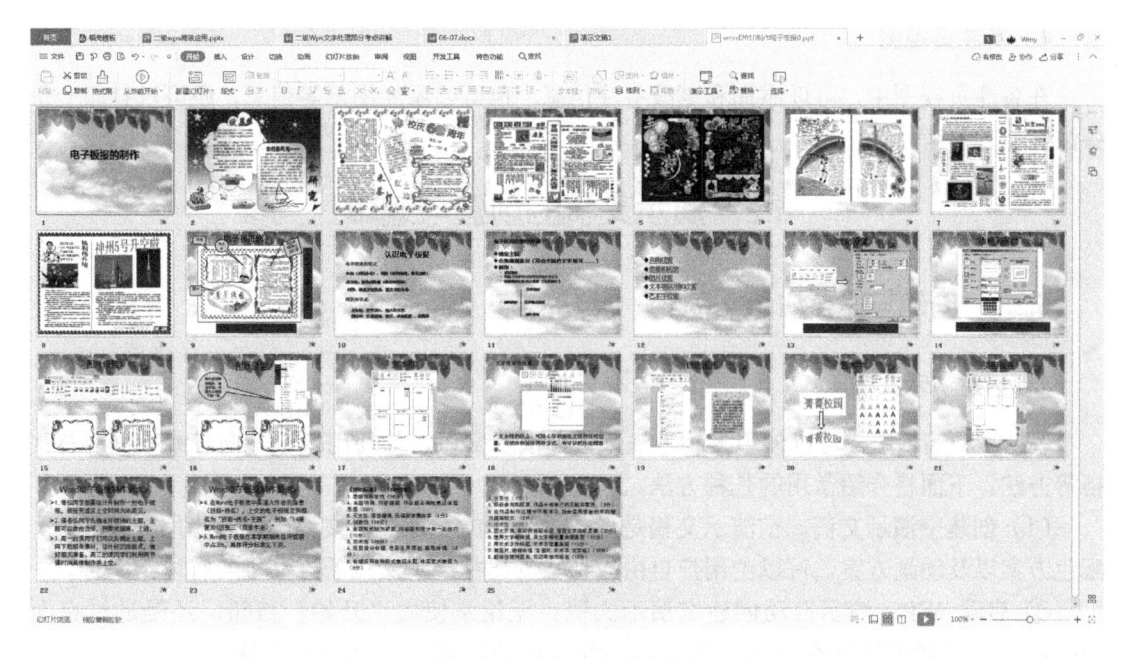

图 6-4　幻灯片浏览视图

3. 阅读视图

在阅读视图中，用户可以看到幻灯片的最终效果。阅读视图并不是显示单个的静止的画面，而是动态地显示演示文稿中各幻灯片放映时的最终效果，所以当在演示文稿中创建幻灯片时，就可以利用该视图模式来检查幻灯片的各种效果，从而对不满意的地方及时进行修改，如图 6-5 所示。

图 6-5　阅读视图

4. 备注页视图

在备注页视图中，可以添加和更改备注信息，也可以添加图形等信息，还可以打印一份备注页作为参考。

6.2　演示文稿的创建与编辑

6.2.1　创建与保存演示文稿

1. 创建演示文稿

在 WPS 演示中，可以使用多种方法来创建演示文稿，如使用模板、向导或根据现有文档等方法。下面将介绍常用的几种方法。

（1）创建空演示文稿。空演示文稿是形式最简单的一种演示文稿，没有应用模板设计、配色方案以及动画方案，可以由用户自由设计。创建空演示文稿的方法主要有以下两种。

① 启动 WPS 演示自动创建空演示文稿：无论是使用"开始"按钮，还是通过桌面快捷图标，或者通过现有演示文稿启动，都将自动创建一个空演示文稿。

② 使用"文件"选项卡创建空演示文稿：单击"文件"选项卡，在弹出的菜单中选择"新建"命令，在"推荐模板"列表中选择"新建空白文档"选项并双击，如图 6-6 所示，即可新建一个空演示文稿，也可以按 Ctrl+N 组合键新建一个空演示文稿。

（2）根据设计模板创建演示文稿。WPS 演示提供了许多美观的设计模板，这些设计模板预置了多种演示文稿的样式、风格，同时，幻灯片的背景、装饰图案、文字布局及颜色、大小等均已预先定义好。用户在设计演示文稿时可以先选择演示文稿的整体风格，然后再进一步地进行编辑和修改。

图 6-6　新建空白文档

下面将使用模板"蓝色商务企业培训",创建一个简单的演示文稿,具体操作方法如下:

① 单击"文件"选项卡,在弹出的菜单中选择"新建"命令,打开"推荐模板"列表,如图 6-7 所示。

图 6-7　"推荐模板"列表

② 在其中选择"蓝色商务企业培训"模板,如 6-8 所示。

③ 在预览窗格中可预览效果,单击"免费使用"按钮,即可完成新建,效果如图 6-9 所示。

图 6-8 选择"蓝色商务企业培训"模板

图 6-9 应用"蓝色商务企业培训"模板

（3）根据"我的模板"创建演示文稿。很多情况下，用户将经常使用的演示文稿以模板的方式保存在"我的模板"中，方便日后使用这些模板来创建演示文稿。下面将使用"我的模板"中的"公司培训"模板，新建一个演示文稿，具体操作如下：

① 启动 WPS 演示，新建一个名为"演示文稿1"的演示文稿。

② 单击"文件"选项卡，在弹出的菜单中选择"新建"命令，在"推荐模板"列表中选择"我的模板"选项。

③ 打开"新建演示文稿"对话框的"个人模板"选项卡，在列表框中选择"公司培训"

模板，即可创建一个基于"公司培训"模板的演示文稿。

> **注意**：要将现有演示文稿以模板的方式保存到"我的模板"中，可以单击"文件"选项卡，从弹出的"文件"菜单中选择"另存为"命令，打开"另存文件"窗口，在"文件类型"中选择"WPS 演示 模板文件（*.dpt）"选项，单击"保存"按钮即可。

（4）根据现有演示文稿创建。如果想在以前编辑的演示文稿基础上创建新的演示文稿，这时可以在 WPS 演示中单击"文件"选项卡，在弹出的菜单中选择"新建"命令，在"推荐模板"列表中选择"根据现有内容新建"选项，打开"根据现在演示文稿新建"对话框，在其中选择以前编辑的演示文稿，单击"新建"按钮即可。

2. 保存演示文稿

与 WPS 文字一样，在 WPS 演示中建立演示文稿时，会临时存放在计算机的内存中，当退出 WPS 演示或关机之后若不存盘就会全部丢失，所以必须将演示文稿保存在磁盘上。

（1）保存未存盘的演示文稿。对于未保存过的演示文稿，其方法是执行"文件"→"保存"或"文件"→"另存为"命令，或单击快速访问工具栏的"保存"按钮，弹出"另存文件"窗口。确定存放的位置并输入文件名后选择"文件类型"。系统默认的文件类型是"演示文稿"（扩展名为.pptx），单击"保存"按钮即可将演示文稿保存到指定位置。如果选择的保存类型是"演示文稿放映"，则会将当前演示文稿保存为一个扩展名为.ppsx 的文件，双击该文件即可立即放映。

（2）保存已存过盘的演示文稿。对已存盘的演示文稿，向其中添加新的内容或做某些修改后，还需要对它进行保存，否则添加的新内容或所做的修改就会丢失。常用方法是单击快速访问工具栏中的"保存"按钮或按 Ctrl+S 组合键。

3. 打开演示文稿

对于一个已有的演示文稿，将其打开的常用 3 种方法如下：

（1）单击"文件"选项卡，选择"打开"命令，或单击快速访问工具栏中的"打开"按钮，或按 Ctrl+O 组合键，弹出"打开文件"窗口。在"文件名"文本框中输入要打开的文件名，单击"打开"按钮即可打开已有演示文稿。

（2）在"打开文件"窗口的"位置"下拉列表中选择要打开的演示文稿的位置，在"文件类型"下拉列表中选择要打开的文件类型，默认为"演示文稿和放映"，单击"打开"按钮即可打开已有演示文稿。

（3）双击要打开的演示文稿即可打开选定的文件。

6.2.2 幻灯片的添加、删除、复制和移动

1. 添加幻灯片

在启动 WPS 演示后，WPS 演示会自动建立一张新的幻灯片，随着制作过程的推进，需要在演示文稿中添加更多的幻灯片。添加新的幻灯片主要有以下几种方法：

（1）打开"开始"选项卡，在"幻灯片"组中单击"新建幻灯片"按钮。

（2）在普通视图中的"大纲"或"幻灯片"选项卡中，右击任意一张幻灯片，从打开的

快捷菜单中选择"新建幻灯片"按钮。

（3）在普通视图中的"幻灯片"选项卡中，任意选择一张幻灯片后，按 Enter 键，可在该幻灯片之后插入一张与选中幻灯片版式相同的新幻灯片。

（4）按 Ctrl+M 组合键。

2. 删除幻灯片

在普通视图的"幻灯片"选项卡或幻灯片浏览视图中，直接选择要删除的幻灯片，右击执行"删除幻灯片"命令，或选择幻灯片后直接按 Delete 键，均可实现删除操作。

3. 复制幻灯片

复制一张幻灯片或一组幻灯片的方法有很多。与 WPS 文字一样，可以在"开始"选项卡的"剪贴板"组中，利用"复制"和"粘贴"按钮进行复制操作，但要注意选择粘贴的选项；也可以选中某一张幻灯片，右击，在弹出的快捷菜单中执行"复制幻灯片"命令，即可在选中的幻灯片后面复制一张相同的幻灯片。

4. 移动幻灯片

在普通视图的"大纲"选项卡或幻灯片浏览视图中可以很方便地移动幻灯片的位置。在选定某一幻灯片后，直接用鼠标拖动到目标位置即可完成移动操作；也可选定幻灯片，在"开始"选项卡的"剪贴板"组中单击"剪切"按钮，在目标处单击，然后在"开始"选项卡的"剪贴板"组中单击"粘贴"按钮。

6.2.3 文本输入与编辑

文本是幻灯片中最基本的部分，对文本的编辑是幻灯片设计的主要内容。本节将介绍在幻灯片中输入和编辑文本信息，以及进行格式编排的方法。

1. 通过占位符添加文本

在幻灯片中输入文本的一种方法是在占位符中添加文本信息。占位符是指当用户新建幻灯片时出现在幻灯片中的虚线框，这些虚线框占据着相应文本、图像、剪贴画等各种对象的位置。如图 6-10 所示，幻灯片中包含两个占位符。

单击占位符后，占位符内以样本形式呈现的文字说明消失，同时会出现一个闪烁的插入光标，提示用户可以输入文字。在标题占位符或副标题占位符中，插入光标以居中或左对齐的方式出现。在单击带项目符号的占位符后，样本文字消失而项目符号仍然存在，插入光标会停留在文字输入的起始位置。

在相应的占位符内输入需要的文本。对于输入标题和副标题的占位符，按 Enter 键将开始一个新的居中对齐的文字行。对于带项目符号的占位符，按 Enter 键将开始一个新的带相同项目符号的占位符。如果带项目符号的文本太长而在一行放不下时，WPS 演示会自动换行并对齐文本。

完成文本输入以后，可单击幻灯片的空白区域取消占位符的选中状态。用来定义占位符的虚线框消失，用户可看到完成文本输入后的幻灯片效果。

图 6-10　幻灯片中的占位符

2. 利用文本框添加文本

在幻灯片中，除了使用占位符添加文本，还可利用文本框输入文本，特别是空白版式的幻灯片，必须通过文本框才能添加文本。文本框有两种，横向文本框用来插入水平排列的文字，竖向文本框用来插入垂直排列的文字。

打开"插入"选项卡，单击"文本框"按钮，在弹出的下拉列表中选择"横向文本框"或"竖向文本框"命令，然后将鼠标指针放到要添加文字的位置，单击鼠标就会出现相当于一个字符大小的文本框，文本框内有一个闪烁的光标，在光标位置即可输入文字内容。随着文字的输入，文本框将不断扩大。按 Enter 键可输入多行文字。

3. 文本格式设置

输入幻灯片的文本后，为了使文本更加美观，更具有吸引力，还需要对文本进行编辑和格式化操作。

（1）编辑文本。对文本的编辑包括对文本的选定、复制、移动、删除等操作，其方法与 WPS 文字中的操作类似，在此不再赘述。

（2）文本格式化。文本格式化即设置字体样式和颜色，其操作与 WPS 文字类似。首先选中要格式化的文本，只需在"开始"选项卡的"字体"组中设置字体、字形、字号、颜色等属性即可，或单击"字体"组的对话框启动器按钮，打开"字体"对话框进行设置，如图 6-11 所示。

（3）段落格式化。段落格式化主要是指对行距、段落行距、段落对齐方式、段落缩进和换行格式等属性的设置。

① 设置行距和段落间距。在 WPS 演示中，默认段前、段后的间距为 0。适当地改变行

距和段落间距对幻灯片的演示会起到更好的效果。

在幻灯片中选择要调整行距或段落间距的文本内容，单击"段落"组的对话框启动器按钮，打开"段落"对话框，选择"缩进和间距"选项卡，如图6-12所示。在"段前""段后"数值框中，分别输入合适的数值。

图6-11 "字体"对话框　　　　　　　图6-12 "段落"对话框

② 设置对齐方式。与WPS文字的对齐方式类似，若要改变对齐方式，则需将光标定位到段落中，打开"开始"选项卡，在"段落"组单击各个对齐按钮进行设置，或打开"段落"对话框，在"对齐方式"下拉列表中选择相应的对齐方式即可。

③ 使用项目符号和编号。项目符号主要放在层次小标题的开头位置，用于突出层次小标题。在WPS演示提供的大多数自动版式中，都使用项目符号来表示正文的层次。若使用带有项目符号的幻灯片版式，输入文本时，会自动显示项目符号。

选择要添加或更改项目符号的段落，打开"开始"选项卡，在"段落"组中单击"插入项目符号"按钮，在弹出的下拉列表中内置了7种项目符号类型。选择"其他项目符号和编号"命令，打开"项目符号和编号"对话框，如图6-13所示，可以从中选择不同类型的项目符号，还可以单击"图片"按钮设置特殊的项目符号。项目符号的大小和颜色也可以改变。

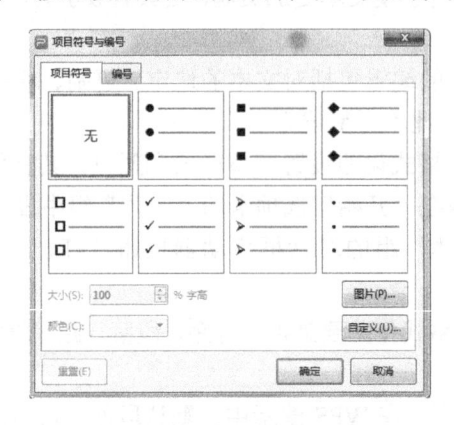

图6-13 "项目符号和编号"对话框

要删除项目符号，只需选定要删除项目符号的层次小标题，再单击"段落"组中的"插入项目符号"按钮，当其呈现浮起状态时，则说明项目符号被删除。

给段落添加项目符号时，可使某些段落处于同一级别，也可使某些段落下降一个级别，方法是在"幻灯片"窗格中单击要添加项目符号的段落，再单击"段落"组中的"增加缩进量"按钮或"减少缩进量"按钮即可。编号是指对幻灯片中的文本内容进行顺序编号，添加和删除的方法与项目符号类似。

6.2.4 各种对象的插入与编辑

一个成功的演示文稿不应只包含单调的文本内容，还可在幻灯片中插入图片、表格、智能图形、艺术字、图表等对象，以便更好地吸引观众的注意力。在创建新幻灯片时选择带有某对象占位符的版式，然后在新幻灯片中直接双击占位符即可实现对象的插入。下面介绍在编辑幻灯片时插入对象的方法。

1．插入图片

WPS 演示剪辑库中包含多种类型的图片。在"插入"选项卡中，单击"图片"的下三角按钮，在列表中选择需要的图片即可，如图 6-14 所示。

图 6-14 图片列表

除了可以插入剪辑库中的剪贴画，在 WPS 演示幻灯片中还可以插入其他格式的图形文件，如.bmp、.gif、.jpg 等格式的图片。

另外，可以打开"插入"选项卡，直接单击"图片"按钮，打开"插入图片"窗口，如图 6-15 所示，在"插入图片"窗口中确定图片所在的位置和名称，单击"打开"按钮，也可将已存在的图形文件插入到幻灯片中。

图 6-15 "插入图片"窗口

2. 插入艺术字

艺术字是具有艺术效果的文字，演示文稿的封面或标题文字一般采用艺术字来制作。其方法是打开"插入"选项卡，单击"艺术字"按钮，在弹出的下拉列表中选择要插入的艺术字样式，在打开的文本框中输入文字。再通过"绘图工具"选项卡进一步调整艺术字的效果，操作方法与 WPS 文字类似，在此不再赘述。

3. 插入表格

在 WPS 演示中，内置了插入表格的功能，可直接创建表格，操作方法与 WPS 文字类似。其方法是打开"插入"选项卡，单击"表格"按钮，在弹出菜单的"插入表格"选区中拖动鼠标选择列数和行数；或者选择"插入表格"命令，打开"插入表格"对话框，设置表格列数和行数，就可以在当前幻灯片中插入一个表格，如图 6-16 所示。表格创建好后，还可进一步利用"表格工具"选项卡对表格进行调整和设置，操作方法与 WPS 文字类似，在此不再赘述。

图 6-16 "插入表格"对话框

4. 插入智能图形

智能图形可以用来说明各种概念性的资料。WPS 演示提供的智能图形库主要包括列表、流程、层次结构、关系、矩阵和棱锥图。

在 WPS 演示中，插入智能图形的操作方法是：打开"插入"选项卡，单击"智能图形"按钮，在打开的"智能图形"对话框中，单击合适的类型即可。智能图形插入后，还可进一步利用"设计"选项卡对其进行编辑和设置，操作方法与 WPS 文字类似，在此不再赘述。

5. 插入图表

在 WPS 表格中已经讲述了创建图表的方法，可以把在 WPS 表格中创建的图表通过"复制"和"粘贴"的方法插入幻灯片，也可直接在幻灯片中插入图表。

6.3　演示文稿的外观设计

在一个演示文稿中输入了文本，插入了各种对象以后已基本满足要求。但为了使演示文稿更具表现力，需要对幻灯片的外观进行修饰。控制幻灯片外观的元素有 4 种：母版、设计模板、主题颜色和背景。

6.3.1　使用母版

WPS 演示中有一类特殊的幻灯片，称为母版。母版可控制幻灯片中输入的标题和文本的格式与类型。另外，它还控制了背景和某些特殊效果（如阴影和项目符号样式等）。

母版包含文本占位符和页脚占位符（如日期、时间和幻灯片编号等）。如果要修改多张幻灯片的外观，不必单独修改每一张幻灯片，而只需在母版上进行一次修改即可。母版上的修改会反映在每张幻灯片上。如果要使个别幻灯片的外观与母版不同，可直接修改该幻灯片而不必修改母版。

WPS 演示提供了 3 种母版视图：幻灯片母版、备注母版和讲义母版。幻灯片母版控制所有幻灯片的格式，备注母版控制幻灯片的备注内容格式，讲义母版控制要打印在纸上的讲义格式。

若要修改母版格式，可打开"视图"选项卡，单击相应的视图按钮，即可切换至对应的母版视图。在母版视图中可以改变字体、改变文本的大小或颜色、改变项目符号样式、添加图片或文本框等，但要确保没有在文本占位符中删除或添加字符。对母版视图修改完成后，单击母版工具栏中的"关闭"按钮即可回到普通视图状态。

6.3.2　应用设计模板

设计模板可以视为一种特殊的演示文稿，其包含预先定义好的幻灯片和标题母版、颜色方案和图形元素。

WPS 演示提供了许多设计模板，安装在 WPS Office 安装文件夹的子文件夹 Templates 中。

同一个演示文稿中应用多个模板与应用单个模板的步骤相似。具体操作步骤如下：

① 打开要应用设计模板的演示文稿。

② 打开"设计"选项卡，单击"更多设计"按钮，在打开的对话框中选择一种模板，即可将该模板应用于单个演示文稿中。

6.3.3　应用主题颜色

1．应用配色方案

打开要应用配色方案的演示文稿。打开"设计"选项卡，单击"配色方案"按钮，在"配色方案"下拉列表中选择一种主题颜色，可将主题颜色应用于演示文稿中，如图 6-17 所示。

另外，右击某个主题颜色，在弹出的快捷菜单中选择"应用于所选幻灯片"命令，该主题颜色将会被应用于当前选定的幻灯片。

2．选择主题颜色

如果对已有的配色方案都不满意，可以在"配色方案"下拉列表中选择"更多颜色"命令，打开"主题色"窗格，如图 6-18 所示。在该窗格中，可以自定义背景、文本和线条、阴影等项目的颜色。

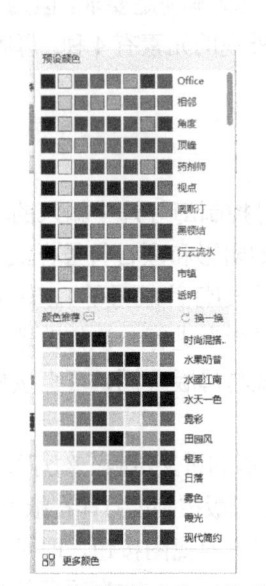

图 6-17 "配色方案"下拉列表

图 6-18 "主题色"窗格

6.3.4 设置背景

在 WPS 演示中，除了可以使用设计模板或主题颜色来更改幻灯片的外观，还可以通过设置幻灯片的背景来实现。用户可以根据需要任意更改幻灯片的背景颜色和背景设计，如删除幻灯片中的设计元素，添加底纹、图案、纹理或图片等。

打开"设计"选项卡，单击"背景"按钮，在弹出的下拉列表中选择一种背景样式，如图 6-19 所示。选择"背景"命令，打开"对象属性"窗格，如图 6-20 所示，当用户不满足于 WPS 演示提供的背景样式时，可以通过修改"填充"选区中的命令设置自定义背景。

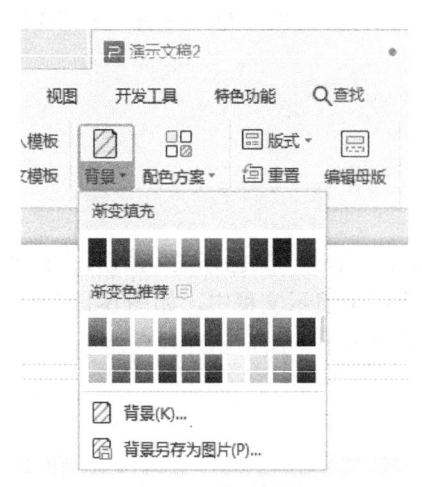

图 6-19 背景样式

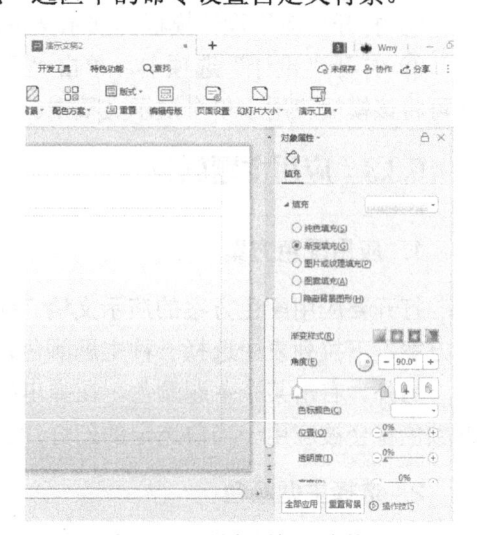

图 6-20 "对象属性"窗格

6.4 演示文稿的动画设置

6.4.1 幻灯片的切换效果

切换效果是一种加在幻灯片之间的特殊效果，是指在放映幻灯片的过程中，由一张幻灯片进入到另一张幻灯片时，显示的动态视觉效果和听觉效果。WPS 演示提供了丰富的切换效果供用户选择，并且在切换时还可播放声音。如果设置了自动幻灯片放映，则用户可以设置每张幻灯片在屏幕上的时间。操作步骤如下：

① 打开要放映的演示文稿。
② 在幻灯片浏览视图中选择要设置切换效果的幻灯片。
③ 打开"切换"选项卡，单击一个幻灯片切换效果或单击"其他"按钮，在弹出的列表框中选择某个幻灯片切换效果，此时被选中的幻灯片会显示切换的预览效果。
④ 要设置幻灯片切换效果的速度，可在选项卡的"速度"文本框中输入对应值。
⑤ 在"声音"下拉列表中选择幻灯片换页时的声音，如果选中"播放下一段声音前一直循环"选项，则会在进行幻灯片放映时连续播放声音，直到出现下一个声音。
⑥ 还可以设置幻灯片的换页方式，如选择"单击鼠标时换片"或"自动换片"复选框。
⑦ 如果单击"应用到全部"按钮，则会将切换效果应用于整个演示文稿。

6.4.2 幻灯片的动画效果

在 WPS 演示中，除了可以设置幻灯片切换效果，还可以为幻灯片设置动画效果，以增强演示幻灯片的感染力。所谓动画效果，是指用户可以对幻灯片中的文本、图形和表格等对象添加不同的动画效果，如进入动画、强调动画、退出动画、动作路径动画等。

当幻灯片中的对象被添加动画效果后，在每个对象的左侧都会显示一个带数字的矩形标记。矩形标记表示已经对该对象添加了动画效果，数字表示该动画在当前幻灯片中的播放次序。

1. 添加进入动画效果

进入动画可以让文本或其他对象以多种动画效果进入屏幕。在添加动画效果之前，需要首先选中该对象。

选中对象后，打开"动画"选项卡，单击动画效果的"其他"按钮，在弹出的如图 6-21 所示的"进入"动画效果列表中选择一种进入效果，即可为对象添加该动画效果。选择"更多选项"命令，将打开更多进入效果，如图 6-22 所示。

添加好动画效果后，在"动画"选项卡中单击"预览效果"按钮，此时可以在幻灯片中预览添加的动画效果。

> **注意：** 在"动画"选项卡中单击"动画窗格"按钮，打开"自定义动画"窗格，如图 6-23 所示。在该窗格中会按照添加的顺序依次向下显示当前幻灯片添加的所有动画效果。当用户将鼠标指针移动到该动画上时，系统将会提示该动画效果的主要属性，如动画的开始方式、动画效果名称等信息。单击上移按钮或下移按钮可以调整该动画的播放次序。

图 6-21 "进入"动画效果列表

图 6-22 更多进入效果

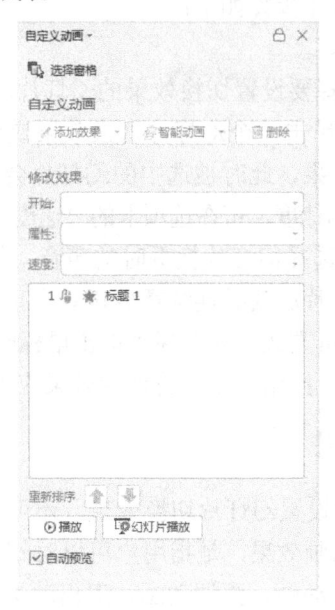

图 6-23 "自定义动画"窗格

2. 添加强调动画效果

强调动画是为了突出幻灯片中的某部分内容而设置的特殊动画效果。添加强调动画效果的过程和添加进入动画效果的过程大体相同。选择对象后,单击"其他"按钮,在弹出的"强调"动画效果列表中选择一种强调效果,即可为对象添加该动画效果。选择"更多选项"命令,将打开更多强调效果。

3. 添加退出动画效果

退出动画是为了设置幻灯片中的对象退出屏幕的效果。添加退出动画效果的过程和添加进入、强调动画效果的过程大体相同。

在幻灯片中选中需要添加退出动画效果的对象,单击"其他"按钮,在弹出的"退出"动画效果列表中选择一种退出效果,即可为对象添加该动画效果。选择"更多选项"命令,将打开更多退出效果。

4. 添加动作路径动画效果

动作路径动画简称路径动画,可以指定对象沿预定的路径运动。WPS 演示中的动作路径动画不仅提供了大量可供用户简单编辑的预设路径效果，还可以由用户自定义路径，进行更为个性化的编辑。

5. 设置动画效果选项

为对象添加动画效果后，该对象就应用了默认的动画格式。这些动画格式主要包括动画开始运行的方式、变化方向、运行速度、延时方案和重复次数等。

打开"自定义动画"窗格可设置动画效果，首先在动画效果列表框中单击动画效果，然后在"动画"选项卡的"开始播放"下拉列表中设置动画开始运行的方式，在"持续时间"和"延迟时间"数值框中设置对应数值。

另外，在动画效果列表框中右击动画效果，在弹出的快捷菜单中选择"效果选项"命令，打开"出现"（相应动画效果）对话框的"效果"选项卡，如图 6-24 所示，也可以设置动画效果。

图 6-24　"出现"对话框的"效果"选项卡

6.4.3　超链接与动作设置

在 WPS 演示中，用户可以为幻灯片的文本、图形、图片等对象添加超链接或者动作。当放映幻灯片时，单击超链接或动作按钮，程序将自动跳转到指定的幻灯片页面，或者执行指定的程序。此时演示文稿具有一定的交互性，可以适时放映所需内容，或做出相应反映。

1. 添加超链接

超链接是指向特定位置或文件的一种链接方式，可以利用它指定程序的跳转位置。超链接只有在幻灯片放映时才有效，当鼠标指针移至超链接文本时，鼠标指针将变为手形指针。在 WPS 演示中，超链接可以跳转到当前演示文稿中特定的幻灯片、其他演示文稿中特定的幻灯片、自定义放映、电子邮件地址、文件或 Web 页上。

（1）打开演示文稿，显示幻灯片。在普通视图或幻灯片视图中，选定要设置超链接的文本或对象，如图 6-25 所示，选中"公司简介"所在的形状图形。

图 6-25　选定要设置超链接的文本或对象

（2）打开"插入"选项卡，单击"超链接"按钮，弹出"插入超链接"对话框。单击"本文档中的位置"按钮，在右侧的列表框中选择想跳转到的幻灯片，如"幻灯片 3"选项，单击"确定"按钮。

（3）在该对话框中还可为对象创建指向电子邮件地址的超链接以及指向其他演示文稿的幻灯片、文件或 Web 页的超链接。

（4）要更改超链接的目标，只需再次打开"插入超链接"对话框，在该对话框中改变超链接的位置即可。

（5）若想取消超链接，只需选择要取消超链接的文本或对象，右击，在弹出的快捷菜单中执行"超链接"→"取消超链接"命令即可。如果要将演示文稿中的超链接和设置超链接的文本或对象同时删除，则选择该对象或文本，再按 Delete 键即可。

注意：只有幻灯片中的对象才能添加超链接，备注、讲义等内容不能添加超链接。幻灯片中可以显示的对象几乎都可以作为超链接的载体。添加或修改超链接的操作一般在普通视图中的幻灯片编辑区中进行，在幻灯片预览窗格的"大纲"选项卡中，只能对文字添加或修改超链接。

2. 添加动作按钮

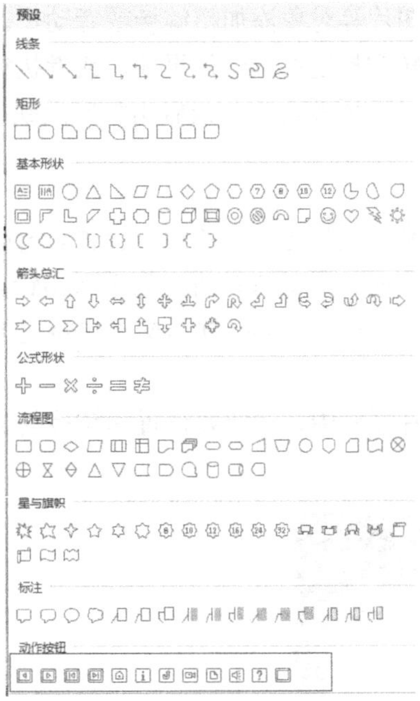

动作按钮是 WPS 演示中预先设置好特定动作的一组图形按钮，用户可以方便地应用这些预置好的按钮，实现在放映幻灯片时跳转的目的。

动作与超链接有很多相似之处，几乎包括了超链接可以指向的所有位置，动作还可以设置其他属性，比如设置当鼠标移过某一对象上方时的动作。设置动作与设置超链接是相互影响的，在"动作设置"对话框中所做的设置，可以在"插入超链接"对话框中表现出来。

添加动作按钮的操作步骤如下：

① 在普通视图或幻灯片视图中，选择要插入动作按钮的幻灯片。

② 打开"插入"选项卡，在"插图"组中单击"形状"按钮，在打开列表的"动作按钮"选区中选择"动作按钮：第一张"选项，如图 6-26 所示。在幻灯片的右下角拖动鼠标绘制形状。

③ 释放鼠标，会自动打开"动作设置"对话框，在"超链接到"下拉列表中选择"第一张幻灯片"选项，勾选"播放声音"复选框，并在其下拉列表中选择"单击"选项。

图 6-26 "动作按钮"选区

④ 单击"确定"按钮，返回到当前幻灯片，可进一步调整按钮的大小和位置，还可在按钮上添加文本及改变按钮的颜色等。

6.5 演示文稿的放映和打印

6.5.1 设置放映方式

根据演示文稿的放映环境，用户可以选择不同的放映方式。在"幻灯片放映"选项卡中单击"放映设置"按钮，弹出"设置放映方式"对话框，如图 6-27 所示。

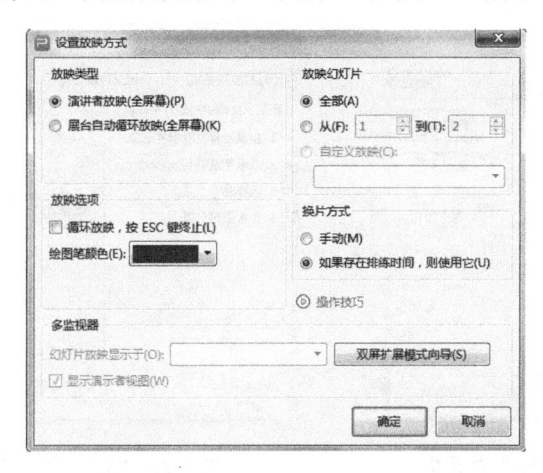

图 6-27 "设置放映方式"对话框

1. 选择放映类型

（1）演讲者放映（全屏幕）。这是常用的一种放映方式，全屏幕显示演示文稿，演讲者具有完整的控制权，可以采用自动或人工的方式运行放映。演讲者可以设置放映速度和时间、录制旁白、使用"绘图笔"等工具。

（2）展台自动循环放映（全屏幕）。幻灯片将以自动方式运行，在展览会场或会议中经常采用这种方式，幻灯片能按预先设置好的排练时间进行放映，按 Esc 键终止。

2. 选择放映范围

在"放映幻灯片"选区中，可设置幻灯片的放映范围。如果选择"全部"单选按钮，则播放演示文稿中所有的幻灯片（被隐藏的幻灯片除外）；如果选择"从…到…"单选按钮，可在右侧的数值框中输入幻灯片的起止编号，则只会播放演示文稿中的部分连续幻灯片；如果选择"自定义放映"单选按钮，则可在"自定义放映"下拉列表中选择当前演示文稿的某个自定义放映进行播放。

3. 选择换片方式

在"换片方式"选区中可选择幻灯片换片方式是手动换片还是采用排练时间自动换片。

6.5.2 自定义放映

在"设置放映方式"对话框中可以设置演示文稿中幻灯片的放映范围，如全部幻灯片或连续的部分幻灯片。如果要放映演示文稿中分散的部分幻灯片，则可以使用 WPS 演示提供的"自定义放映"功能,该功能可以在演示文稿中将分散的部分幻灯片组合成为一个子演示文稿进行放映。

1. 创建"自定义放映"

(1)打开"幻灯片放映"选项卡,单击"自定义放映"按钮,弹出如图 6-28 所示的"自定义放映"对话框。

(2)单击"新建"按钮,出现如图 6-29 所示的"定义自定义放映"对话框。

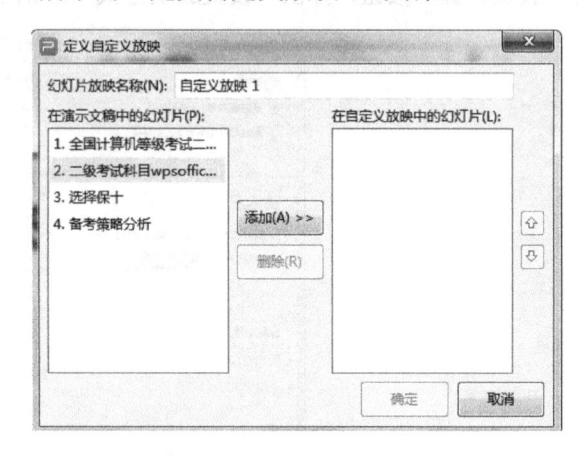

图 6-28 "自定义放映"对话框   图 6-29 "定义自定义放映"对话框

(3)在"幻灯片放映名称"文本框中输入自定义放映的名称。若不输入名称,系统自动默认为"自定义放映 1"。

(4)在左侧的"在演示文稿中的幻灯片"列表框中,显示了当前演示文稿中所有幻灯片的编号和标题,从中选定要添加到自定义放映的幻灯片,然后单击"添加"按钮,选定的幻灯片就添加到右侧的"在自定义放映中的幻灯片"列表框中,重复上述操作可以将所有需要放映的幻灯片重新组织到一个自定义放映中。

(5)可以修改添加到右侧列表框中的幻灯片的顺序。选定要移动的幻灯片,再单击"向上"按钮⬆或"向下"按钮⬇来调整顺序即可。

(6)单击"确定"按钮,返回到"自定义放映"对话框中,新建的自定义放映名称会出现在"自定义放映"列表框中。

(7)设置好自定义放映后,单击"自定义放映"对话框右下角的"放映"按钮,即可预览放映效果。

2. 修改"自定义放映"

(1)打开"幻灯片放映"选项卡,单击"自定义放映"按钮,弹出如图 6-28 所示的"自定义放映"对话框。

(2)选择要修改的自定义放映名称,单击"编辑"按钮,同样会出现如图 6-29 所示的对话框,重新添加或删除幻灯片即可。

(3)如果要删除整个自定义放映,则在"自定义放映"对话框内选择要删除的幻灯片的名称,然后单击"删除"按钮即可,但该操作并不会删除原演示文稿中的幻灯片。

6.5.3 排练计时

当完成演示文稿内容制作之后，可以运用 WPS 演示的排练计时功能来排练整个演示文稿的放映时间。在排练计时的过程中，演讲者可以确切掌握每一页幻灯片需要讲解的时间，以及整个演示文稿的总放映时间。

应用排练计时功能的操作步骤如下：

① 打开"幻灯片放映"选项卡，单击"排练计时"按钮，在下拉列表中选择"排练全部"命令，演示文稿将自动切换到幻灯片放映状态，此时演示文稿左上角将显示"录制"对话框。

② 整个演示文稿放映完成后，将打开"WPS 演示"对话框，该对话框显示幻灯片放映的总时间，并询问用户是否保留该排练时间，如图 6-30 所示。

③ 单击"是"按钮，此时演示文稿将切换到幻灯片浏览视图，在幻灯片浏览视图中可以看到每张幻灯片下方均显示各自的排练时间。

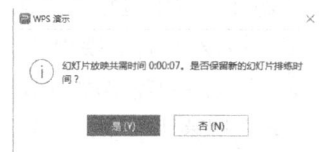

图 6-30 "WPS 演示"对话框

> **注意**：用户在放映幻灯片时可以选择是否启动设置好的排练时间。打开"幻灯片放映"选项卡，单击"放映设置"按钮，打开"设置放映方式"对话框，在对话框的"换片方式"选区中选中"手动"单选按钮，则存在的排练计时功能不起作用，用户在放映幻灯片时只有通过单击或按 Enter 键、空格键才能切换幻灯片。

6.5.4 放映演示文稿

1. 放映演示文稿设置

放映演示文稿有多种方法，可通过选择下列操作之一来实现：

① 单击窗口右下角的"幻灯片放映"按钮。
② 在"幻灯片放映"选项卡中，单击"从头开始"或"当页开始"按钮。
③ 在"视图"选项卡中，单击"阅读视图"按钮。
④ 按 F5 键。

2. 放映过程控制

如果演示文稿已设置了排练计时，则可在放映时自动进行播放。如果没有设置排练计时，则在放映过程中，右击幻灯片，在弹出的快捷菜单中选择相应命令控制幻灯片的放映即可，还可以通过快捷键来控制幻灯片的放映，如表 6-1 所示。

表 6-1 控制幻灯片放映的快捷键操作

功 能	操 作 方 法
前进一张	按空格键、向右方向键、向下方向键、N 键、PageDown 键
后退一张	按 Backspace 键、向左方向键、向上方向键、P 键、PageUp 键
定位到指定的幻灯片	按幻灯片编号加 Enter 键
鼠标指针变为钢笔形	按 Ctrl+P 组合键

续表

功 能	操 作 方 法
鼠标指针变回指针形	按 Ctrl+A 组合键
结束演示	按 Esc 键

3. 添加墨迹注释

使用 WPS 演示提供的绘图笔可以为重点内容添加墨迹注释。绘图笔的作用类似于板书笔，常用于强调内容或添加注释。用户可以选择绘图笔的形状和颜色，也可以随时擦除绘制的墨迹。

在幻灯片放映过程中添加墨迹注释的操作步骤如下：

① 进入幻灯片放映视图。

② 当放映到需要添加墨迹注释的幻灯片时，单击"笔"按钮，选择相应的笔类型即可，或者在屏幕中右击，在弹出的快捷菜单中选择相应的笔类型。此时鼠标指针变为笔形状，用户可以在需要绘制重点的地方拖动鼠标绘制。

③ 要更改笔的颜色，可以右击幻灯片，在弹出的快捷菜单中执行"墨迹画笔"→"墨迹颜色"命令，从中可选择笔的颜色。

④ 单击鼠标，在幻灯片上可以直接书写、做记号，但不会修改幻灯片本身的内容。

⑤ 要擦除绘制的墨迹，可以右击幻灯片，在弹出的快捷菜单中执行"墨迹画笔"→"橡皮擦"或"擦除幻灯片上的所有墨迹"命令，或在幻灯片放映时按 E 键。当跳转到其他幻灯片时，批注内容将自动清除。

6.5.5 打印演示文稿

1. 打印页面设置

在打印演示文稿前，可以根据自己的需要对打印页面进行设置，使打印的形式和效果更符合实际需要。进行页面设置的操作步骤如下：

① 打开需要进行页面设置的演示文稿。

② 打开"设计"选项卡，单击"页面设置"按钮，打开"页面设置"对话框，如图 6-31 所示，在其中对幻灯片的大小、编号和方向进行设置。

③ 设置完成后，单击"确定"按钮。

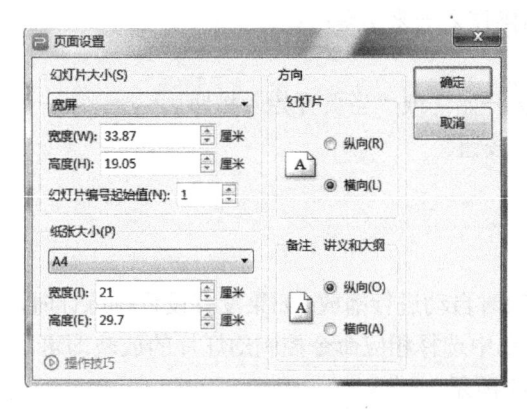

图 6-31 "页面设置"对话框

2. 打印幻灯片

用户在页面设置中设置好打印参数后，在实际打印之前，可以使用打印预览功能先预览一下打印的效果。预览的效果与实际打印出来的效果非常相近，可以避免因打印失误而造成的不必要的浪费。

① 单击"文件"选项卡，在弹出的快捷菜单中选择"打印"命令，打开"打印"对话框，单击"预览"按钮，可以查看幻灯片的打印效果，如图 6-32 所示。

图 6-32　打印效果

② 单击预览页中的"下一页"按钮，可查看每一张幻灯片的打印效果。

③ 在"显示比例"工具栏中拖动滑块，调整显示比例查看其中的内容。

④ 返回"打印"对话框可以设置打印范围，选择"全部"将打印所有幻灯片；选择"当前幻灯片"将只打印当前幻灯片；选择"选定幻灯片"将打印被选择的部分幻灯片；选择"幻灯片"，可打印不连续的部分幻灯片，在"幻灯片"文本框中，可以使用连字符指定一个连续的范围（如 5-8），可以使用间隔逗号选择单独的页面（如 12，14，17），也可以使用二者的组合（如 5-8，12，17-21，2，即打印第 5 页到第 8 页，第 12 页，第 17 页到第 21 页，第 2 页）。

⑤ 完成所有打印设置后，单击"确定"按钮开始打印。

本 章 小 结

演示文稿广泛应用于教学、会议中，掌握演示文稿制作软件 WPS 演示的基本操作和技能，能帮助我们制作出精美、优秀的幻灯片作品。当然，作为师范院校的学生，应该掌握 WPS 演示中高级动画的应用，才能更好地为以后的课件制作打好基础。

习　　题

一、选择题

1. 在 WPS 演示中，演示文稿的文件扩展名是（　　）。
   A．.bps　　　　　　　B．.ppsx　　　　　　　C．.pptx　　　　　　　D．.bbt
2. 当双击 hunan.ppsx 文件时，会（　　）。
   A．自动进入该文件的编辑状态　　　　　B．自动放映该文件
   C．自动建立一个副本　　　　　　　　　D．无任何反应
3. 下列（　　）不属于 WPS 演示视图。
   A．普通视图　　　　　　　　　　　　　B．阅读视图

C. 幻灯片浏览视图　　　　　　　　　D. 详细资料视图
4. 如果要组织演示文稿中幻灯片的顺序和状态，应选择 WPS 演示的（　　）。
   A. 幻灯片视图　　　　　　　　　　B. 演示文稿视图
   C. 幻灯片浏览视图　　　　　　　　D. 幻灯片放映视图
5. 下列有关幻灯片叙述错误的是（　　）。
   A. 它是演示文稿的基本组成单位　　B. 可以插入图片、文字
   C. 可以插入各种超链接　　　　　　D. 单独一张幻灯片不能形成放映文件
6. 表达层次结构最简单的方法是使用（　　）。
   A. 树状结构图　　B. 层次结构图　　C. 自选图形　　D. 智能图形
7. 有关幻灯片的添加、删除、复制和移动，叙述错误的是（　　）。
   A. 设置这些操作在幻灯片浏览视图中最方便
   B. "复制"操作只能在同一演示文稿中进行
   C. "剪切"操作也可以删除幻灯片
   D. 选定幻灯片后，按 Delete 键可以删除幻灯片
8. 在幻灯片的背景设置中，正确的是（　　）。
   A. 此背景仅应用于当前幻灯片
   B. 此背景应用于当前演示文稿中的全部幻灯片
   C. 此背景仅应用于最近两张幻灯片
   D. 此背景应用于打开的所有演示文稿中的全部幻灯片
9. 下列有关幻灯片动画叙述错误的是（　　）。
   A. 动画设置有片内动画和片间动画设置两种
   B. 动画效果分预设动画效果和自定义动画效果
   C. 动画中不能播放自己建立的声音文件
   D. 片内动画的顺序是可改变的
10. 在为演示文稿中的文本添加动画效果时，艺术字只能实现（　　）。
    A. 整批发送　　　B. 按字发送　　　C. 按字母发送　　　D. 按顺序发送
11. 超链接一般不可以链接到（　　）。
    A. 文本文件中的某一行　　　　　　B. 幻灯片
    C. 互联网上的某个文件　　　　　　D. 图像文件
12. 下列有关幻灯片放映叙述错误的是（　　）。
    A. 可自动放映，也可人工放映　　　B. 放映时可只放映部分幻灯片
    C. 可以选择放映时放弃原来的动画设置　　D. 无循环放映选项
13. 如果放映演示文稿时无人看守，则放映类型最好选择（　　）。
    A. 演讲者放映　　　　　　　　　　B. 展台自动循环放映
    C. 观众自行浏览　　　　　　　　　D. 排练计时
14. 在 WPS 演示中，若需要将幻灯片从打印机输出，可以用下列快捷键（　　）。
    A. Shift+P　　　B. Shift +L　　　C. Ctrl + P　　　D. Alt +P

二、填空题

1. 如果要在幻灯片浏览视图中选定若干张幻灯片,那么应先按住_____键,再分别单击各幻灯片。
2. 在_____和_____视图下可以改变幻灯片的顺序。

三、简答题

1. WPS 演示中提供了哪几种视图?
2. 如何在幻灯片中添加动画效果?
3. 如何将演示文稿输出为视频文件?

第 7 章

计算机网络基础

本章导读：

计算机网络自20世纪60年代末诞生以来，以迅猛的速度发展，被越来越广泛地应用于政治、经济、军事、生产及科学技术等多个领域。现在，计算机网络已经形成了一个覆盖全球的巨大网络，使人们交流起来更加方便、快捷。本章介绍了计算机网络的形成与发展、组成与功能，计算机网络协议和常用局域网的组网技术，了解常用的局域网标准和协议，与Internet相关的基本概念、基本原理和Internet常用服务。

本章学习目标：

通过本章的学习，学习者可以了解到计算机网络的形成与发展，掌握计算机网络的基本概念和Internet的基础知识，主要包括网络硬件和软件、TCP/IP协议的工作原理，以及网络应用中常见的概念，如域名、IP地址、DNS服务等。能够了解与计算机网络相关的新技术。

7.1 计算机网络概述

你一定见过蜘蛛网，它由数不清的蜘蛛丝纵横交错粘连而成，如蚊子一类的小虫一旦被粘在网上，躲在网角的蜘蛛就能立即察觉，蜘蛛网所在之处，它都能迅速到达，将其捕食。在这个猎食过程中，蜘蛛网提供了两大功能：其一，传递信息，如果有小虫撞到蜘蛛网上，蜘蛛网就会立即将这个消息传递给网角的蜘蛛，只要蜘蛛在网上，它都能获知这一信息；其二，形成通路，对蜘蛛而言，蜘蛛网就是一个四通八达的"高速公路"，它能在这些"公路"上爬行，到达蜘蛛网的任何角落。如果把蜘蛛网无限扩大，在蜘蛛丝的交叉点上接入计算机或通信设备，用通信电缆或光纤代替蜘蛛丝，就形成了一个计算机网络，如图7-1所示。任意两台计算机可以通过它们之间的连接点与连接线路传递数据。

有一个更为科学的计算机网络定义，即利用通信设备和通信线路将地理位置分散的、功能独立的自主计算机系统和由计算机控制的外部设备连接起来，在网络操作系统的控制下，按照约定的通信协议进行信息交换，实行资源共享的系统。

如果网络覆盖的面积较小，如一个实验室、一栋大楼、一所学校，这样的网络就称为局域网（Local Area Network，LAN）；如果网络覆盖的面积较大，如一个城镇、一座城市，这样的网络就称为城域网（Metropolitan Area Network，MAN）；如果覆盖的面积很大，如一个省份、一个国家或几个国家，这样的网络就称为广域网（Wide Area Network，WAN）。

网络是由多台计算机不断加入而形成的。早期的网络只是将一个单位的几台计算机用一根电缆串在一起，每台计算机的地位是平等的，信息的交换也只限于这几台计算机。而今天的网络，是把世界上的上百个国家大大小小的计算机连为一体，形成硕大无比的网络，在全世界范围内实现全方位的资源共享和信息交换。这就是因特网（Internet），也称为互联网。今天我们常讲的"上网"，就是上因特网。

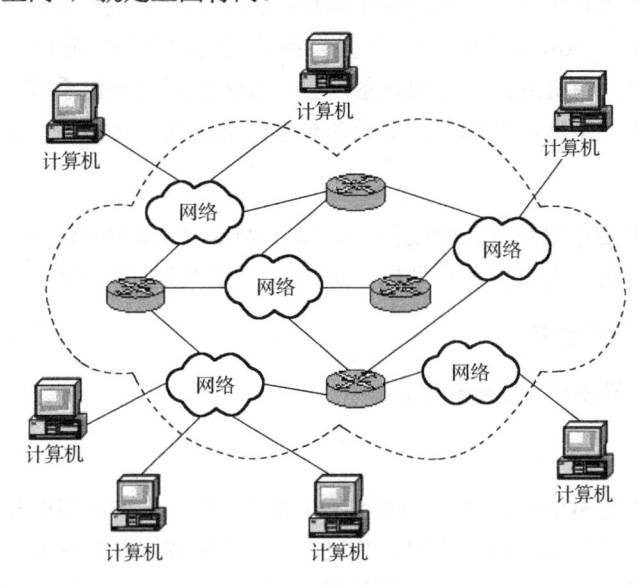

图 7-1　计算机网络示意图

计算机网络是计算机技术和通信技术结合的产物，随着计算机技术和通信技术的进步，计算机网络得到了飞速发展，其应用已渗透到社会生活的各个领域。现在，计算机网络已经成为我们不可或缺的信息处理和通信工具。

计算机网络是通过通信设备和通信线路将分散的多台计算机互联起来，在软件的管理下，实行相互通信和资源共享的计算机系统，它由计算机、通信设备、网络互联设备、传输介质、网络协议、网络软件和网络操作系统等组成。

计算机网络是一个非常复杂的系统，它提供的功能通常被称为服务，包括资源共享、数据通信和分布式处理等。

7.1.1　计算机网络组成

计算机网络从逻辑功能上看可分为通信子网与资源子网两大部分，如图 7-1 所示，虚线框内表示通信子网，虚线框外表示资源子网。从软件和硬件的角度来描述计算机网络的组成，可以将其分成 4 个部分：计算机、通信线路和通信设备、网络协议、网络软件。

1. 通信子网

通信子网由通信线路和通信设备组成，完成信息的传递工作。图 7-1 中，虚线内的圆饼和它们之间的连线构成了通信子网，图中的圆饼称为通信节点（Node），它们是具有存储、转发功能的通信设备，可以是集线器、路由器，也可以是网桥、网关等设备。当通信线路繁忙时，传递的信息可以在节点中存储、排队，等到线路空闲时再将信息转发出去，从而提高了线路的利用率和整个网络的效率。

通信子网主要提供信息传送服务，是支持资源子网上用户相互通信的基本环境。

2. 资源子网

资源子网也称为用户子网，包含通信子网连接的全部计算机，如图 7-1 中的计算机，这些计算机又称为主机（Host）。它们向网络提供各种类型的资源和应用。主机可能是一台微型机，也可能是一台巨型机或其他终端设备，它一般装有网络操作系统，用于实现不同主机之间的用户通信，以及全网硬件和软件资源的共享，并向用户提供统一的、方便的接口。

3. 计算机

计算机系统的主要作用是数据的收集、处理、存储、传播和提供资源共享。连接到网络的计算机可以是巨型机、大型机、小型机、工作站、微型机，以及其他终端设备。

4. 通信线路和通信设备

通信线路和通信设备相当于通信子网。

5. 网络协议

为了使网络实现正常的数据通信，通信双方必须要有一套彼此能够相互理解和共同遵守的规则和协定，即网络协议。如常用的 IEEE 802.3、TCP/IP、SPX/IPX 和 NetBEUI 协议等。

现代网络都具备层次结构，如 OSI 模型的 7 层协议、TCP/IP 协议（Internet 协议）的 4 层协议等。网络协议规定了分层原则、层间关系、信息传递的方向、信息分解与重组等。在网络上，通信双方必须遵守相同的协议，才能正常交流信息。

6. 网络软件

网络软件是一种在网络环境下使用和运行，控制和管理网络工作的计算机软件。根据软件的功能，可以将网络软件分为网络系统软件和网络应用软件两大类。

网络系统软件用于控制和管理软件运行，提供网络通信和网络资源分配与共享服务，并为用户提供访问网络和操作网络的人机界面。网络系统软件主要包括各种网络协议软件、网络通信软件和网络操作系统等。网络操作系统是一组对网络内的资源进行统一管理和调度的程序集合，如 Windows Server、UNIX、Linux 等。

网络应用软件是指为某一个应用目的而开发的网络软件，如远程教学软件、网络下载软件等。

7.1.2 计算机网络的发展历程

计算机网络的产生和演变经历了从简单到复杂、从低级到高级、从单机系统到多机系统的发展过程，其演变过程可概括为 4 个阶段。

1. 计算机－终端联机网络

第 1 台计算机产生后，随着时间的推移，其应用规模不断增大，出现了单机难以完成的任务。20 世纪 50 年代，出现了以一台计算机（称为主机）为中心，通过通信线路，将许多分散在不同地理位置的"终端"连接到该主机上的计算机系统。所有终端用户的事务在主机中进行处理，终端仅是计算机的外部设备，只包括显示器和键盘，没有 CPU，也没有内存，所以这种单机联机系统又称为面向终端的计算机网络。图 7-2 就是这种系统的一个简图。

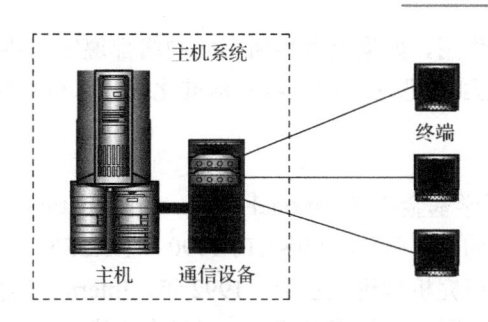

图 7-2　面向终端的计算机网络

面向终端的计算机网络是一种主从式结构，这种网络与现在的计算机网络不同，只是现代计算机网络的雏形。

2. 计算机-计算机互联网络

1958 年，ARPA（美国国防部高级研究计划署）机构成立。1969 年，ARPA 建成了 ARPANET（Advanced Research Projects Agency Network，阿帕网），该网络只连接了 4 台主机，分布在 4 所高校。在 ARPANET 中，首次采用了分组交换技术进行数据传递，为现代计算机网络的发展奠定了基础。

在计算机-计算机互联网络（图 7-3）中，为了减轻主机的负担，开发了一种称为通信控制处理机（Communication Control Processor，CCP）的硬件设备，它承担了所有的通信任务，以减少主机的负荷和提高主机处理数据的效率。

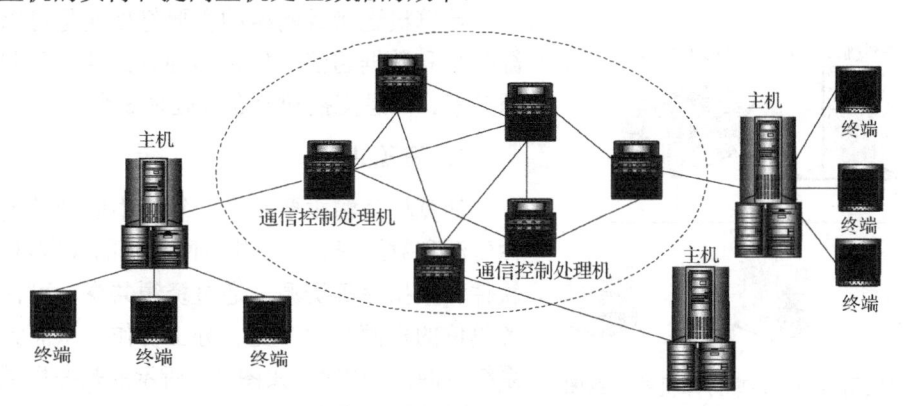

图 7-3　计算机-计算机互联网络

在 20 世纪 70 年代，基于计算机-计算机互联的局域网络的发展也很迅速，许多中小型的公司、企业都建立了自己的局域网。

3. 网络体系结构标准化阶段

ARPANET 兴起后，计算机网络迅猛发展，各大计算机公司相继推出自己的网络体系结构及实现这些结构的软、硬件产品，但各个公司的网络彼此并不相同，所采用的通信协议也不一样，很难实行各网络的互联互通。

为了实行网络互联，ISO 于 1984 年正式颁布了"开放系统互连参考模型"，即 OSI/RM（Open System Interconnection Reference Model），简称 OSI 模型。OSI 模型在网络体系结构的标准化方面起到了重要的作用，如果全世界所有的网络都遵守该协议，那么这些网络就可以很容易地实行网络互联。因此，把网络体系结构标准化的计算机网络称为第 3 代计算机网络。

4. Internet 时代

1985 年，美国国家科学基金会（National Science Foundation，NSF）利用 ARPANET 建立了用于科学研究和教育的骨干网络 NSFNET。1990 年，NSFNET 代替 ARPANET 成为国家骨干网，并且走出大学和研究机构进入社会。1992 年，Internet 学会成立，该学会把 Internet 定义为组织松散的、独立的国际合作互联网络，通过自主遵守计算协议和过程支持主机对主机的通信。

随着 Internet 的快速发展以及应用的不断扩展，计算机网络的高速信息交换已成为人们追求的首要目标，Internet 的进一步发展面临着带宽（即网络传输速率和流量）的限制。在这种形势下，美国于 1993 年宣布正式实施国家信息基础设施（National Information Infrastructure，NII）计划，目标是以高于 3Gbit/s 的传输速率将大量的公共及专用的局域网和广域网通过"信息高速公路"连接成一个信息网络。这一阶段计算机网络发展的特点是：高效、互联、高速和智能化应用。

未来的计算机网络会以光纤为传输媒介，传输速率极高，是一个集电话、数据、电报、有线电视、计算机网络等所有网络为一体的"信息高速公路"网。

7.1.3 计算机网络功能

计算机连接成网络的主要好处就是可以实现资源共享和数据通信，如果再细分的话，可归纳为资源共享、信息交换和分布式处理 3 个方面。

1. 资源共享

计算机资源主要是指计算机中的硬件资源、软件资源和数据资源，如共享网络中的大容量存储器、软件和数据库等资源。通过资源共享，可使网络中各单位的资源互通有无、分工协作，从而大大提高系统资源的利用率。如图 7-4 所示的是在局域网中共享打印机的示意图。

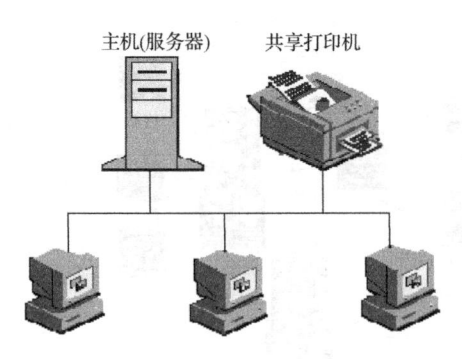

图 7-4 在局域网中共享打印机的示意图

2. 信息交换

信息交换功能是计算机网络中最基本的功能，主要完成网络各个节点之间的通信。计算机网络提供了快捷的与他人交换信息的方式。人们可以在网上发送电子邮件，发布新闻消息，进行电子商务、远程教育、远程医疗等活动。

3. 分布式处理

利用网络技术可以将许多小型机和微型机连接成一个高性能的计算机系统，使其具有解决复杂问题的能力。使用这种协同工作、并行处理的方式要比单独购置高性能的大型机便宜得多。当某台计算机负担过重时，网络可将任务转交给空闲的计算机来完成，这样可以均衡各计算机的负载,实时处理问题。因此,不仅可以充分利用网络资源,而且可以增强计算机的处理能力和实用性。

由于计算机网络具有上述功能,因此得到了广泛应用。例如,在各机票售票处之间建立计算机网络,可以使每一售票处都能实时了解各航班的机票发售情况,从而最大限度地安排各航班的座位,互不冲突。在军事指挥系统中建立计算机网络,可以使遍布在十分辽阔的地域范围内的各计算机协同工作,对任何可疑的目标信息进行处理,及时发出警报,从而使最高决策机构采取有效措施。计算机网络作为传递信息、存储信息、处理信息的整体系统,在未来的信息社会中将得到更加广泛的应用。

7.1.4 计算机网络协议

两个讲不同语言的人(如中国人和西班牙人)要想相互交谈,除非大家都会同一种语言,否则将非常困难。同样,两台联网的计算机要进行通信,它们也必须遵守共同的信息传递、信息交换规则,我们把这些规则称为网络协议。网络协议与交通规则相似,它制定了网络中的两台计算机在传递数据时必须遵守的规则,告诉发送信息的计算机如何发送数据,一次发送多少,发送到何处,数据在通信线路中传输速率是多少,如果数据在通信线路上丢掉了怎么办等。同时,网络协议也规定了接收信息的计算机接收数据的方法,一次接收多少,以怎样的传输速率接收等。只要有一方不遵守网络协议,就不能成功传输数据。

早期,不同国家、不同公司有着许多不同的计算机网络,它们遵守自定的网络协议。要实现这些网络之间的连接与通信,就好像讲不同语言的人要相互交谈一样困难。

ISO 为解决不同网络之间的互联问题,提出了 OSI 模型。OSI 模型采用的是分层体系结构,整个模型分为 7 层,每层都建立在前一层的基础上,每层的目的都是为高层提供服务。这 7 层从低到高依次是:物理层、数据链路层、网络层、传输层、会话层、表示层和应用层,如图 7-5 所示。

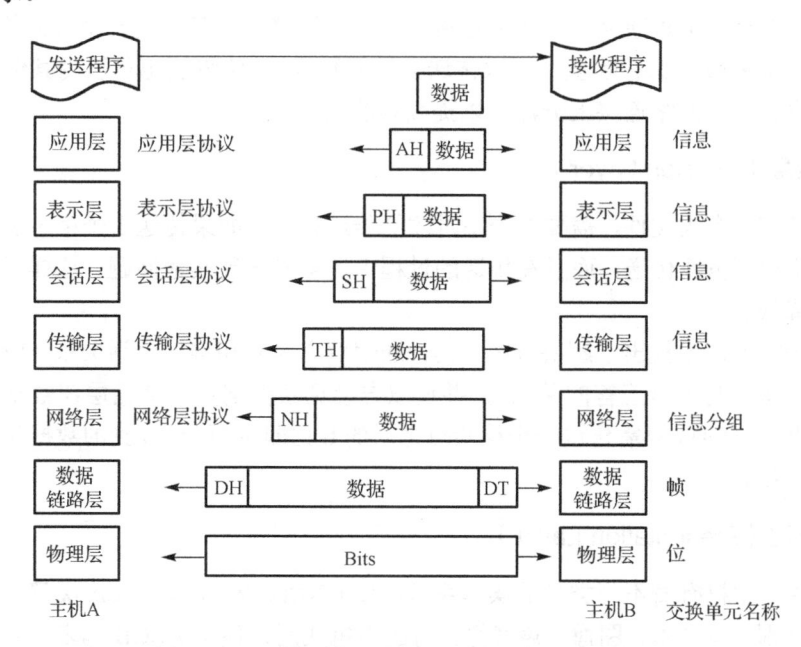

图 7-5 OSI 模型的 7 层协议和数据在各层的表示

1. 物理层（Physical Layer）

物理层主要对通信子网上物理设备的特性进行定义，使之能够传输二进制的数据流（位流）。如定义网卡、路由器的外形、接口形状、接口线的根数、电压等。

2. 数据链路层（Data Link Layer）

所谓链路，可理解为 A、B 两地之间的连接通路，数据链路就是从通信的出发点到目的地之间的"数据通路"。数据链路层把数据从主机 A 源源不断地流向主机 B，而且都是"0"和"1"的组合。

事实上，数据在通信线路上是以帧的形式传送的。发送方 A 将要传送的数据分成大小固定（具有相同的字节数）的二进制组，将每组包装起来（如为组添加一个序号等），然后再通过通信线路将每个组发送到接收方 B。这里的每个组就称为一帧。数据链路层的主要功能是保证通信线路中传送的二进制数据流是有意义的数据。

3. 网络层（Network Layer）

在一个计算机通信网中，从发送方到接收方可能存在多条通信线路，就跟邮递员送邮件一样，有很多条路可以选择，那么数据到底走哪一条路呢？哪条路最近呢？哪条路又比较拥挤（塞车）呢？要不要将数据分开同时走几条路呢？这些都是由网络层来完成的。简而言之，网络层为建立网络连接和其上层（传输层、会话层）提供服务，具体包括：为数据传输选择路由和中继；激活、中止网络连接；进行差错检测和恢复；对网络流量进行控制；实施网络管理等。

4. 传输层（Transport Layer）

传输层的主要功能是建立端到端的通信，即建立从发送方到接收方的网络传输通路。一般情况下，当会话层请求建立一个传输连接时，传输层就会为其创建一个独立的网络连接。如果传输连接需要较大的吞吐量（一次传送大量的数据），传输层也可以为其创建多个网络连接，让数据在这些网络连接上分流，以提高吞吐量。

5. 会话层（Session Layer）

试想，若有一个大文件，需要 5 个小时才能传送完毕，如果传送 3 个小时后突然出现了网络故障，不得不重新传送，而且在传送的过程中还可能出现其他问题，这样用户的操作效率就会大大降低。

会话层为类似问题提出了解决方案，允许通信双方建立和维持会话关系（所谓会话关系即一方提出请求，另一方应答的关系），并使双方会话获得同步。会话层在数据中插入检验点，当出现网络故障时，只需传送一个检验点之后的数据即可（已经收到的数据就不传送了），也就是断点续传。

6. 表示层（Presentation Layer）

在网络中，主机有着不同类型的操作系统，如 UNIX、Windows、Linux 等。传送的数据类型也千差万别，有文本、图像、声音等。有的主机或网络使用 ASCII 码表示数据，有的使用 BCD 码表示数据。那么，怎样在这些主机之间传送数据呢？

表示层为异构网络的计算机之间的通信制定了一些数据编码规则，为通信双方提供一种公共语言，以便对数据进行格式转换，使双方有一致的数据形式。

7. 应用层（Application Layer）

人们需要网络提供不同的服务，如传输文件、收发电子邮件、远程提交作业和网络会议等，这些功能都是由应用层来实现的。应用层包含大量的应用协议，如 HTTP 协议、FTP 协议等。

一台计算机要发送数据到另一台计算机中，数据首先要打包，打包的过程称为封装。封装就是在数据前面加上特定的协议头部。如图 7-6 所示（本图省略了通信网的中转节点，如路由器的协议转换过程），数据在数据链路层及以上的各层都被加上一个头部（Head），如应用层头部 AH（Application Head）、表示层头部 PH（Presentation Head）等。网络体系中的每一层都要依靠下一层提供服务。为了提供服务，下层把上层的协议数据单元（协议头＋数据）作为本层的数据封装，然后加上本层的头部。头部中含有完成数据传输所需的控制信息。这样，数据自上而下递交的过程就是不断封装的过程。到达目的地后自下而上递交的过程就是不断拆封的过程。但是，每一层只能识别由对等层封装的"信封"，而对于被封装在"信封"内部的数据仅仅是拆封后将其提交给上层，本层不做任何处理。

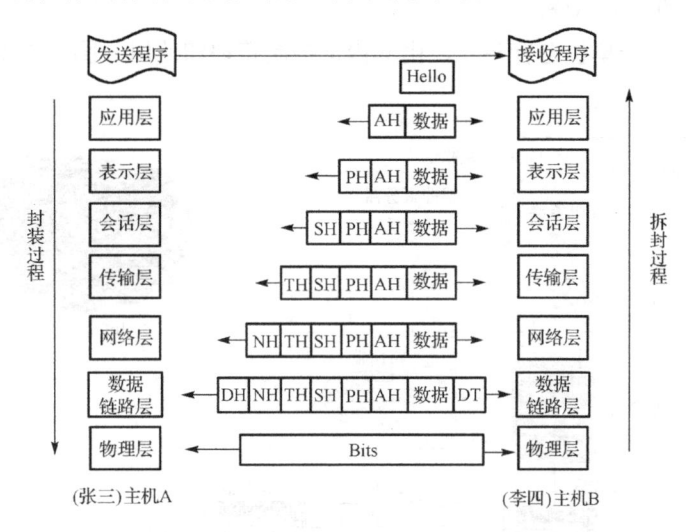

图 7-6 数据（Hello）在 OSI 模型各层的封装和拆封过程

例如，张三（主机 A）想要通过发送程序（如 QQ）发送一条消息"Hello"给李四（主机 B），如图 7-6 所示，它首先把数据给了应用层，应用层的应用程序（如 QQ）给数据封装了一个应用层的头部，即报头 AH（也可以是空的），然后把结果交给表示层。

表示层也在前面加上报头 PH，然后把结果交给会话层。有一点需要注意的是，表示层并不知道也不应该知道应用层给它的数据中哪一部分是报头（如果有的话），哪一部分是真正的用户数据。在数据链路层，由于是以帧的形式传输的，所以在报文结尾处加了一个报尾 DT（Data Link Layer Tail）。

这一过程重复进行直到数据抵达物理层，然后以二进制数据流的形式传输给李四（主机

B）。在主机 B 中，当信息向上传递时，各种报头被一层一层剥去，即拆封过程。然后，数据（Hello）到达主机 B 的接收程序。

OSI 模型试图达到一种理想的境界，使全世界的网络都遵循这一协议模型，但它过于复杂，最终没能在具体的网络中实行。而只采用 4 层结构的 Internet 协议，即 TCP/IP 协议，它虽然不是 OSI 的标准，但已被公认为当前的世界工业标准。

7.2 局 域 网

人们认识网络多从局域网开始，用网卡、集线器和双绞线将几台计算机连接起来，就构成了一个局域网。局域网是目前最常见、应用最广的一种网络，在政府部门、企业和事业单位均有使用。

7.2.1 局域网概述

局域网是在一个较小的范围内，利用通信线路将众多计算机（一般为微型机）及外设连接起来，达到数据通信和资源共享目的的网络。局域网在计算机数量配置上没有太多的限制，少的只有两台，多的可达几百台。局域网涉及的地理距离可以是几米至几千米，它具有通信速率高、传输质量好、易于安装、配置和维护简单、造价低、传输媒体多样等特点。很多局域网也是 Internet 的组成部分。

局域网通常由一个单位自行建立，由其内部控制管理和使用。图 7-7（虚线框内）是某单位局域网示意图。

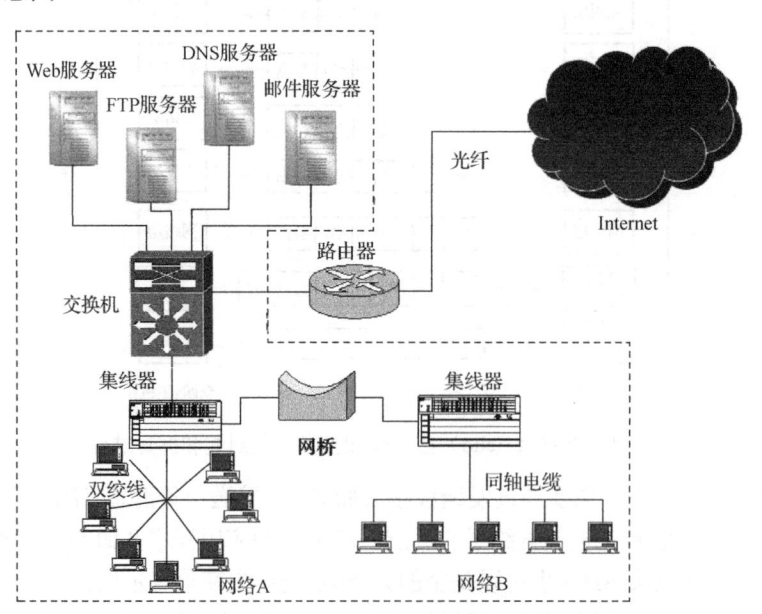

图 7-7 某单位局域网示意图

局域网主要的硬件设备有计算机、网络互联设备（如网卡、网桥、集线器等）和传输介质（如双绞线、同轴电缆、光纤等）。局域网一般采用双绞线、光纤等传输介质建立单位内部专用线路，而广域网却较多租用公用线路，如公用电话线、DDN、ADSL 等。

局域网中的计算机主要有两种类型：一类是服务器，另一类是工作站（即客户机）。服务器是网络的核心（局域网也可以没有服务器，如对等网），为整个局域网提供服务，它一般安装了网络操作系统，管理网络中所有的网络资源，服务器一般采用配置较高的计算机，以保证稳定可靠工作。工作站实际上就是一台普通的个人计算机，任何个人计算机都可以作为网络工作站，工作站连接网络后可以和网络通信，享受网络中服务器和其他工作站提供的服务。

局域网中的软件包括网络系统软件（如 Windows Server、UNIX、Linux 等）和网络应用软件。常见的局域网体系结构有文件服务器（File/Server, F/S）结构、客户机/服务器（Client/Server, C/S）结构和对等网结构。

局域网的研究始于 20 世纪 70 年代，在其发展的 50 年中，出现过以太网（Ethernet）、令牌环网（Token Ring）、令牌总线（Token Bus）、异步传输模式网（ATM）、光纤分布式接口网络（FDDI）以及无线局域网（WLAN）等多种类型的局域网，它们有些已退出历史舞台，有些仍得到广泛的应用。其中，应用最广泛的是由 Xerox、DEC 和 Intel 三家公司在 1980 年联合开发的以太网。以太网以其技术先进、价格低廉、容易扩展、易维护、易管理等特点获得了巨大成功。以太网是一种应用总线拓扑结构的广播式网络，传输介质可以是同轴电缆、双绞线、光纤等；网络结构可以是总线型、星状、混合型等；传输速率有标准以太网（10Mbit/s）、快速以太网（100Mbit/s）、千兆以太网（1000Mbit/s）和 10Gbit/s 以太网几种，而且它们都符合 IEEE 802.3 系列标准规范。本节中，我们将结合以太网介绍计算机局域网的基本原理。

决定局域网特征的主要技术有 3 个：连接网络的传输介质、网络拓扑结构及介质访问控制方法。这 3 种技术在很大程度上决定了数据传输的类型、网络的响应时间、吞吐量、利用率及网络的应用环境。

7.2.2 传输介质

传输介质用来在联网的计算机之间传送和接收信号，是网络中信息传递的载体。传输介质主要分为两类：一类是有线传输介质，包括双绞线、同轴电缆和光缆等；另一类是无线传输介质，包括微波、卫星等。

1. 双绞线

双绞线（Twisted Pair）是最廉价且使用最广泛的一种传输介质，也称为双扭线。它把两根互相绝缘的铜导线按一定密度互相绞在一起，使每一根导线在传输中辐射的电波与另一根导线上发出的电波相抵消，以此减少信号在传输过程中的相互干扰。如电话线，就是由双绞线构成的。双绞线可用于传输模拟信号（如电话的语音信息）和数字信号，传输距离在几千米到十几千米，距离较长时要采用放大器（传输模拟信号时）或中继器（传输数字信号时）将信号放大。

实际使用的双绞线有两种：非屏蔽双绞线（Unshielded Twisted Pair，UTP）和屏蔽双绞线（Shielded Twisted Pair，STP）。它们的主要区别在于 STP 外面包裹着一层导体，额外保护电缆不受电磁的干扰，其成本比 UTP 要高一些，故应用远不及 UTP。双绞线按传输质量分为 1 到 5 类，局域网中常用的为 3 类和 5 类双绞线。3 类双绞线的最大带宽为 16Mbit/s，5 类双绞线的最大带宽为 155Mbit/s。图 7-8 是非屏蔽双绞线示意图。

双绞线主要用于星状网络拓扑结构，即以集线器或网络交换机为中心，各计算机均用一根双绞线与之连接。这种网络拓扑结构非常适应结构化综合布线系统，可靠性较高。任一连线发生故障，都不会影响到网络中的其他计算机。

在局域网中，我们经常要涉及如何制作网线。在制作网线时，要用到 RJ-45 接头，俗称"水晶头"的连接头，如图 7-9 所示。在将双胶线插入水晶头前，要对每条线排序。根据 EIA/TIA 接线标准，RJ-45 接口制作有两种排序标准：EIA/TIA 568B 标准和 EIA/TIA 568A 标准。EIA/TIA568B 标准的线序为白橙、橙、白绿、蓝、白蓝、绿、白棕、棕；EIA/TIA 568A 标准的线序为：白绿、绿、白橙、蓝、白蓝、橙、白棕、棕。

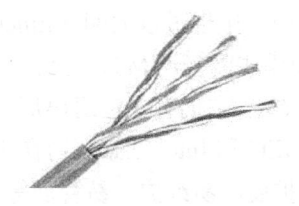

图 7-8　非屏蔽双绞线示意图　　　　图 7-9　RJ-45 接头与制作好的网线

另外，根据双绞线两端线序的不同，有两种不同的连接法。

● 直接连接法：直接连接法是指将线缆的一端按一定顺序排列后接入 RJ-45 接头，线缆的另一端也按相同的顺序排列后接入 RJ-45 接头。直接连接法通常用于不同类型的设备之间的相互连接，如计算机连接集线器、计算机连接交换机时。

● 交叉连接法：交叉连接法是指将线缆的一端用一种线序排列，如 EIA/TIA 568B 标准线序，而另一端用不同的线序排列，如 EIA/TIA 568A 标准线序。交叉连接法用于连接同种设备，如两台计算机直接通过网线连接时，必须用交叉连接法来制作网线。

制作网线通常要用到两种工具：测线仪和网线钳，如图 7-10 所示。

图 7-10　测线仪和网线钳

网线制作好后，需要用测线仪测试是否连通。测试的方法是将制作好的网线的两端插入测线仪的接口，打开电源后观察指示灯是否按顺序点亮，若 8 条线对应的灯都按顺序点亮，说明网线已连通。若有哪个灯不亮，则说明此条线不通。

2. 同轴电缆

同轴电缆在生活中使用很普遍，有线电视和音响器材中都使用它。同轴电缆由内导体铜质芯线、绝缘层、网状编织的外导体屏蔽层以及保护性塑料外壳组成，如图 7-11 所示。

同轴电缆可分为两种基本类型：基带同轴电缆（特征阻抗为 50Ω）和宽带同轴电缆（特征阻抗为 75Ω）。局域网中最常用的是基带同轴电缆，它适合于数字信号传输，带宽为 10Mbit/s。基带同轴电缆根据直径的大小又可分为粗同轴电缆和细同轴电缆。粗同轴电缆的连接距离长、可靠性高，最大传输距离可以达到 2500 米。细同轴电缆最大传输距离可达 925 米，安装比较简单、造价低。无论是粗同轴电缆还是细同轴电缆均可用于总线型拓扑结构。在现代网络中，同轴电缆正逐步被非屏蔽双绞线和光缆替代。

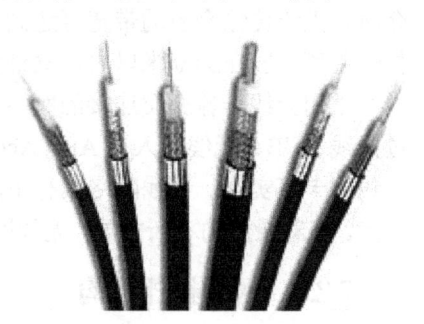

图 7-11 同轴电缆

3. 光缆

在大型网络系统或多媒体网络应用系统中，几乎都采用由光导纤维（简称光纤）制成的光缆作为网络传输介质。光纤通信已经成为通信技术的一个重要领域，其在理论上采用了物理学上的光波全反射原理，利用光导纤维传递光脉冲进行通信，其传输带宽很大，并且不受电磁干扰的影响。利用光纤传输信号时，发送端光源可以采用发光二极管或半导体激光器，它们在电脉冲的作用下能产生光脉冲；在接收端利用光电二极管作为光检测器，在检测到光脉冲时可以还原出电脉冲。

光纤通常由非常透明的石英玻璃拉成细丝，主要由纤芯和包层以及塑料保护涂层组成，纤芯用来传导光波，如图 7-12 所示。根据光在光纤中的传播方式，光纤可分为两种类型：多模光纤和单模光纤。在多模光纤中，光通过多次内部反射沿纤芯传播；而在单模光纤中，由于纤芯直径小到只有一个光的波长，所以光沿直线传播。单模光纤的衰耗较小，在 2.5Gbit/s 的速率下可传输数十千米而不必采用中继器。

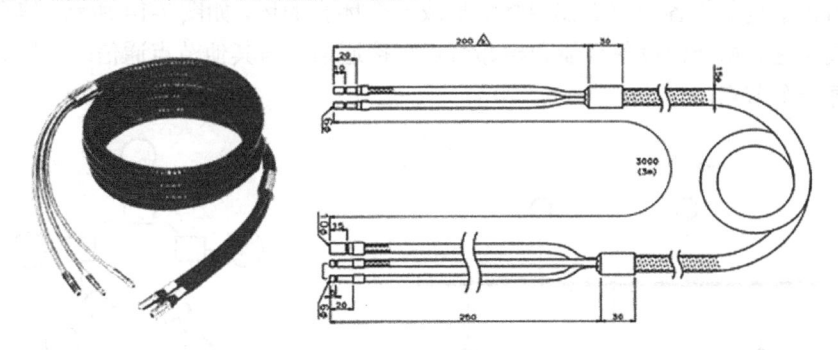

图 7-12 光纤

由于光纤非常细，其直径不到 0.2 毫米，因此必须将光纤做成很结实的光缆。一根光缆中包括一至数百根光纤，再加上加强芯和填充物就可以大大提高其机械强度。

相对于其他传输介质，光缆具有传输容量大，误码率低，体积小，重量轻，损耗小的特点，且不受电磁干扰和静电干扰的影响。

4. 无线传输介质

最常用的无线传输介质有微波、红外线、无线电、激光和卫星，它们都以空气作为传输介质。无线传输介质的带宽可达到几十 Mbit/s，如微波为 45Mbit/s、卫星为 50Mbit/s。室内传输距离一般在 200 米以内，室外为几十米到上千米。

采用无线传输介质连接的网络称为无线网络。无线局域网可以在普通局域网的基础上通过无线 HUB、无线接入点 AP（Access Point，也称网络桥通器）、无线网桥、无线 Modem 及无线网卡等实现。无线网络具有组网灵活、容易安装、节点加入或退出方便、可移动上网等优点。随着通信的不断发展，无线网络必将占据越来越重要的地位，其应用也会越来越广泛。

7.2.3 网络拓扑结构

拓扑学（Topology）是一种研究与大小、距离无关的几何图形特性的方法。在计算机网络中常采用拓扑学的方法，分析网络单元彼此连接的形状与其性能的关系。网络拓扑结构抛开网络电缆的物理连接方式，不考虑实际网络的地理位置，把网络中的计算机看成一个节点，把连接计算机的电缆看成连线，从而形成一个几何图形。

网络拓扑结构能够把网络中的服务器、工作站和其他网络设备的关系清晰地表示出来。网络拓扑结构有总线型、环状、星状、树状、网状和混合型等，其中总线型、环状、星状是基本的拓扑结构。

1. 总线型拓扑结构

总线型拓扑结构将所有的节点都连接到一条电缆上，这条电缆称为总线，如图 7-13 所示，通信时信息沿总线广播式传送。总线型拓扑结构连接形式简单、易于安装、成本低，增加和撤销网络设备都比较灵活，没有关键的节点。缺点是同一时刻只能有两个网络节点相互通信，网络延伸距离有限，网络容纳节点数有限。最有代表性的总线型网络是以太网。

2. 环状拓扑结构

环状拓扑结构是指各个节点在网络中形成一个闭合的环，如图 7-14 所示，信息沿着环做单向广播式传送。每一台设备只能和相邻节点直接通信，与其他节点通信时，信息必须经过两者间的每一个节点。

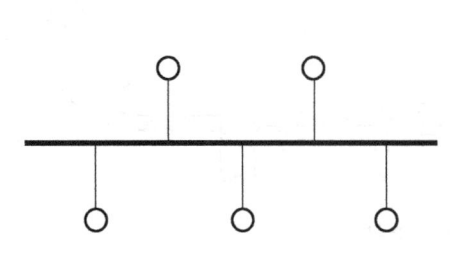

图 7-13　总线型拓扑结构　　　　图 7-14　环状拓扑结构

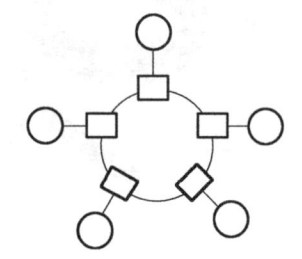

环状拓扑结构传输路径固定，无路径选择问题，故实现比较简单，但任何节点的故障都会导致全网瘫痪，可靠性较差。网络的管理也比较复杂，投资费用比较高。环状拓扑结

构一般采用令牌来控制数据的传输,只有获得令牌的计算机才能发送数据,因此,避免了冲突现象。环状拓扑结构有单环和双环两种结构。双环结构常用于以光缆作为传输介质的环状拓扑结构中,目的是设置一条备用环路,当光缆发生故障时,可迅速启用备用环路,提高环状拓扑结构的可靠性。最常用的环状拓扑结构有令牌环网和 FDDI(光纤分布式数据接口)。

3. 星状拓扑结构

星状拓扑结构以一台设备为中央节点,其他外围节点都单独连接在中央节点上,其结构如图 7-15 所示。各外围节点之间不能直接通信,必须通过中央节点进行通信。中央节点可以是服务器或是专门的接线设备,负责接收信息和转发信息。

星状拓扑结构简单,实施容易,传输速率高。每节点独占一条传输线路,避免了数据传送的冲突现象。一台计算机及其接口故障不会影响到整个网络,扩展性好,配置灵活,网络易于管理和维护。网络可靠性依赖于中央节点,中央节点一旦出现故障将导致全网瘫痪。目前星状拓扑结构的中央节点多采用交换器、集线器等网络转接、交换设备,在局域网中多采用此种拓扑结构。常见的星状拓扑结构有 100BaseT 以太网。

4. 树状拓扑结构

树状拓扑结构实际上是星状拓扑结构的一种变形,它将原来用单独链路直接连接的节点通过多级处理主机进行分级连接,形成一种分层的结构,如图 7-16 所示。这种结构与星状拓扑结构相比,降低了通信线路的成本,但增加了网络的复杂性,网络中除最低层节点及其连线外,任一节点或连线的故障均影响其所在支路网络的正常工作。Internet 就是树状拓扑结构的网络。

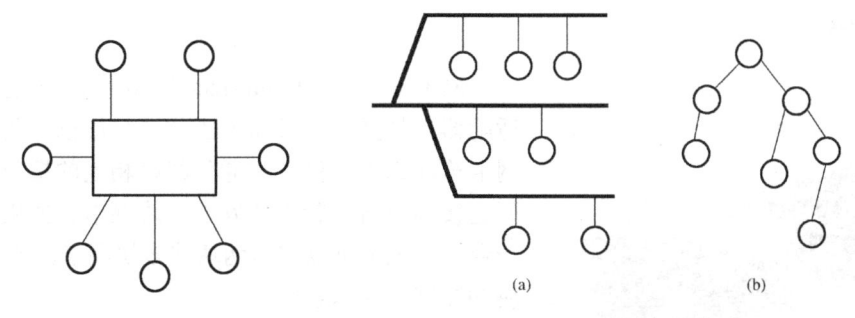

图 7-15 星状拓扑结构   图 7-16 树状拓扑结构

5. 网状拓扑结构

网状拓扑结构将各网络节点与通信线路互联成不规则的形状,每个节点至少与其他两个节点相连,如图 7-17 和图 7-18 所示。网状拓扑结构的容错能力强,如果网络中一个节点或一段链路发生故障,信息可通过其他节点或链路达到目的节点,可靠性高,但这种网络关系复杂,网络控制机制复杂。

网状拓扑结构的最大特点是强大的容错能力,因此主要用于强调可靠性的网络中,如 ATM 网、帧中继网等。

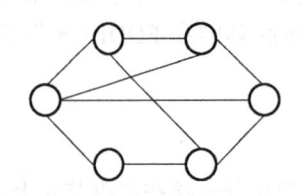

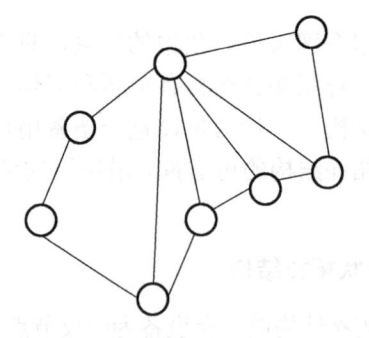

图 7-17　网状拓扑结构　　　　　图 7-18　CERNET 主干网拓扑结构

6. 混合型拓扑结构

以上介绍的是最基本的网络拓扑结构，在实际应用中也存在由几种基本拓扑结构组成的混合型拓扑结构。网络拓扑结构会因为网络设备、技术和成本的改变而有所变化。如在组建局域网时常采用星状、环状、总线型和树状拓扑结构，而树状和网状拓扑结构在广域网中比较常见。

7.2.4　网络互联设备

计算机网络将地理位置上分散布置的计算机相互连接起来，但对于大型的计算机网络而言，仅仅依靠线路是不够的。网络中的传输介质和各种协议所支持的节点数是有限的，因此要扩大网络的规模，需要增加一些网络互联设备。

计算机网络用网卡、中继器、集线器、网桥、交换机等网络互联设备将服务器、工作站和其他可共享设备连接在一起。

1. 网卡

网卡（Network Interface Card，NIC）也称为网络适配器，是插在服务器或工作站扩展槽内的扩展卡。网卡给计算机提供了与通信线路相连的接口，计算机要连接到网络，就需要安装一块网卡。如果有必要，一台计算机也可以安装两块或多块网卡。图 7-19 是一块 PCI 网卡的示意图。

网卡的类型较多，按网卡的总线接口来分，一般可分为 ISA 网卡、PCI 网卡、USB 接口网卡以及笔记本电脑使用的 PCMCIA 网卡等，ISA 网卡已基本淘汰；按网卡的带宽来分，主要有 10Mbit/s 网卡、10Mbit/s

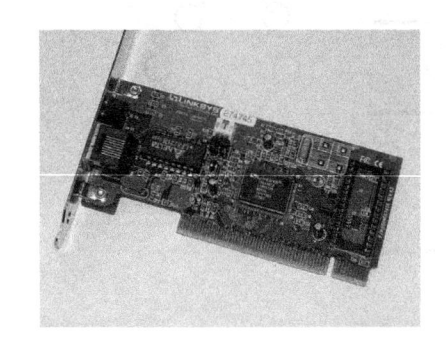

图 7-19　PCI 网卡示意图

自适应网卡、100Mbit/s 自适应网卡、1000Mbit/s 以太网卡等；按网卡提供的网络接口来分，主要有 RJ-45 接口（双绞线）网卡、BNC 接口（同轴电缆）网卡和 AUI 接口网卡等。此外还有无线接口的网卡等。

每块网卡都有唯一固定的编号，称为网卡的 MAC（Media Access Control）地址或物理地址，由网卡生产厂家写入网卡的 EPROM 中。在网卡的"一生"中，物理地址都不会改变。

网络中的计算机或其他设备借助 MAC 地址完成通信和信息交换。

在 Windows 系统中可以通过输入"ipconfig/all"命令查看本机的 MAC 地址，如图 7-20 所示，"Physical Address"后面的编号就是本机的 MAC 地址。

2．中继器（Repeater）

中继器也称为转发器，是一种在物理层上互联不同网段的小设备，它对电缆上传输的信号进行放大后再发送到其他网段上，以保证信号的完整性，实现网络的延伸。用中继器来连接两个网段后，整个系统仍属于一个网络整体，各网段上的工作站可以共享一个文件服务器。

中继器多用于总线型拓扑结构的计算机网络中，可将不同的网络互相连接在一起。使用中继器时不能形成环路，同时应考虑网络的负载和数据传输的延迟情况，不能无限制地连接中继器。采用粗同轴电缆的网段的最大距离为 500 米，采用细同轴电缆的网段的最大距离为 185 米，在以太网中最多可使用 4 个中继器。

3．集线器（HUB）

集线器是网络的中心设备，其外观如图 7-21 所示。集线器实际上是一个多端口的中继器，是一个将信号进行放大和中转的设备，并采用广播方式传递信息。集线器价格便宜，组网灵活，可以星状布线。如果一个工作站出现问题，不会影响整个网络的正常运行。

图 7-20 "ipconfig/all"命令执行结果　　　　图 7-21　集线器示意图

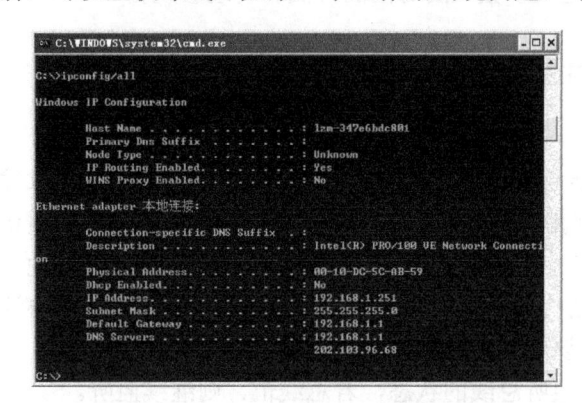

集线器的端口数有 8 口、24 口和 32 口之分，每一个接口连接一个网络节点（如工作站）。如果连接的节点数较多，集线器的端口数不够，则需使用级联技术将多个集线器连起来。级联的集线器个数最多为 4 个，可以根据具体的网络拓扑结构确定级联集线器的数量。

4．网桥（Bridge）

网桥也称为桥接器，是可以将两个局域网相互连接起来的设备。网桥一般具有两个以上的接口，用以连接两个网段或两个不同的局域网，这两个网络的传输介质可以不同，如 7.2.1 节中的图 7-7 所示，网络 A 是双绞线，网络 B 是同轴电缆。

5．交换机（Switcher）

局域网中使用的小型交换机外观与集线器类似，它与一般集线器的不同之处是：集线器将数据转发到所有的集线器端口，而交换机可将用户收到的数据包根据目的地址转发到特定的端口。这样可以降低整个网络的数据传输量，提高效率。采用交换机作为中央连接设备的以太网通常称为交换式以太网或采用交换技术的因特网。

7.2.5 局域网标准及协议

1. 局域网标准概述

局域网出现不久，其产品数量和品种迅速增多，为了使不同厂家生产的局域网产品能够互相通信，需制定一个统一的局域网标准。1980年2月，美国国际电子和电气工程师协会（IEEE）成立了局域网络标准委员会（简称 IEEE 802），专门制定各种不同结构的局域网和城域网的标准，这些标准已得到全世界的广泛认可，许多标准已被采纳为 ISO 的国际标准。IEEE 802 局域网主要标准如下。

① IEEE 802.3：定义了 CSMA/CD（带冲突检测的载波侦听多路访问）介质访问控制协议的规范。IEEE 802.3 产生了许多扩展标准，如快速以太网标准 IEEE 802.3u、千兆以太网标准 IEEE 802.3z 和 IEEE 802.3ab，以及 10GB 以太网标准 IEEE 802.3ae。

② IEEE 802.4：令牌总线协议，定义了令牌总线访问的方法和物理层规范。

③ IEEE 802.5：令牌环协议，定义了令牌环访问的方法和物理层规范。

④ IEEE 802.6：城域网标准，该标准定义了城域网访问的方法和物理层规范。

⑤ IEEE 802.11：无线局域网标准。

目前，在局域网中应用最多的是基于 IEEE 802.3 标准的各类以太网。

2. CSMA/CD 介质访问控制协议

在局域网中，因为多数情况下传输介质是共享的，所以若在同一时刻有多个节点要求发送数据，就会出现"介质争用"现象。为了解决介质争用的问题，在局域网中引入了介质访问控制协议。介质访问控制协议是指多个节点共享同一介质时，提供了如何将带宽合理地分配给各节点的方法。以总线型和星状拓扑结构居多的以太网为例，采用的介质访问控制协议是 CSMA/CD。CSMA/CD 介质访问控制协议的要点如下。

① "先听后说"：要发送数据的节点先监听总线的状态，若总线忙，则继续监听。

② "边听边说"：若监听到总线空闲，则立即发送待发数据，并判断是否与另一节点产生了冲突。

③ "一旦冲突，延迟再说"：若发送数据时，检测到有冲突（另一节点也刚好同时发送了数据），则冲突双方立即停止发送，退后一个随机的时间再发送数据。

CSMA/CD 介质访问控制协议的原理简单，容易实现。网络中各工作站处于平等地位，无须集中控制，但当网络节点较多时，容易发生冲突，导致数据发送时间增长，发送效率下降。CSMA/CD 介质访问控制协议的有效传输距离为 2500 米，如果超过了这个距离，就不能保证数据传输过程中的正确性。

CSMA/CD 介质访问控制协议是一种随机访问的有冲突协议。另一种无冲突的介质访问控制协议是令牌环协议，它类似于"击鼓传花"，所有节点连接成一个环，一个特定的称为令牌的帧在环中的各节点之间传递，只有得到令牌的节点才能发送数据，持有令牌的节点发送完数据后，就把令牌传递给下一个节点，以此类推。

由于局域网大多为广播式网络，所有计算机都共享同一条公共通信道路，当一台计算机发送报文分组时，所有计算机都会收到这个分组，因此介质访问控制协议是局域网所特有的。在广域网中，大多数采用的是点到点（Peer to Peer）通信，每条物理线路只连接一对计算机，因此不需要此类协议（广域网的路由设计是其设计的关键）。

7.3 Internet

Internet 就是人们常说的因特网，其包含了难以计数的信息资源，向全世界提供信息服务。在英语中，"Inter"的含义是"交互的"，"Net"是指"网络"。简单地说，Internet 是一个计算机交互网络，又称为互联网。

从网络通信的角度来看，Internet 是一个以 TCP/IP 协议连接各个国家、各个地区、各个机构的计算机网络的数据通信网。从信息资源的角度来看，Internet 是一个集各个部门、各个领域的各种信息资源为一体，供网上用户共享信息的资源网。

7.3.1 Internet 概述

Internet 起源于美国 1969 年开始实施的 ARPANET 计划，其目的是建立分布式的、存活力极强的全国性信息网络。1972 年，由 50 个大学和研究机构参与连接的 Internet 最早的模型——ARPANET，第 1 次公开向人们展示。到 1980 年，ARPANET 成为 Internet 最早的主干。20 世纪 80 年代初，两个著名的科学教育网 CSNET 和 BITNET 先后建立。80 年代中期，NSF 规划建立了 13 个国家超级计算中心及 NSFNET，接着其替代 ARPANET 的主干地位。随后，Internet 开始接受其他国家地区接入。

1. Internet 组成

Internet 是连接网络的网络，由多个网络互联而成。从物理特性上看，Internet 是基于多个通信子网（主干网）的网络，这些通信子网属于加入 Internet 的不同国家。各个国家的城域网、局域网或个人用户可以通过各种技术接入本国的通信子网。这样，世界各国的"小网络"就通过各国的通信子网连接成一个"大网络"，也就是 Internet，图 7-22 是 Internet 的示意图。从结构上看，可将 Internet 视为一种层次结构的网络，从上到下大致分为 3 层。第 1 层为主干网，第 2 层为区域网，最低层为局域网。

（1）主干网：由代表国家或者行业的有限个中心节点通过专线相连，覆盖到国家一级；连接各国主干网的是因特网互联中心，如中国互联网信息中心（CNNIC）。

（2）区域网：由若干个作为中心节点的代理的次中心节点组成，覆盖部分省、市或地区，如教育网的各地区网络中心、电信网的各省互联网中心等。

（3）局域网：直接面向用户的网络，如校园网、企业网等。

在 Internet 中，网络之间的互联是通过一种叫"路由器"（Route）的设备完成的。路由器的工作有点像邮局，当把一封信投递给邮局后，工作人员会根据邮寄地址决定下一步把信送往哪一个邮局，后一个邮局也会根据一定的原则把信继续向后投递，直到把信送到收信人手中。

路由器的主要任务是把数据分组（数据包）从一个网络送到另外一个网络。分组是指具有固定大小、固定格式的一组数据，我们也常称为"包"，较大的数据文件必须分为一系列的"分组",以提高传输速率。在每一个分组中都需要说明一些特征,如该分组要被传送到哪台计算机等。当我们通过网络传送数据时,发送方的网络软件会自动将数据分组,而接收方的网络软件则会把收到的分组重新组装成完整的数据,整个过程我们是感觉不到的。这就是分组交换(存储–转发)的由来。

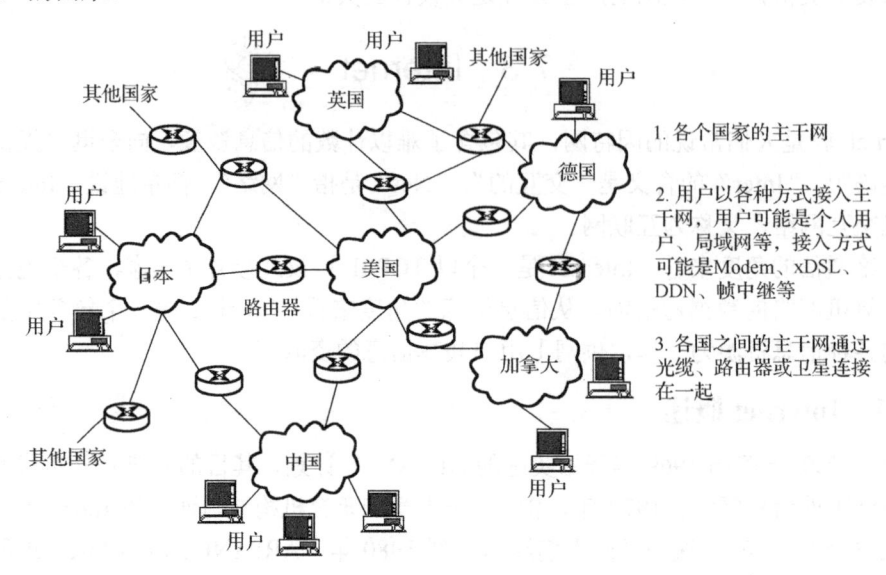

图 7-22　Internet 示意图

路由器实际上也是一种计算机,具备 CPU、内存和网络接口等设备,但它只用于处理网络之间的互联。它可以把局域网与局域网、局域网与广域网、广域网与广域网互联起来,同时它也可与其他路由器相连。图 7-23 为华为公司的一款 NetEngine 40E 通用交换路由器（NE 40E）的外观。

还有一种称为网关的专用机器使各种不同类型的网络可以使用 TCP/IP 协议同 Internet 通信。网关将计算机网络的本地语言（协议）转化成 TCP/IP 协议,或者将 TCP/IP 协议转化成计算机网络的本地语言。采用网关技术可以实现采用不同协议的计算机网络之间的连接和共享,如以太网和无线网络的连接。

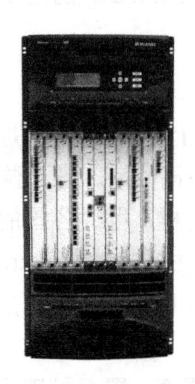

图 7-23　华为 NetEngine 40E 通用交换路由器的外观

对于用户来说,Internet 就像一个巨大的无缝隙的全球网,对请求可以立即做出响应,这是由计算机、网关、路由器以及协议共同保证的。

2. TCP/IP 协议

计算机网络是由许多计算机组成的,若要在两台计算机之间传输数据,则必须做两件事情:保证数据传输到目的地的正确地址和保证数据迅速、可靠传输。强调这两点是因为数据在传输过程中很容易传错或丢失。

Internet 使用一种专门的计算机语言（协议）以保证数据能够安全、可靠地到达指定的地址。这种语言分为两部分,即 TCP（Transfer Control Protocol,传输控制协议）和 IP（Internet

Protocol，网络连接协议），通常将它们放在一起，用 TCP/IP 表示。TCP/IP 协议其实是一个协议集，它的主要作用是对 Internet 中主机的寻址方式、主机的命名规则、信息的传输机制，以及各种服务功能做详细约定。TCP/IP 协议的开发研制人员将 Internet 分为 4 个层次，以便于理解，也称为互联网分层模型或互联网分层参考模型，如图 7-24 所示。

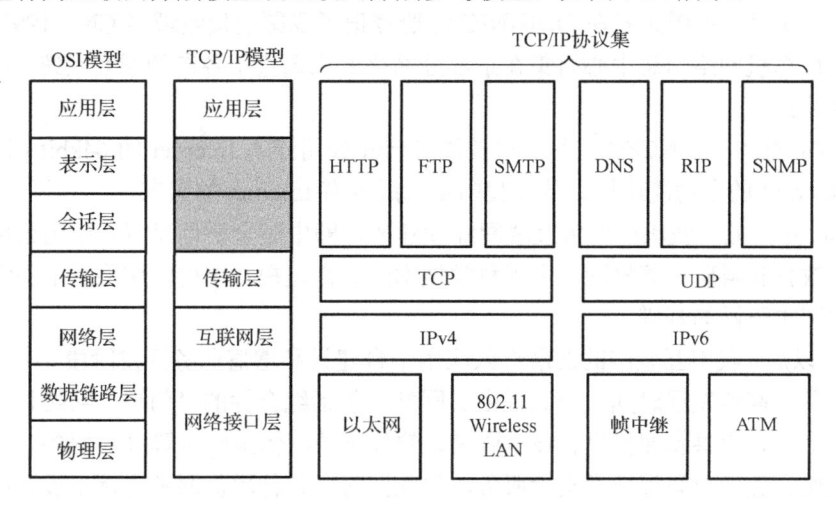

图 7-24 TCP/IP 模型与 OSI 模型的比较和 TCP/IP 协议集

（1）网络接口层。网络接口层等效于 OSI 模型的物理层和数据链路层，通常包括操作系统的设备驱动程序和计算机中对应的网卡。它们一起处理与通信线路的物理接口细节及数据传输问题，负责将数据帧发往通信线路，或从通信线路上接收数据帧。

（2）互联网层。互联网层也称网络层，处理分组在网络中的活动，如为分组选择路由等。网络层协议包括 IP 协议、ICMP 协议（Internet 互联网控制报文协议），以及 IGMP 协议（Internet 组管理协议）。使用 IP 协议，可以在互联网上提供无连接到分组交换，将数据封装成 IP 协议所需的数据包，并选择合适的发送路径，发送到接收方。网络层具有网络寻址和路由选择的功能。IP 协议目前有两个版本，即 IPv4 和 IPv6。

（3）传输层。传输层主要为通信双方建立、管理和拆除可靠、有效的端到端连接，它提供了两种不同质量的数据传输服务。

● TCP：面向连接的可靠传输协议，用于传输大量数据。TCP 为两台主机提供高可靠性的数据通信。它把应用程序传来的数据分成合适的小块（数据分组）后送到网络层进行发送，如果在规定的时间内没有收到对方的确认信息，则说明对方可能没有收到，它将重发数据。

● UDP（User Datagram Protocol，用户数据报协议）：不可靠的无连接的传输协议，用于即时传送少量数据。UDP 提供一种非常简单的任务。它只把数据包从一台主机发送到另一台主机，但并不保证该数据包能否到达接收端。

（4）应用层。TCP/IP 协议没有会话层和表示层，这两层的功能都在应用层实现。应用层定义了许多网络应用方面的协议，提供了许多工具和服务，如 FTP、SNMP 等。

3. 我国互联网的发展

我国互联网的发展启蒙于 20 世纪 80 年代末。1987 年 9 月 20 日，钱天白教授通过意大利公用分组交换网（ITAPAC）在北京的 PAD 发出我国的第 1 封电子邮件，与德国卡尔斯鲁厄大学进行了通信，揭开了使用 Internet 的序幕。

1989 年 9 月，中关村地区教育与科研示范网络（NCFC）建立。该项目的主要目标是在北京大学、清华大学和中国科学院 3 个单位间建设高速互联网络，并建立一个超级计算中心，这个项目于 1992 年建设完成。

1990 年 10 月，中国正式在 DDN-NIC 注册登记了我国的顶级域名 CN。1993 年 4 月，中国科学院计算机网络信息中心召集在京部分网络专家调查了各国的域名系统，据此提出了我国的域名体系。

1994 年 1 月 4 日，NCFC 工程通过美国 Sprint 公司连入 Internet 的 64kbit/s 国际专线，实现了与 Internet 的全功能连接。从此我国正式成为有 Internet 的国家。

从 1994 年开始，我国的四大互联网陆续建成，即中国金桥信息网、中国公用计算机互联网、中国教育和科研计算机网、中国科学技术网。在短短几年内，这些主干网络就投入使用，成为国家主干网的基础。

1996 年以后，我国互联网的发展进入应用平台建设和增值业务开发阶段。中国互联网进入了空前活跃的高速发展时期。一大批中文网站，包括综合性的"门户"网站和各种专业性的网站纷纷上线，提供新闻报道、技术咨询、软件下载、休闲娱乐等 ICP 服务，以及虚拟主机、域名注册、免费空间等技术支持服务。与此同时，各种增值服务也逐步展开，其中主要有电子商务、IP 电话、视频点播、无线上网等。

1997 年 6 月 3 日，中国科学院网络信息中心组建了 CNNIC。

1997 年 11 月，CNNIC 第 1 次发布了《中国互联网发展状况统计报告》。截止到 1997 年 10 月 31 日，我国共有上网计算机 29.9 万台，上网用户 62 万人，CN 下注册的域名 4066 个，WWW 站点 1500 个，网络国际出口带宽总量为 18.64Mbit/s。

4. 我国建成的四大互联网

（1）中国公用计算机互联网（CHINANET）。CHINANET 是由原邮电部组织建设和管理，1994 年在北京、上海两个电信局开始进行建设的 Internet 网络互联工程。CHINANET 由骨干网和接入网组成。骨干网是 CHINANET 的主要信息通路，连接各直辖市和省会网络接点。骨干网已覆盖全国各省市、自治区，包括 8 个大区网络中心和 31 个省市网络分中心。接入网是由各省内建设的网络节点形成的网络。

1997 年，CHINANET 实现了与中国科学技术网、中国教育和科研计算机网、中国金桥信息网的互联互通。

（2）中国教育和科研计算机网（CERNET）。CERNET 是全国最大的公益性互联网络。CERNET 已建成由全国主干网、地区网和校园网在内的 3 级层次结构网络。CERNET 分 3 级管理，分别是全国网络中心、地区网络中心和地区主节点、省教育科研网和校园网。

CERNET 还是中国开展下一代互联网研究的试验网络。1998 年，CERNET 正式参加下一代 IP 协议（IPv6）的试验网 6BONE，同年 11 月成为其骨干网成员。CERNET 在全国第 1 个实现了与国际下一代高速网 Internet 2 的互联。

（3）中国科学技术网（CSTNET）。CSTNET 是利用公用数据通信网建立的信息增值服务网，在地理上覆盖全国各省市，是国家科技信息系统的骨干网，同时也是国际 Internet 的接入网。CSTNET 在服务功能上是 Intranet 和 Internet 的结合。

(4) 中国金桥信息网（CHINAGBN）。CHINAGBN 是为金桥工程建立的业务网，支持金关、金税、金卡等"金"字头工程的应用。它是覆盖全国，实行国际联网，为用户提供专用信道、网络服务和信息服务的基干网。

7.3.2 Internet 地址和域名

1. IP 地址概念

在日常生活中，通信双方借助彼此的地址和邮政编码进行信件的传递。Internet 中的计算机通信与此相类似，网络中的每台计算机都有一个网络地址（相当于人们的通信地址，每台计算机都不相同），发送方在要传送的信息上写上接收方计算机的网络地址，信息就能通过网络传递到接收方。

在 Internet 中，计算机的地址由 IP 协议负责定义与转换，所以又称为 IP 地址。IP 协议的 4.0 版本又称为 IPv4，它规定了计算机的 IP 地址为 32 位的二进制数（占 4 个字节）。假设第 1 台计算机的 IP 地址为 00000000000000000000000000000000，第 2 台计算机的 IP 地址为 00000000000000000000000000000001，…，最后一台计算机的 IP 地址为 11111111111111111111111111111111，共有 2^{32}=4294967296 个地址编号，这表明 Internet 中最多可能有 4294967296 台计算机。这个数据并不是很大，现在基本上已经用完了，人们为此设计了 IPv6 协议，它采用 128 位二进制数表示 IP 地址，这是个很大的数据，足够人们使用。记住每台计算机的 32 位二进制编号是很困难的，所以人们通常用 4 个十进制数来表示 IP 地址，十进制数之间用"."分开。如"11111111111111111111111100000111"就表示为"255.255.255.7"，其转换规则是将每个字节转换为十进制数即可，因为 8 位二进制数最大为 255，所以 IP 地址中每位十进制数不超过 255。

2. IP 地址分类

Internet 中的地址分为 5 种类型，每种类型包括不同数目的网络，在不同的网络中包括不同数量的主机（Internet 中的计算机称为主机），这些信息都包括在主机的 IP 地址中。一个 IP 地址是由网络类别、网络标识、主机标识组成的。网络类别表示 IP 地址的类型，分为 A 类、B 类、C 类、D 类、E 类，它和网络标识组合成网络号，网络号是网络在 Internet 中的唯一编号，各类 IP 地址的结构如图 7-25 所示。

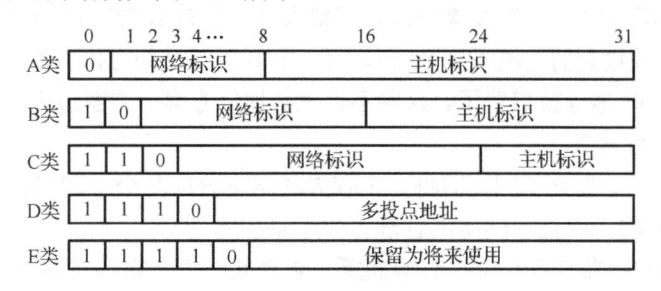

	0	1 2 3 4 …	8	16	24	31
A 类	0	网络标识		主机标识		
B 类	1 0		网络标识		主机标识	
C 类	1 1 0			网络标识		主机标识
D 类	1 1 1 0			多投点地址		
E 类	1 1 1 1 0			保留为将来使用		

图 7-25 IP 地址的结构

从图 7-25 中可以看出，A 类地址是 IP 地址中最高的地址，它的网络标识只有 7 位二进制数，能够表示的网络编号范围为 0000000～1111111，共有 2^7=128 个编号，即最多只有 128

个 A 类地址的编号。事实上,"0000000"和"1111111"两个编号具有特殊的意义,不能用作网络号,也就是说,具有 A 类地址的网络最多只有 126 个。A 类地址的主机标识为 24bit,表明每个 A 类网络中最多有 2^{24}=16777216 台主机。

A 类网络的网络号(网络类别+网络标识)处于 IP 地址的最高字节,占据 IP 地址的第 1 个十进制数,范围为 1~127,所以只要看见 IP 地址的第 1 个十进制数在此范围内,就可以肯定它属于 A 类网络。

同样可以推算出 B 类、C 类、D 类和 E 类 IP 地址中的网络数和主机数。A 类、B 类、C 类 IP 地址的网络数和主机数如表 7-1 所示。

表 7-1 A 类、B 类、C 类 IP 地址的网络数和主机数

IP 地址类型	最大网络数	最小网络号	最大网络号	最多主机数
A	126(2^7-1)	1	126	2^{24}-2=16777214
B	16384(2^{14})	128.0	192.255	2^{16}-2=65534
C	2097152(2^{21})	192.0.0	223.255.255	2^8-2=254

A 类地址的网络数较少,但每个网络中的主机数较多,所以常常分配给拥有大量主机的网络,如大公司(IBM、WPS 等)网络和 Internet 主干网络。B 类地址常分配给节点较多的网络,如政府机构、较大的公司和区域网。C 类地址常用于局域网,因为此类网络较多,而网络中的主机数又比较少。大家熟知的校园网就采用 C 类地址,较大的校园网可能有多个 C 类地址。D 类地址应用较少,E 类地址则保留以备将来使用。

值得注意的是,我们平时拨号上网的计算机在连上网时也会被分配一个 IP 地址,也可被别人访问,在断线后 IP 地址会被回收,重新分配给其他上网用户,这种分配 IP 地址的方法称为动态 IP 分配。

目前,国际上授权负责分配 IP 地址的网络信息中心主要有 3 个:RIPE-NIC 负责欧洲地区;APNIC 负责亚太地区;Inter-NIC 负责美国及其他地区。CNNIC 负责中国的域名和 IP 地址的分配。组网者根据网络的规模和用户的数目,向 IP 地址授权中心申请 IP 地址,IP 地址授权中心根据申请分配 IP 地址,网内的主机 IP 地址则由组网者自行进行分配。

3. 子网掩码(Subnet Mask)和网关(Gateway)

IP 地址的设计以及网络类别的划分虽然给信息传递带来了许多方便,但也带来了一些问题,如有的单位虽然获取了一个 A 类地址,但却永远不会有 16777214 台主机。据统计,有超过半数的 B 类地址连接到的主机不到 50 台,而一个 B 类地址却可以容纳 65534 台主机,这就意味着有 6 万多个 IP 地址被浪费了。这种不合理的地址方案一方面造成了极大的地址浪费,另一方面又使 IP 地址紧缺。

一种解决方案就是划分子网,即将一个较大的网络分成几个子网络,这种方案不仅解决了 IP 地址的浪费问题,而且给网络的管理带来了许多方便。

例如,一个高校有临床医学系、计算机系、管理系,每个系都有 20 台主机。为了使这 3 个系的 60 台主机都接入 Internet,该校向 Internet 的 IP 地址授权机构申请了一个 B 类地址 130.130.0.0(通常情况下,IP 地址授权机构只提供 IP 地址,而网络中的主机 IP 地址则由单位自行分配)。如果按照顺序从 130.130.0.1~130.130.0.60 依次分配 IP 地址给每个系的话,

就可能出现 3 个系的主机都在同一网络"130.130.0.0"中的情况,大家可以互相访问,这就造成了许多不方便,因为每个系总有一些内部信息不想让其他系知道。

因此,为了解决这个问题,将 130.130.0.0 网络分成 3 个子网,每个系分别对应一个独立的子网,如 130.130.11.0(临床医学系)、130.130.22.0(计算机系)、130.130.12.0(管理系),如图 7-26 所示。如果要访问其他系的主机,则必须经过网关(路由器)转发,在路由器中可设立访问的控制条件,允许或禁止某些访问。对 Internet 而言,整个校园网只是一个子网络,所有对该校园网的访问都被直接送到路由器,路由器再将信息发送到各个子网中的主机。

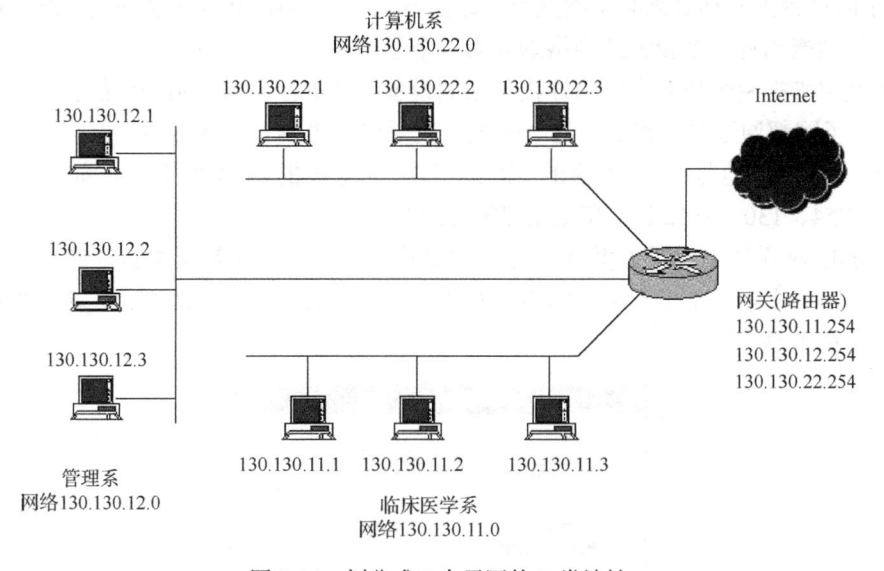

图 7-26 划分成 3 个子网的 B 类地址

从图 7-26 中可以看出,子网技术是将本地网络(主机号)划分为多个更小的网络,对原 IP 地址的网络号则不做修改。子网技术没有增加 Internet 的任何负担,因为在通信过程中,Internet 只将信息发送给相关的网络(由 IP 地址中的网络号确定),再由相关网络将信息送到主机。子网划分并未引起主机 IP 地址原来的网络号的变化,信息传递也不会受到影响。若有人(校园网外的 Internet 用户)向管理系的主机(130.130.12.2)发送信息,则该信息将被发送到路由器,路由器再将信息发送到 IP 地址为"130.130.12.2"的主机,这与未划分子网之前的信息传递过程相同。

Internet 是通过子网掩码划分子网的。所谓子网掩码实际上是一个与 IP 地址等长(32 位)的二进制编码,将一个 IP 地址的网络号(包括子网部分)设置为全"1",主机号设置为全"0",将 IP 地址与之做二进制数据的"与"运算,即可得出该 IP 所在的网络 IP 地址。

IP 地址	网络号	子网号	主机号
子网掩码	1…1	1…1	0…0

在图 7-26 中,管理系的网络号为 130.130.12,它的主机号是最后一个十进制数据。由此可知,管理系的网络中子网掩码为"11111111111111111111111100000000",如果该网络中的每台主机都使用这个子网掩码,它们的网络号(包括子网号)就相同了。如 130.130.12.2、130.130.12.1 地址的网络号经过计算可以得出它们的网络号均为 130.130.12.0。子网掩码常用十进制数表示,如上述子网掩码可表示为 255.255.255.0。

子网掩码为网络管理者提供了一种非常灵活的手段,掩码的设置是自由的,没有位数的限定,人们甚至可以将一个 C 类网络划分为多个子网。如有两个 IP 地址分别是"202.202.192.54"和"202.202.192.174",由于它们都是 C 类地址,因此可推算出其网络号都为"202.202.192.0"。但若将其子网掩码设置为"11111111111111111111111111100000",则"202.202.192.54"的网络号为"202.202.192.32",而"202.202.192.174"的网络号为"202.202.192.160",它们就属于不同的子网了。

对于 A 类、B 类和 C 类网络来说,子网掩码分别为 255.0.0.0、255.255.0.0 和 255.255.255.0。Internet 中的每台主机都必须有子网掩码,路由器以此来推算 IP 地址所属的网络,网管人员也可借助子网掩码将一个较大的网络划分为多个子网。

网关是用来把两个或多个网络连接起来的设备,可实行不同网络协议的转换。如图 7-26 所示,3 个子网都通过网关相连,这个网关一般采用路由器。在网络中,网关(路由器)也必须分配一个 IP 地址,路由器的 IP 地址数与连接的网络数相同,如图 7-26 中的 130.130.11.254、130.130.12.254 和 130.130.22.254。

在 Windows 系统中设置主机 IP 地址的对话框中,有一项就是网关的设置,如图 7-27 所示。但这个网关实际上是出于本网的路由器地址,并非真正意义上的网关,这样称呼有其历史原因,这里不再赘述。

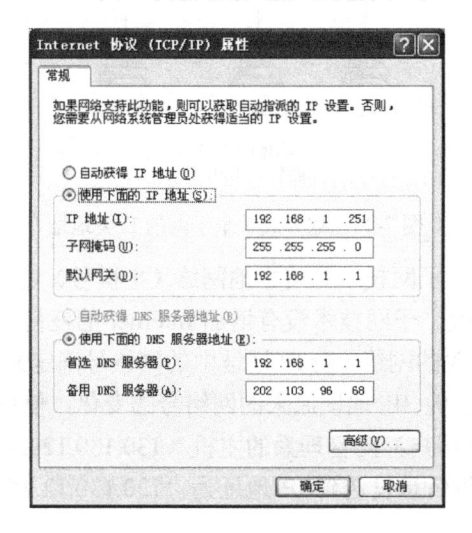

图 7-27 Windows 系统中设置主机 IP 地址的对话框

4. Internet 域名

要访问 Internet 中的任何一台主机,都需要知道其 IP 地址。但用数字表示的 IP 地址难以记住,于是 Internet 允许人们用一个类似于英文缩写或汉语拼音的符号来表示 IP 地址,这个符号化的 IP 地址就称为"域名地址"。

在 Internet 中,域名地址是由域名服务器来管理的。域是一个网络范围,可能表示一个子网、一个局域网、一个广域网或 Internet 的主干网。一个域内可以容纳许多台主机,每一台主机一定属于某个域,通过这个域的服务器可以查询和访问到这一台主机。

域名采用了嵌套结构,域名地址由一系列"子域名"组成。子域名的个数通常不超过 5

个，子域名之间用句点"."分隔，从左到右子域的级别依次升高，高一级的子域包含低一级的子域。第 1 级域名通常为国家名（例如，"cn"表示中国，"ca"表示加拿大）；第 2 级域名通常表示组网的部门或组织（例如，"com"表示商业部门，"edu"表示教育部门）。二级域以下的域名由组网部门分配和管理，如南华大学的域名为"nhu.edu.cn"。

为了便于记忆和理解，Internet 域名的取值应当遵守一定的规则。如表 7-2 所示为 Internet 上常用的域名和国家代码。

表 7-2 常用域名和国家代码

域　名	意　义	国家代码	国　家
com	商业组织	ca	加拿大
edu	教育部门	cn	中国
gov	政府部门	de	德国
mil	军事部门	fr	法国
net	主要网络支持中心	gb	英国
org	上述以外的机构	jp	日本
int	国际组织	us	美国

在 Internet 中，把易于记忆的域名翻译成机器可识别的 IP 地址，通常由称为域名系统（Domain Name System，DNS）的软件完成，而装有 DNS 的主机就被称为域名服务器。域名服务器上存有大量的 Internet 主机的地址（数据库），Internet 主机可以自动地访问域名服务器，从而实现"IP 地址-域名"间的双向查找功能。如当在 Internet Explorer 浏览器的地址栏中输入南华大学的域名"www.nhu.edu.cn"时，域名服务器会将它转换为南华大学的 IP 地址"210.43.112.31"。

7.3.3 Internet 基本服务

在 Internet 提供的服务类型中，人们最熟悉的常用功能有万维网（WWW）、电子邮件（E-mail）、新闻组（News Group）、文件传输（FTP）、远程登录（Telnet）、搜索引擎（Search Engine）。

1. 万维网

WWW（World Wide Web，Web）通常译成万维网，也称为 3W。它是由欧洲物理粒子研究所的 Tim Berners Lee 发明的。当时，他需要研制一种进行数据传输的方法，以便世界范围内的物理学家能够同时共享科学数据。他与 Rogert Cailliau 一起，在 1991 年研制出了第 1 个浏览器，使世界范围内的科学家在不进行数据格式转换的情况下就可以通过浏览器获得信息。

现在，Internet 上已有成千上万个网站，人们可以通过 Web 站点进行购物、订飞机票、查询旅游资源、订旅途餐馆、查看世界各国的新闻、远程学习和远程医疗等，也可以通过 Web 站点进行休闲娱乐，如在线游戏、在线影院、视频聊天和听音乐等。可以说，WWW 包罗万象，社会生活中的所有内容都融入其中。如图 7-28 所示的就是一个 WWW 网页。

在进行 Web 页面浏览时，应该理解以下几个比较重要的概念。

Web 服务器：Web 页面采用 B/S 模式提供网络服务，在 Web 服务器中存放有大量的网页文件信息，提供各种信息资源。用户端的计算机安装了网络浏览器（如 Internet Explore），当用户需要访问 Web 页面时，它首先要与 Web 服务器进行连接，然后向服务器发出传递网页的请求。Web 服务器则随时查看是否有用户连接，一旦建立用户连接，它就随时应答用户提出的各种请求。

图 7-28　WWW 网页

浏览器（Browser）：一个能够显示网页的应用程序。用户通过它进行网页浏览，浏览器具有格式化各种不同类型文件信息的功能，并能将格式化的结果显示在屏幕上。这就使得网页中的信息可以多样化，能够包含文字、图形、图像、动画和声音等信息。

主页（Home Page）与网页：Web 服务器中的信息称为网页，即页面。一个 Web 服务器有许多页面。主页是一种具有特殊意义的页面，它是用户进入 Web 服务器所见到的第 1 个网页。主页相当于介绍信，说明网页所提供的服务，并具有调度各个页面的功能，好比图书的封面和目录。

HTTP（HyperText Transfer Protocol）：超文本传输协议，是 WWW 的标准传输协议，用于传送用户请求和服务器对用户的应答信息。该协议要求连接的一端是 HTTP 客户端，另一端是 HTTP 服务器程序。

HTML（Hyper Text Markup Language）：超文本标记语言。HTML 用来描述如何格式化网页中的文本信息。通过将标准的文本格式化标记写入 HTML 文件，可以使所有浏览器都能够阅读和重新格式化网页信息。

URL（Uniform Resource Locator）：统一资源定位器。URL 可以出现在浏览器的地址栏中，也可以出现在网页中。它由 3 部分组成，分别是协议部分、域名部分、网页文件名部分。图 7-29 为 URL 组成。WWW 中的 URL 有多种类型，如 FTP、Telnet 等。

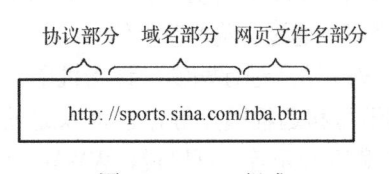

图 7-29　URL 组成

2. 电子邮件

电子邮件又称为 E-mail，是由 Internet 服务商提供的使用最普遍的服务之一。它是 Internet

上各用户间进行联络的一种快速、简便、高效、价格低廉的现代化的通信手段。

与普通信件一样，电子邮件也需要地址。电子邮件地址就是用户在 ISP（Internet Service Providers，因特网服务提供商）提供的服务器上注册的邮件账号再加上服务器的域名，中间用@隔开，如 ciw_zhbw@sina.com.cn。

ciw_zhbw 表示用户在 ISP 提供的服务器上注册的电子邮件账号，也就是用户名；@表示"at"，即"位于，在"的意思；sina.com.cn 表示服务器的域名。

邮件服务器是电子邮件系统的核心构件，其功能是发送和接收邮件，同时还要向发信人报告邮件传送的情况。邮件服务器需要使用两个不同的协议：SMTP（简单邮件传输协议）用于发送邮件，POP3（邮局协议）用于接收邮件。

目前，许多网站都提供了免费的电子邮件服务，如搜狐（Sohu）、新浪（Sina）等。

3. 文件传输

在 Internet 中，许多网站都有文件服务器，用于向 Internet 用户提供文件服务。文件服务器中拥有大量的网络资源，如软件、图像、MTV、MP3 和电影等，这些资源都以文件的形式存于服务器中。Internet 用户可以访问文件服务器，查看或者复制其中的文件资料，也可以将自认为有用的文件复制到远程的文件服务器中，让网络中的其他用户使用。将本地计算机中的文件复制到远程计算机中称为上载（Upload，也称为上传），将远程计算机中的文件复制到本地计算机中称为下载（Download，也称为下传）。

FTP 文件传输协议是 Internet 上使用最为广泛的文件传输协议。FTP 提供交互式访问，并允许文件具有存取权限（用户只有在提供了正确的用户名和密码之后才能访问文件）。FTP 是基于 C/S 模式制定的文件传输模式，客户机和 FTP 服务器之间利用 TCP 协议建立连接。一个 FTP 服务器可同时支持多个用户访问 FTP 服务器中的文件。

在 Internet 中有一类较特殊的文件服务器，即匿名（Anonymous）FTP 服务器。匿名 FTP 服务器向所有用户开放，任何人都可以使用 Anonymous 作为用户名，用自己的 E-mail 地址作为密码登录，并访问这类服务器。

在 Internet Explorer 浏览器中可以访问 Internet 中的 FTP 服务器。如想访问北京大学的匿名 FTP 服务器，则在 Internet Explorer 浏览器地址栏中输入 FTP 服务器的地址 ftp://ftp.pku.edu.cn，就可以登录到服务器，如图 7-30 所示。FTP 工具软件较多，有 Flashget、LeapFTP 等。

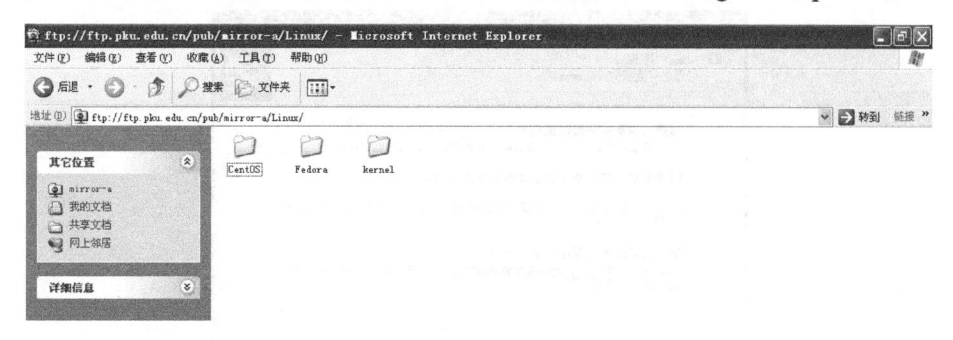

图 7-30　访问匿名 FTP 服务器

4. 远程登录

远程登录就是让计算机充当远程主机的一个终端，通过网络登录到远程的主机上，并访问远程主机中开放的软件和硬件资源。在进行远程登录时需要向远程主机提供正确的用户名和密码。目前，许多机构也提供了开放式的远程登录服务，用户可以通过公共账号（如 Guest）登录远程主机。

Telnet 其实是一个简单的远程终端协议，它也是 Internet 的正式标准，远程登录使登录到远程计算机的用户可以在自己的计算机上操作，但在远程计算机上执行，并且将结果返回到自己的计算机上。

Windows 系统提供了一条远程登录命令 Telnet，该命令可运行于 DOS 环境。

5. 搜索引擎

Internet 中的信息资源遍布于世界的各个站点，是一个信息的汪洋大海，只有借助一些网站提供的搜索引擎才能及时查找到需要的信息。搜索引擎的使用非常简单，只要输入关键字，搜索引擎就会查找出与关键字相关的信息。但是，网络上有许多雷同的信息，搜索引擎也会搜索出来，有用的信息需要自己去鉴定和筛选。

常用的中文搜索引擎有：百度、新浪、搜狐、网易等。

7.3.4 Internet 接入方式

在使用 Internet 之前，必须先建立 Internet 连接，然后才能进入 Internet 获取网上的信息资源。而建立 Internet 连接需先向 ISP（如中国电信）提出申请，获取 ISP 授权的用户账号。

1. 电话拨号接入

电话拨号接入即通常所说的"拨号上网"，它的传输速率一般不超过 56kbit/s，是指利用串行线路协议或点对点协议把计算机和 ISP 的主机连接起来。

拨号上网的用户需拥有一台计算机、一台调制解调器（Modem），通过已有的电话线路连接到 ISP。

电话拨号接入费用较低，其缺点是传输速率低，线路可靠性较差，比较适合个人或业务量较小的单位使用。在 Windows 中需手动建立"网络连接"才能建立拨号上网，如图 7-31 所示。

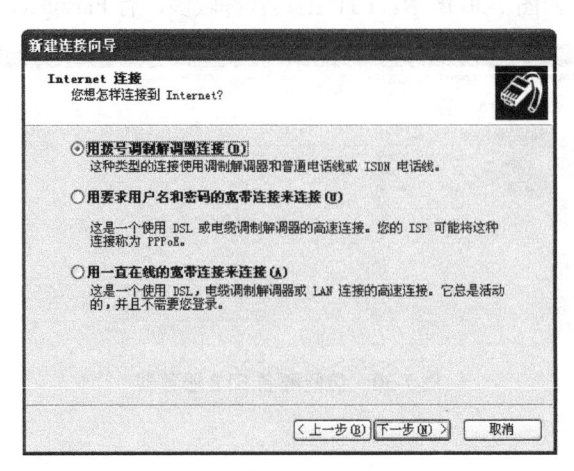

图 7-31 "新建连接向导"对话框

2. ADSL 接入

ADSL（Asymmetric Digital Subscriber Line）的中文是非对称数字用户线，并具有固定 IP 地址。所谓非对称主要体现在：利用一对电话线，为用户提供上、下行非对称的传输速率（带宽），上行（从用户到网络）为低速传输，可达 1Mbit/s，下行（从网络到用户）为高速传输，可达 8Mbit/s。ADSL 可以在普通电话线上实现高速数字信号传输，它使用频分复用技术将电话语音信号和网络数据信号分开，用户在上网的同时还可以拨打电话，两者互不干扰，这是 ADSL 接入方式优于电话拨号接入方式的地方。

ADSL 接入上网的用户需要具备以下条件：拥有 1 台计算机、1 个语音/数据滤波器、1 个 ADSL Modem 等，如图 7-32 所示。

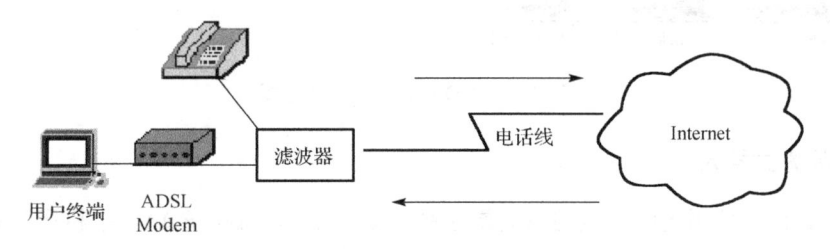

图 7-32 ADSL 接入方式示意图

ADSL 也可以满足局域网接入的需要，常用的方法是：将直接通过 ADSL 接入网络的那台主机设置成服务器，然后本地局域网上的客户机通过共享连接该服务器访问网上信息资源，服务器上需安装两块网卡，其中一块与交换机（或集线器）相连，另一块与 ADSL 相连。这样，只需申请一个账号，通过共享服务器的 Internet 连接，就可以使局域网内的所有计算机访问 Internet。局域网中的客户机可采用保留的 IP 地址（如 192.168.0.x）。

3. 局域网方式接入

局域网接入即用路由器将本地局域网作为一个子网连接到 Internet 上，使得局域网中的所有计算机都能够访问 Internet。这种连接的数据传输速率在 10Mbit/s～100Mbit/s，但访问 Internet 的速率受到局域网出口（路由器）的速率和同时访问 Internet 用户数量的影响。这种上网方式适用于用户数较多且较为集中的情况。

4. DDN 专线接入

DDN（Digital Data Network）即数字数据网，它是利用数字信道传输数据信号的数据传输网，向用户提供永久性和半永久性连接的数字数据传输信道，如图 7-33 所示。

DDN 专线接入能提供高性能的点到点通信，保密性强；信道固定分配，可以充分保证通信的可靠性，保证用户使用的带宽不受其他用户使用情况的影响；通过 DDN 专线接入的局域网很容易实现整体接入 Internet。另外，DDN 专线接入线路稳定，可获得真实的 IP 地址，便于企业在 Internet 上建立网站，树立企业形象，服务广大客户。DDN 专线接入的优点很多，但接入造价较高、通信费用也较高，这种接入方式适合网络用户较多的单位使用，如大型企业、银行、高校等。

专线接入除了 DDN，还有帧中继、X.25 等方式。

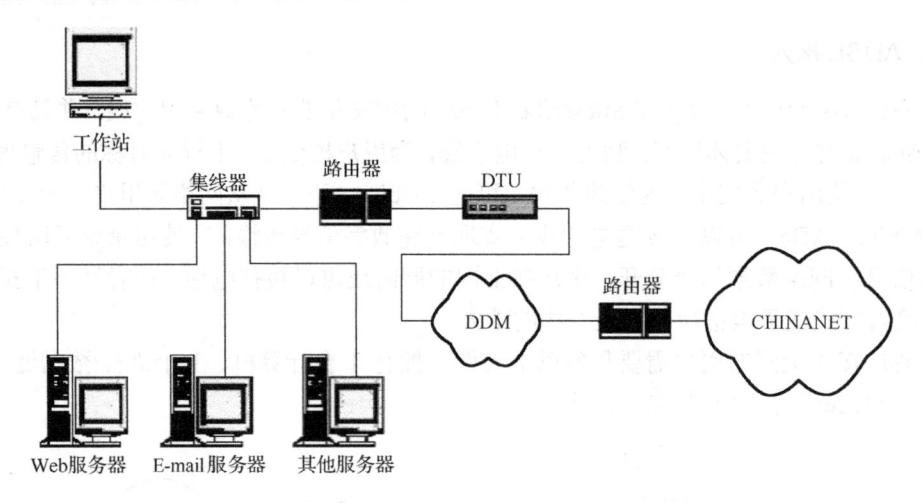

图 7-33 DDN 专线接入示意图

5. 无线方式接入

无线方式接入使用无线电波将移动端系统（如笔记本电脑、PDA、手机等）和 ISP 的基站连接起来，基站又通过有线方式连入 Internet。无线方式接入可以分为两种：一种是无线局域网（Wireless Local Area Network，WLAN），它是以传统局域网为基础，由无线 AP 和无线网卡构建的一种无线上网方式；另一种是无线广域网（Wireless Wide Area Network，WWAN），它是一种通过电信服务商开通数据功能，计算机通过无线上网卡来达到无线上网的接入方式，如通过 CDMA 无线上网卡、GPRS 无线上网卡等。

7.4 计算机网络新技术

1. IPv6

随着 Internet 的发展，IPv4 由于存在地址空间危机、IP 性能及 IP 安全性等问题，严重制约了 IP 技术的应用和未来网络的发展，因此将慢慢被 IPv6 所取代。IPv6 具有地址空间大、即插即用、移动便捷、易于配置、贴身安全、QoS 较好等优点。

2. 语义网

万维网已成为人们获得信息、取得服务的重要渠道之一，但是，目前万维网基本上不能识别语义，原因是传统的信息检索技术都是基于字词的关键字查找和全文检索，只是语法层面上的字、词的简单匹配，缺乏对知识的表示、处理和理解能力。

语义网（Semantic Web）是万维网的发展方向，它能够根据语义进行判断，实现人与计算机之间的无障碍沟通。它好比一个巨型的大脑，智能化程度极高，协调能力非常强大。在语义网上连接的每一台计算机不但能够理解词语和概念，而且能够理解它们之间的逻辑关系，可以干人所从事的工作。它将使人类从搜索相关网页的繁重劳动中解放出来。语义网中的计算机能利用自己的智能软件，在万维网上的海量资源中找到用户需要的信息，从而将一个个现存的信息孤岛发展成一个巨大的数据库。

语义网的建立涉及人工智能领域，与 Web 3.0 智能网络的理念不谋而合，因此语义网的初步实现也作为 Web 3.0 的重要特征之一。但是想要实现网络上的超级大脑，需要长期的研究，这意味着语义网的相关实现会占据网络发展进程的重要部分。

3. 网格技术

网格技术的目的是利用互联网把分散在不同地理位置的计算机组织成一台"虚拟的超级计算机"，实现计算资源、存储资源、数据资源、信息资源、软件资源、通信资源和知识资源等的全面共享。其中每一台参与的计算机就是一个节点，整个现实世界的网络就称为"网格"，网格技术通过共享网络将不同地点的大量计算机相连，从而形成虚拟的超级计算机，将各处计算机的多余处理器能力合在一起，可提供巨大的处理能力。

4. 云计算技术

狭义的云计算指的是一种 IT 基础设施的交付和使用的模式，通常是指通过网络以按需、易扩展的方式获得所需的资源（硬件、平台、软件）。提供资源的网络被称为"云"。"云"中的资源在使用者看来是可以无限扩展的，并且可以随时获取，按需使用，按使用付费。

广义的云计算是服务的交付和使用的模式，指通过网络，以按需、易扩展的方式获得所需的服务。这种服务可以是基于互联网的软件服务、宽带服务，也可以是任意其他的服务。所有这些网络服务我们可以理解为网络资源，众多资源形成所谓的"资源池"。

我们把这种资源池称为"云"。"云"是一些可以自我维护和管理的虚拟计算资源，通常为一些大型服务器集群，包括计算服务器、存储服务器、带宽资源等。云计算将所有的计算资源集中起来，并由软件实现自动管理，无须人为参与。这使得应用提供者无须为烦琐的细节而烦恼，能够更加专注于自己的业务，有利于创新和降低成本。这就好比是从古老的单台发电机模式转向了电厂集中供电的模式。它意味着计算能力也可以作为一种商品进行流通，就像煤气、水电一样，取用方便，费用低廉。最大的不同在于，它是通过互联网进行传输的。

无论是狭义概念还是广义概念，我们都不难看出，云计算是分布式计算（Distributed Computing）技术的一种，大规模分布式计算技术即为"云计算"的概念起源。"云计算"是并行处理（Parallel Computing）和网格计算（Grid Computing）的发展，或者说是这些计算机科学概念的商业实现。云计算是一种基于 Internet 的超级计算模式，在远程的数据中心里，大量计算机和服务器连接成一片"云"。用户可通过计算机、手机等方式接入数据中心，按自己的需求进行运算。

5. 移动计算技术

移动计算技术是随着移动通信、互联网、数据库、分布式计算等技术的发展而兴起的技术。移动计算技术将使计算机或其他信息智能终端设备在无线环境下实现数据传输及资源共享。它的作用是将有用、准确、及时的信息提供给任何时间、任何地点的任何客户。这将极大地改变人们的生活方式和工作方式。

与固定网络上的分布计算相比，移动计算具有以下主要特点：

（1）移动性。移动计算机在移动过程中可以通过所在无线单元的 MSS 与固定网络的节点或其他移动计算机连接。

（2）网络条件多样性。移动计算机在移动过程中使用的网络一般是变化的，这些网络既可以是高带宽的固定网络，又可以是低带宽的无线广域网（CDPD），甚至可以是处于断接状态的网络。

（3）频繁断接性。由于受电源、无线通信费用、网络条件等因素的限制，移动计算机一般不会采用持续联网的工作方式，而是主动或被动地进行间连、断接。

（4）网络通信的非对称性。一般固定服务器节点具有强大的发送设备，移动节点的发送能力较弱。因此，下行链路和上行链路的通信带宽和代价相差较大。

（5）移动计算机的电源能力有限。移动计算机主要依靠蓄电池供电，容量有限。经验表明，电池容量的提高远慢于同期CPU速度和存储容量的发展速度。

（6）可靠性低。这与无线网络本身的可靠性及移动计算环境的易受干扰和不安全等因素有关。

由于移动计算具有上述特点，因此构造一个移动应用系统，必须在终端、网络、数据库平台以及应用开发上做一些特定考虑。应用上需要考虑与位置移动相关的查询和计算的优化。移动计算是一个多学科交叉、涵盖范围广泛的新兴技术，是计算技术研究中的热点领域，并被认为是对未来具有深远影响的技术方向之一。

6. 物联网技术

物联网是新一代信息技术的重要组成部分。顾名思义，物联网就是"物物相连的互联网"。这有两层意思：第一，物联网的核心和基础仍然是互联网，是在互联网的基础上延伸和扩展的网络；第二，其用户端延伸和扩展到了任何物体与物体之间，进行信息交换和通信。因此，物联网的定义是：通过射频识别（RFID）技术，红外感应器、全球定位系统、激光扫描器等信息传感设备，按约定的协议，把任何物体与互联网相连接，进行信息交换和通信，以实现对物体的智能化识别、定位、跟踪、监控、管理和控制的一种网络。

与传统的互联网相比，物联网有其鲜明的特征。首先，它是各种感知技术的广泛应用。物联网上部署了海量的多种类型的传感器，每个传感器都是一个信息源，不同类别的传感器捕获的信息内容和信息格式不同。其次，它是一种建立在互联网上的泛在网络。物联网技术的重要基础和核心仍是互联网，通过各种有线和无线网络与互联网融合，将物体的信息实时准确地传递出去。最后，物联网不仅提供了传感器的连接，其本身也具有智能处理的能力，能够对物体实施智能控制。物联网将传感器和智能处理相结合，利用云计算、模式识别等各种智能技术，扩宽其应用领域。从传感器获得的海量信息中分析、加工和处理出有意义的数据，以适应不同用户的不同需求，发现新的应用领域和应用模式。

本 章 小 结

通过本章的学习，读者可了解到计算机网络的基本知识，包括计算机网络的形成、发展、功能和体系结构等。然后介绍了局域网技术、Internet基本知识、计算机网络新技术等。

局域网技术的出现虽然比广域网晚，但局域网成本低、建网快、使用方便，所以局域网技术发展很快。

在使用Internet之前，必须建立Internet连接，本章介绍了几种常用的接入方式。Internet

之所以得到了前所未有的发展，一方面是因为软、硬件的快速发展，另一方面也是因为人们对 Internet 的强烈需求。

习　题

一、选择题

1. 计算机网络实现的资源共享包括（　　）、软件共享和硬件共享。
   A．设备共享　　　　B．程序共享　　　　C．数据共享　　　　D．文件共享
2. 计算机网络中，（　　）承担数据传输和通信处理工作。
   A．计算机　　　　　B．通信子网　　　　C．资源子网　　　　D．网卡
3. 计算机网络协议是为了保证准确通信而制定的一组（　　）。
   A．用户操作规范　　　　　　　　　　　B．硬件电气规范
   C．通信规则或约定　　　　　　　　　　D．程序设计语法
4. OSI 模型将计算机网络体系结构的通信协议规定为（　　）。
   A．3 个层次　　　　B．5 个层次　　　　C．6 个层次　　　　D．7 个层次
5. 下列属于计算机局域网的是（　　）。
   A．校园网　　　　　B．国家网　　　　　C．城市网　　　　　D．因特网
6. 下列（　　）是计算机网络的传输介质。
   A．网卡　　　　　　B．服务器　　　　　C．集线器　　　　　D．激光信道
7. 大多数用户利用公用电话网连接 Internet 的常用设备是（　　）。
   A．卫星 Modem　　　　　　　　　　　　B．微波 Modem
   C．光纤 Modem　　　　　　　　　　　　D．音频 Modem
8. 下列（　　）不是网络操作系统。
   A．Windows NT Server　　　　　　　　　B．UNIX
   C．DOS　　　　　　　　　　　　　　　D．NetWare
9. 同时具有星状拓扑和总线型拓扑特点的网络拓扑结构是（　　）。
   A．环状拓扑　　　　B．树状拓扑　　　　C．网状拓扑　　　　D．其他拓扑结构
10. 远程终端访问需使用的协议是（　　）。
    A．Telnet　　　　　B．FTP　　　　　　C．SMTP　　　　　D．E-mail
11. IP 的中文含义是（　　）。
    A．信息协议　　　　B．内部协议　　　　C．传输控制协议　　D．网络互联协议
12. IP 地址可以用（　　）位二进制数来表示。
    A．8　　　　　　　B．16　　　　　　　C．32　　　　　　　D．64
13. （　　）分配给规模特别大的网络使用。
    A．A 类地址　　　　B．B 类地址　　　　C．C 类地址　　　　D．D 类地址
14. C 类地址的 32 位地址域中前（　　）个 8 位为网络标识。
    A．1　　　　　　　B．2　　　　　　　C．3　　　　　　　D．4

15. 在各种数字用户环路技术 DSL 中，ADSL 指的是（   ）。
    A．高速数字用户环路　　　　　　　B．非对称数字用户环路
    C．速率自适应非对称数字用户环路　D．甚高速数字用户环路

二、简答题

1. 什么是计算机网络？其主要功能有哪些？
2. 什么是 IP 地址，IP 地址与域名有何关系？
3. TCP/IP 协议有几层，每层具有什么功能？
4. 某单位要建立一个与 Internet 相连的网络，该单位包括 4 个部门，分别位于 4 栋不同的大楼，每个部门有大约有 60 台计算机，各部门的计算机组成一个相对独立的子网。假设分配给该单位的 IP 地址为一个 C 类地址，网络地址为 202.120.56.0，请给出一个将该 C 类网络划分成 4 个子网的方案，即确定子网掩码和分配给每个部门的 IP 地址范围。
5. 简述计算机病毒的工作过程。
6. 通过网络检索，试描述 QQ 软件的拓扑结构及服务过程。

第 8 章

多媒体技术及应用

本章导读：
随着多媒体计算机技术的发展，多媒体技术已在我们的生活、工作和学习中得到了广泛的应用，尤其是在教育领域。掌握多媒体技术，特别是多媒体课件制作技术是每一个教师必备的技能。本章首先对多媒体、多媒体计算机、多媒体技术等概念进行了简要介绍，然后对常见形式的多媒体——音频、图形和图像、视频和动画的处理技术进行了介绍。最后，介绍了常用多媒体播放器的使用。

本章学习目标：
1. 了解多媒体的基本概念和技术。
2. 掌握音频、图形和图像、视频和动画的基本概念及其应用。

8.1 多媒体的概念

8.1.1 多媒体与多媒体计算机

媒体（Medium）在计算机行业里有两种含义：其一是指传播信息的载体，如语言、文字、图像、视频、音频等；其二是指储存信息的载体，如 ROM、RAM、磁带、磁盘、光盘等。

多媒体（Multimedia）是多种媒体的综合，一般包括文本、声音和图像等多种媒体。在计算机系统中，多媒体指两种或两种以上媒体组合的一种人机交互式信息交流和传播媒体。使用的媒体包括文字、图形、图像、音频、动画和视频等，以及程序所提供的互动功能。

多媒体是超媒体（Hypermedia）系统中的一个子集，而超媒体系统是使用超链接构成的全球信息系统，全球信息系统是互联网上使用 TCP/IP 协议和 UDP/IP 协议的应用系统。二维的多媒体网页使用 HTML、XML 等语言编写，三维的多媒体网页使用 VRML 等语言编写。

多媒体计算机（Multimedia Computer）能够对声音、图像、视频等多媒体信息进行综合处理，多媒体计算机一般指多媒体个人计算机（MPC）。

（1）多媒体计算机能处理多种媒体，包括静态媒体和时变媒体。其中静态媒体指文字、图形、图像；时变媒体指音频、动画、视频。在处理的媒体中至少有一种是时变媒体。

（2）处理的过程具有交互性。系统能够接收外部信息并由操作者进行控制。

（3）对各种媒体进行综合处理。各种媒体在系统中能够得到同步的处理。概括起来，多媒体计算机能够综合处理多种媒体信息，使多种信息建立连接，并集成为一个交互式系统。

8.1.2 多媒体系统的组成

一般的多媒体系统由如下 4 个部分组成：多媒体硬件系统、多媒体操作系统、媒体处理系统工具和用户应用软件。

（1）多媒体硬件系统：包括计算机硬件、声音/视频处理器、多种媒体输入/输出设备及信号转换装置、通信传输设备及接口装置等。其中，最重要的是根据多媒体技术标准研制生成的多媒体信息处理芯片和板卡、光盘驱动器等。

（2）多媒体操作系统：或称为多媒体核心系统（Multimedia Kernel System），具有实时任务调度、多媒体数据转换、同步控制对多媒体设备的驱动和控制，以及图形用户界面管理等功能。

（3）媒体处理系统工具：或称为多媒体系统开发工具软件，是多媒体系统重要组成部分。

（4）用户应用软件：根据多媒体系统终端用户要求而定制的应用软件或面向某一领域的用户应用软件系统，它是面向大规模用户的系统产品。

8.2 多媒体技术

多媒体技术是指通过计算机对多种媒体信息进行综合处理和管理，使用户可以通过多种感官与计算机进行实时信息交互的技术，又称为计算机多媒体技术。

多媒体技术的发展改变了计算机的使用领域，使计算机由办公室、实验室中的专用品变成了信息社会的普通工具，广泛应用于工业生产管理、学校教育、公共信息咨询、商业广告、军事指挥与训练、家庭生活与娱乐等领域。

8.2.1 音频

1．常见的音频格式

音频通常有语音、音效和音乐等形式。语音指人们讲话的声音；音效指有特殊效果的声音，如雨声、铃声、机器声、动物叫声等，它可以从自然界中录音，也可以采用特殊方法人工模拟制作；音乐主要是由人们创作，供人们欣赏的一种特殊声音形式。

（1）常见的音频文件格式。常见的音频文件格式有 WAV、WMA、MP3、RA、MIDI 等，不同格式的文件有不同的特点。

① WAV 格式。WAV 是一种波形声音文件格式，它是通过对声音采样生成的。只要采样率高、采样字节长、机器速度快，利用该格式记录的声音文件就能够和原声基本一致，具有很高的音质，但因为没有经过压缩，每分钟的音频约占用 10MB 的存储空间。

② MIDI 格式。MIDI 是电子音乐设备和计算机通信的标准。MIDI 数据不是声音，而是以数值形式存储的指令。一个 MIDI 文件是一系列带时间特征的指令串。实质上，它是一种音乐行为的记录，只有当将录制完毕的 MIDI 文件传送到 MIDI 播放设备中时，才能形成声音。MIDI 数据是依赖于设备的，MIDI 音乐文件产生的声音取决于播放声音的 MIDI 设备。

③ MP3 格式。MP3 是以 MPEG Layer 3 标准压缩编码的一种音频文件格式。MPEG 编码具有很高的压缩率，压缩率可以高达 1∶12。1 分钟左右的 CD 音乐经过 MPEG Layer 3 格式压缩编码后，可以压缩到 1MB 左右，其音色和音质基本可以保持不失真。这种格式在网络可视电

话通信方面应用广泛。

④ RA 格式。RA 是 Real Audio 的缩写，这种格式和 MP3 类似，是为了解决网络传输带宽资源而设计的，主要优势在于压缩比和容错性，其次才是音质。

⑤ WMA 格式。微软的 Windows Media Audio 是一种压缩的离散文件或流式文件，它提供了一个除 MP3 之外的选择机会。WMA 相对于 MP3 的主要优点是在较低的采样频率下它的音质要好些。

当然，声音文件还有一些其他格式，如 Ogg、AAC、APE 等。

（2）音频文件之间的比较。作为数字音乐文件格式的标准，WAV 格式容量过大，使用起来很不方便。因此，一般情况下我们把它压缩为 MP3 或 WMA 格式。压缩方法有无损压缩、有损压缩以及混成压缩。MPEG、JPEG 属于混成压缩，如果把压缩的数据还原回去，数据其实是不一样的。当然，人耳一般情况下无法分辨。因此，如果把 MP3、Ogg 格式从压缩的状态还原回去的话，就会产生损失。然而，APE 格式即使还原，也能毫无损失地保留原有音质。所以，APE 可以无损失高音质地进行压缩和还原。在完全保持音质的前提下，APE 的压缩容量有了适当的减小。以一个最常见的 38MB 的 WAV 文件为例，压缩成 APE 格式后为 25MB 左右，比原文件少了 13MB。

2. 音频素材的获取

（1）音频素材的获取途径。音频素材的获取可以通过各种录音设备或录音软件直接进行录制，也可以通过软件从 CD 中抓取数字音乐信息，还可以从其他媒介上复制或从网上下载。

但有的时候，我们需要自己的声音，或需要进行加工处理合成的新的音频文件，那么我们就需要先进行录制，再使用音频处理软件进行加工处理，最终得到我们所需要的音频文件。以前我们录音使用的录音机是通过磁带录制的，声音是模拟信号，只能通过录音机来播放，不能直接被计算机所采用，也不能用计算机进行后期的处理。计算机能处理的都是数字信号，因此我们主要介绍数字音频的录制。

数字音频的录制可以通过各种硬件来进行录制，也可以用计算机上的录音软件进行录制。通常录音的硬件设备有录音笔、声卡、话筒、音箱、耳机、录音卡等；能进行音频录制的软件有操作系统自带的录音机、Goldwave、Audition、Power MP3 Recorder、Auvisoft MP3 Recorder、Adobe Audition 等。这里就以上几种软件的功能，做一个简要的介绍。

① 系统自带的录音机。"录音机"不仅可以录音、放音，还可以对声音进行剪辑、插入、混音等编辑处理。

② Goldwave。它不仅是一个录音程序，使用它还可以很方便地制作网页的背景音乐，除了附有许多的效果处理功能，它还能将编辑好的文件存储为 WAV、AU、SND、RAW、AFC 等格式。若 CDROM 是 SCSI 形式的，则它可以不经由声卡直接抽取 CDROM 中的音乐来录制编辑。

③ Audition。它是功能强大的多轨录音软件，是非常出色的数字音乐编辑器和 MP3 制作软件。不少人把 Audition 形容为音频"绘画"程序。用户可以用声音来"绘制"音调、歌曲的一部分声音、弦乐、颤音、噪声或是静音。而且还提供了多种特效，包括放大噪声、降低噪声、压缩、扩展、回声、失真、延迟等。用户可以同时处理多个文件，轻松地在几个文件中进行剪切、粘贴、合并、重叠声音操作。

该软件还包含 CD 播放器。其他功能包括：支持可选的插件、崩溃恢复、多文件、自动静音检测和删除、自动节拍查找、录制等。另外，它还可以在 AIF、AU、MP3、Raw PCM、SAM、VOC、VOX、WAV 等文件格式之间进行转换，并且能够保存为 RA 格式。

④ Power MP3 Recorder。它是一个可以直接将声音录制为 MP3 或 WAV 格式音频的工具。

⑤ Auvisoft MP3 Recorder。可以录制任何来自声卡、麦克风、Line-In 设备（如磁带）的声音。可以用它录制音乐、电影中的对白、游戏中的音乐等。而且还可以把录制的文件保存为 MP3 或 WAV 格式。

⑥ Adobe Audition。它是一个具有专业音频编辑和混合环境的软件。Audition 提供先进的音频混合、编辑、控制和效果处理功能。最多可混合 128 个声道，可编辑单个音频文件，创建回路并可使用 45 种以上的数字信号处理效果。

（2）音频的采集。在计算机中，用于处理音频的硬件设备主要有声卡、话筒、音箱、耳机、录音卡座等。在声卡上一般有话筒输入（Mic）、线路输入（Line）和扬声器输出（SPK）接口，话筒、音箱应分别接在声卡的 Mic 和 SPK 接口上，用录音机等设备录音时，还需将录音机的线路输出（Line Out）连接到声卡的线路输入接口上。

声卡的主要作用之一是对声音信息进行录制与回放，在这个过程中采样的位数和采样的频率决定了声音采集的质量。

① 采样位数。采样位数可以理解为声卡处理声音的解析度。这个数值越大，解析度就越高，录制和回放的声音就越真实。我们首先要知道：计算机中的声音文件是用数字 0 和 1 来表示的。所以在计算机上录音的本质就是把模拟声音信号转换成数字信号，反之，在播放时则是把数字信号还原成模拟声音信号输出。

声卡的位是指声卡在采集和播放声音文件时使用数字信号的二进制位数。声卡的位客观地反映了数字信号对模拟声音信号描述的准确程度。8 位代表 2 的 8 次方（256），16 位则代表 2 的 16 次方（64K）。比较一下，一段相同的音乐信息，16 位声卡能把它分为 64K 个精度单位进行处理，而 8 位声卡只能处理 256 个精度单位，这就造成了较大的信号损失，最终的采样效果自然相差很大。

② 采样频率。采样频率是指录音设备在一秒内对声音信号的采样次数，采样频率越高，声音的还原就越真实、越自然。主流声卡采样频率一般分为 22.05kHz、44.1kHz 和 48kHz 等，22.05kHz 只能达到 FM 广播的声音品质，44.1kHz 是理论上的 CD 音质界限，48kHz 更加精确一些。对于高于 48kHz 的采样频率，人耳无法辨别，所以在计算机上使用价值较低。

3. 音频素材的处理技术

语言解说与背景音乐是多媒体教学软件中重要的组成部分。通常，我们最初获取的音频并不是最终所要的声音，需要经过进一步的编辑、合成、降噪、美化等处理，才能得到满意的音频文件，因此就需要用专门的音频处理软件对它进行处理。音频的处理是素材准备过程中的一个重要部分，下面就音频一般要进行的处理进行介绍。

（1）音频格式的转换。

通常，音频包括波形声音、MIDI 和 CD 音乐，而在多媒体教学软件中使用最多的是波形声音。几乎所有的制作软件都不支持 RA、RM、RAM 等格式的音频，这就需要进行格式转换。

音频文件格式的转换可以通过音频文件格式转换器轻松解决，操作比较简单，易于掌握，这里不做详细介绍。另外，也可以通过音频处理软件来进行格式转换。如利用 Audition 打开 MP3 格式的文件，经过处理以后，选择"文件"菜单中的"另存为"选项，就可以选择新的保存类型，从而把原来的文件格式转换成新的格式。在文件格式转换的过程中需要注意一些问题：一些高质量的文件格式可以转换成低质量的文件格式，而低质量的文件格式转换成高质量的文件格式时，它的质量并不会真正得到提高。例如，把一个 MP3 格式的文件转换成 WAV 格式后，只是文件变大了，音质并没有得到提高。所以格式转换需要把握一个原则——向下转换。

（2）音频的编辑。音频的编辑主要包括声音的复制、移动、删除等。如需要重复的地方可以直接采用已有的部分进行复制，录制过程中多录的部分可以删除等。

（3）音频的拼接。我们可以把不同的几个音频文件通过软件拼接成一个文件，并设置过渡效果，如淡入淡出效果，让两部分音频连接自然。

（4）音频的合成。我们可以把背景音乐或伴奏与人声合成为一个文件，在制作解说文件时，可以将人声与背景音乐合成，也可以直接用软件在播放背景音乐的同时录入人的声音，最后保存成一个文件即可。音频的合成可以一次性合成多种声音，如 Audition 最多可以处理 128 种不同的声音。

（5）降噪。录制音频时，由于受声卡、麦克风以及录音环境的影响，可能会把噪声也一起录入，这时需要进行降噪处理，把环境噪声消除，使声音更加清晰。

（6）调整音高。由于每个人的音高不同，因此当与音乐不匹配时，可以通过软件来调整音高，既可以把原来较低的声音调高，又可以把原来较高的声音调低，以达到满意的效果。

（7）声像处理。一般录制好的人声都是单声道的，听起来会感觉单调，没有空间感。这时可以用软件中的声像效果器来处理，改变原有声音的声像状态、声场宽度、输出电平等；也可以通过声像效果器来增加混响效果；或通过调音台来增加低音、消减高音等，以达到一个满意的效果。

（8）音频美化。一些音频激励器可以修饰和美化音频信号。它可以增强音频的穿透力，增加原声的质感与空间感。例如，BBE Sonic Maximizer 音频激励器。

8.2.2 图形和图像

1. 图形图像概述

图形图像在信息传递方面具有独特的作用，它以直观、形象、生动、色彩丰富等特点传达信息。随着多媒体技术的发展，图形图像在教学中的应用越来越广泛。在教学中使用的图形，一般都可用计算机软件绘制，主要是由点、线、面等元素组合而成的，常被称为矢量图形；图像则可以是计算机输入设备捕捉的实际场景的画面，或是以数字化形式存储的画面，又称为位图图像。

（1）图形图像的种类。

① 矢量图形，也称为向量图形，是用一组指令集来描述的。这些指令描述了构成一幅图画的所有直线、曲线、矩形、圆、圆弧等的位置、形状和大小。矢量图形根据几何特性来绘制图形，矢量图形可以是一个点或一条线，只能靠软件生成，文件占用空间较小。它的特

点是放大后图像不会失真,和分辨率无关,适用于图形设计、文字设计、一些标志设计及版式设计等。

② 位图图像,也称为点阵图像或绘制图像,是由称为像素(图片元素)的单个点组成的。这些点可以进行不同的排列和染色以构成图像。当放大位图图像时,可以看见构成整个图像的无数单个方块,从而使线条和形状显得参差不齐。然而,如果从稍远的位置观看它,位图图像的颜色和形状又是连续的。由于每一个像素都是单独染色的,因此可以通过每次一个像素的频率操作选择区域而产生近似相片的逼真效果,如加深阴影和加重颜色。由于位图图像是以排列的像素集合体形式创建的,所以不能单独操作(如移动)局部位图。

(2) 图像的像素和分辨率。

① 像素(Pixel)。像素是图像显示的基本单位,被视为图像最小的完整采样,是有颜色的小方块。由于图像是由若干个小方块组成的,它们有各自的颜色和位置,因此小方块越多,像素越多,图像也就越清晰,但图像尺寸也就越大。

② 分辨率(Resolution)。分辨率指图像文件中单位面积内像素点的多少,或者指包含的细节和信息量,也可指输入、输出或者显示设备能够产生的清晰度等级。通常可以分为以下几种不同的分辨率。

● 屏幕分辨率:指在特定显示方式下,显示器能够显示出的像素数目,以水平和垂直的像素来表示,如 1024×768 像素和 1440×900 像素等。屏幕分辨率可以通过设置显示器的显示属性来进行设置,1440×900 像素表示显示屏的每一条水平线上包含 1440 个像素,共有 900 条线,即扫描列数为 1440 列,行数为 900 行,整个显示屏包含 1296000 个像素。显示屏上的像素越多,显示的图像质量也就越高。屏幕分辨率不仅与显示尺寸有关,还受显像管点距、视频带宽等因素的影响。屏幕分辨率和刷新频率的关系比较密切,严格地说,只有当刷新频率设置为"无闪烁刷新频率"时,显示器才能达到最高分辨率。

● 图像分辨率:指单位面积内图像包含像素点的数目,单位为"像素/英寸(ppi)",有时也指数字化图像的大小,用水平和垂直的像素表示。高分辨率的图像比相同打印尺寸的低分辨率图像包含更多的像素,因而像素点较小。例如,一幅 A4 大小的 RGB 彩色图像,若分辨率为 300ppi,则文件的大小在 20MB 以上。若分辨率为 72ppi,则文件的大小在 2MB 左右。

● 扫描分辨率:指在扫描图像前设置的扫描仪的解析极限,其单位与打印分辨率相同,用每英寸包含的点(dpi)表示。扫描图像时,像素的大小是由使用的分辨率决定的,例如,600dpi 扫描分辨率就表示每个像素只是六百分之一英寸。输入的分辨率越高,像素就越小,这就意味着每个度量单元具有更多的信息和潜在的细节,色调看起来比较连续;输入的分辨率越低,就意味着像素越大,每个度量单元的细节就越少,因而看起来有些粗糙。一幅图像中的像素大小和数量组合在一起就确定了它所包含的信息总数。

● 打印分辨率:指图像打印输出时每英寸可识别的点数,也用 dpi 表示,这是衡量输出图像清晰度的一个重要指标,该项指标越高表示图像的清晰度越高。需要注意的是同一幅数字图像输出时选择的打印分辨率不同,输出的大小也不同。最理想的情况是扫描分辨率与将要使用的输出设备的分辨率相匹配。如果不匹配,将出现两种结果:如果图像的分辨率低于输出设备的分辨率,则显示或是打印过程就会插值出额外的像素,最终的结果就会使图像失去某些细节和清晰度;如果图像的分辨率高于输出设备的分辨率,则显示或是打印过程就要抛弃额外的像素。

2. 图形图像文件的格式及特点

多媒体计算机通过各种形式得到的数字图像都是以文件的形式存储的，计算机对图像的处理也是以文件的形式进行的。各种存储文件都有一定的格式，由于编码方法的不同，得到的图像格式也各不相同。以下介绍一些比较常用的图形图像文件格式。

（1）BMP 格式。BMP 是英文 Bitmap（位图）的简写，是 Windows 标准的位图式的图像文件格式，扩展名为".bmp"，能够被多种 Windows 应用程序支持。这种格式的特点是：包含的图像信息较丰富，几乎不进行压缩，但是存储空间占用较大。几乎所有的图形图像处理软件都支持这种格式。

（2）JPEG 格式。JPEG 格式是最常用的一种有损压缩的图像文件格式，也是一种 24 位真彩色静态图像文件格式，扩展名为".jpg"或".jpeg"。其压缩技术十分先进，它用有损压缩方式去除冗余的图像和彩色数据，在拥有极高的压缩率的同时能展现十分丰富生动的图像，可以用最少的磁盘空间得到较好的图像质量。这种格式广泛用于彩色传真、静止图像、电话会议、印刷及新闻图片的传送。

（3）GIF 格式。GIF（Graphics Interchange Format）的英文原意是"图像互换格式"，是联机服务机构 CompuServe 在 1987 年开发的图像文件格式，扩展名为".gif"。GIF 格式在各种平台的各种图形图像处理软件上均能处理，不能用于存储真彩色的图像文件，但 GIF 格式的图像容量比较小，最大也不会超过 64MB，通常用于网络传输，速度要比传输其他图像文件格式快得多。GIF 图像有两个主要的规范，即 GIF87a 和 GIF89a。GIF89a 增加了创建简单动画的功能，并支持透明背景，即同一个文件中可以存储数张图像数据，呈现时逐幅读出显示到屏幕上，从而形成动画效果。

（4）PSD 格式。PSD 格式是 Photoshop 软件特有的、非压缩的文件格式，扩展名为".psd"，它的保真度和 BMP 格式一样，但是因为它需要记录图层，而且每一个图层就是一幅等大小的图像，所以图像容量比 BMP 格式大。不过正是因为图层的存在，使得它可以存储许多 BMP 格式所不能存储的效果，因此很多美工、图像编辑人员用它来存储作品。

（5）TIFF 格式。TIFF（Tag Image File Format）格式是由 Aldus 和 Microsoft 公司为扫描仪和桌面出版系统研制开发的一种通用的图像文件格式，扩展名为".tif"。TIFF 格式最高支持的色彩数可达到 16MB，文件体积庞大，但储存的信息量巨大，细微层次的信息较多，有利于原稿色彩的复制。TIFF 格式是平面设计中最常用到的图像文件格式，主流的图像编辑排版软件都支持这种格式。

（6）PNG 格式。PNG（Portable Network Graphic Format）格式是 Netscape 公司开发的图像文件格式，是一种能存储 32 位信息的位图文件格式，扩展名为".png"。同 GIF 格式一样，PNG 格式也使用无损压缩方式来减少文件的大小，但其图像质量远胜于 GIF 格式。PNG 格式图像可以是灰阶的（16 位）或彩色的（48 位），也可以是 8 位的索引色。PNG 格式图像使用的是高速交替显示方案，显示速度很快，只需要下载 1/64 的图像信息就可以显示出低分辨率的预览图像。与 GIF 格式不同的是，PNG 格式图像不支持动画功能。

（7）TGA 格式。TGA（Tagged Graphics）格式是美国 Truevision 公司为其显示卡开发的一种图像文件格式，扩展名为".tga"，已被国际上的图形图像领域接受。TGA 格式结构比较简单，属于一种图形图像数据通用格式，在多媒体领域有很大的影响，是计算机生成图像向电视转换的一种首选格式。TGA 格式最大的特点是可以做出不规则形状的图形图像文件，一般图形图像文件都为四方形，若需要圆形、菱形，甚至是镂空的图像文件时，TGA 格式是个不错的选择。TGA 格式支持压缩，使用不失真的压缩算法。

（8）WMF 格式。WMF 是英文 Windows Metafile Format 的缩写，简称图元文件，它是 Microsoft 公司定义的一种 Windows 平台下的图形文件格式，扩展名为".wmf"。Microsoft Office 的剪贴画使用的就是这个格式。WMF 格式文件的特点是：文件短小、图案造型化、整个图形常由多个独立的组成部分拼接而成。WMF 格式是 Microsoft Windows 操作平台支持的一种图形格式，目前，其他操作系统尚不支持这种格式，如 UNIX、Linux 等。

另外，还有一些常见的图形图像文件格式，如 CDR、PCX、EPS 等。

3. 图形图像素材的获取与输出

（1）屏幕捕捉或屏幕拷贝。利用 Hypersnap 或者 Snagit 等屏幕截取软件，可以捕捉当前屏幕上显示的任何内容，也可以使用 Windows 提供的 Alt+PrintScreen 组合键，直接将当前活动窗口显示的画面置入剪贴板中。

（2）扫描输入。这是一种常用的图像采集方法。如果希望把教材或其他书籍中的一些插图放在多媒体课件中，可以通过彩色扫描仪将图扫描转换成计算机数字图像文件，再对这些图像文件使用 Photoshop 等软件，进行颜色、亮度、对比度、清晰度、幅面大小等方面的调整，以弥补扫描时留下的缺陷。

（3）数码相机拍摄。随着数码相机的不断发展，数字摄影是近年来广泛使用的一种图像采集手段。数码相机拍摄的图像是数字图像，它被保存到相机的内存储器芯片中，然后通过计算机的通信接口将数据传送到多媒体计算机上，然后再在计算机中使用 Photoshop 等软件进行处理后应用到我们制作的多媒体课件中。使用这种方法可以方便、快速地制作出如旅游景点、实验仪器器具、人物等数字图像。

（4）视频帧捕捉。利用金山影霸、暴风影音等视频播放软件，可以将屏幕上显示的视频图像进行单帧捕捉，并以静止的图形存储起来。如果计算机已装有图像捕捉卡，我们可以利用它来采集视频图像的某一帧，从而得到数字图像。这种方法简单灵活，但产生的图像质量一般难以与扫描质量相比。

（5）光盘采集。很多公司制作了大量的分类图像素材库光盘，例如，植物图片库、动物图片库、办公用品图片库等。光盘中的图片清晰度高、制作精良，而且同一幅图还以多种格式存储，这些光盘可以在书店等处买到，我们可从素材库光盘中选择所需要的图像。

（6）网上直接下载或网上素材库下载。网络中提供了各种各样非常丰富的资源，特别是图像资源。对于网页上的图像，我们可以在所需的图片上右击，在弹出的菜单中选择"图片另存为"选项，把网页上的图片存储到本地计算机中；而对于有些提供了素材库的网站，也会提供图片下载工具，我们可以直接把素材库中的图像素材下载到本地计算机中。

（7）使用专门的图形图像制作工具。对于那些我们确实无法通过上述方法获得的素材，就不得不使用绘图软件来制作了。简单的线条式绘图可以使用 Office 自带的绘图工具或 Office Visio 软件。简单的自绘图形可以使用 Windows 自带的画图工具。常用的专业绘图工具有 FreeHand、Illustrator、CorelDraw 等，这些软件提供了强大的绘制图形工具、着色工具、特效功能（滤镜）等，使用这些工具可以制作出我们所需要的图形。

8.2.3 视频和动画

1. 常见视频素材的格式

只要连续的图像变化每秒超过 24 帧（Frame），根据视觉暂留原理，人眼无法辨别单幅的静态画面，看上去是平滑连续的视觉效果，这样连续的画面称为视频。视频按录制方式一般分为模拟视频和数字视频。多媒体素材中的视频指数字化的活动图像。DVD 光盘存储的就是经过量化采样压缩而成的数字视频信息。视频采集卡是将模拟视频信号在转换过程中压缩成数字视频信号，并以文件的形式存入计算机硬盘中的设备。将视频采集卡的视音频输入端与视音频信号的输出端（如摄像机、录像机、影碟机等）连接之后，就可以捕捉到视频图像和音频信息。

视频文件是由一组连续播放的数字图像和一段随连续图像同时播放的数字伴音共同组成的多媒体文件。其中的每一幅图像称为一帧，随视频同时播放的数字伴音简称为"伴音"。可以将视频保存成不同的文件格式，不同的文件格式具有不同的特点。

（1）MPEG/MPG/DAT 格式。MPEG 是英文 Motion Picture Experts Group 的缩写。这类格式包括了 MPEG-1、MPEG-2 和 MPEG-4 在内的多种视频格式。使用 MPEG-1 的压缩算法，可以把一部 120 分钟长的电影压缩到 1.2GB。MPEG-2 则应用在 DVD 的制作上，同时在一些 HDTV（高清晰电视广播）和一些高要求视频编辑、处理上也有相当多的应用。使用 MPEG-2 的压缩算法可以将一部 120 分钟长的电影压缩到 5~8GB（MPEG-2 格式的视频图像质量高于 MPEG-1 格式）。

（2）AVI 格式。AVI 是 Audio Video Interleaved（音频视频交错格式）的英文缩写。AVI 是由 Microsoft 公司发布的视频格式。这种格式调用方便、图像质量好，但缺点是文件体积过于庞大。

（3）RA/RM/RAM 格式。RM 格式是 Real Networks 公司制定的音频/视频压缩规范 Real Media 中的一种，Real Player 能做的就是利用网络资源对这些符合 Real Media 规范的音频/视频进行实况转播。在 Real Media 规范中主要包括 3 类文件：Real Audio、Real Video 和 Real Flash。Real Video（RA、RAM）格式一开始的定位就是在视频流应用方面，它可以在 56K MODEM 拨号上网的条件下实现不间断的视频播放。

（4）MOV 格式。使用过 MAC 机的读者应该接触过 QuickTime 播放器。QuickTime 播放器原本是 Apple 公司用在 MAC 机上的一种图像视频处理软件。QuickTime 播放器提供了标准图像和数字视频格式，即支持静态的 PIC 和 JPG 图像格式，以及支持动态的基于 Indeo 压缩法的 MOV 格式和基于 MPEG 压缩法的 MPG 视频格式。

（5）ASF 格式。ASF（Advanced Streaming Format，高级流格式）是 Microsoft 公司研发出来的一种可以直接在网上观看视频节目的文件压缩格式。ASF 格式使用了 MPEG-4 的压缩算法，压缩率和图像的质量都很不错。

（6）WMV 格式。WMV 格式是一种在网络上实时传播多媒体的技术标准，Microsoft 公司希望用其取代 QuickTime 之类的技术标准。WMV 格式的主要优点在于：具有可扩充的媒体类型、本地或网络回放、可伸缩的媒体类型、流的优先级化、多语言支持、扩展性好等功能。

（7）DivX 格式。这是由 MPEG-4 标准衍生出的另一种视频编码（压缩）标准，即通常所说的 DVDrip 格式，它采用 MPEG-4 压缩算法的同时又综合了 MPEG-4 与 MP3 格式各方面的技术，也就是使用 DivX 压缩技术对 DVD 盘片的视频图像进行高质量压缩，同时用 MP3 或 AC3 格式对音频进行压缩，然后再将视频与音频合成并加上相应的外挂字幕文件。其画面质量与 DVD 格式相当，但是体积只有 DVD 格式的三分之一。

（8）RMVB 格式。这是一种由 RM 格式升级延伸出的新视频格式，它的先进之处在于：RMVB 格式打破了 RM 格式平均压缩采样方式的局限，在保证平均压缩的基础上合理利用比特率资源，对静止和动作场面少的画面场景采用较低的编码速率，这样可以留出更多的带宽空间，而这些带宽会在出现快速运动的画面场景时被利用。这样在保证静止画面质量的前提下，大幅提高了运动图像的画面质量，从而使图像质量和文件大小之间达到了平衡。另外，相对于 DVDrip 格式，RMVB 格式具有较明显的优势，一部大小为 700MB 左右的 DVD 影片，如果将其转录成同样视听品质的 RMVB 格式，最多约 400MB。不仅如此，这种视频格式还具有内置字幕和无须外挂插件支持等独特优点。要想播放这种格式的视频，可以使用 RealOne Player 2.0、RealPlayer 8.0 或 RealVideo 9.0 以上版本的解码器。

（9）FLV 格式。FLV 格式是随着 Flash MX 的推出发展而来的视频格式，全称为 Flash Video，是在 Sorenson 公司的压缩算法的基础上开发出来的。由于其形成的文件小，加载速度快，使得网络观看视频文件成为可能，它的出现有效地解决了视频文件导入 Flash 后，导出的 SWF 文件体积庞大，不能在网络上很好的使用等问题。

另外还有多种视频格式，例如，3GP 是手机常用视频格式；AMV 是 MP4 播放器专用的视频格式；VOB 是 DVD 视频文件的存储格式；DAT 是 VCD 视频文件的存储格式；WmvMpeg 是编码视频文件的存储格式等。

2. 视频素材的获取

视频素材主要从资源库、课件、录像片、VCD 影片、DVD 影片中获取，从网上也能找到视频文件。资源库中的视频资料可以直接调用，课件中的视频文件一般也放在 EXE 文件之外，不会和 EXE 文件打包在一起，可直接调用，录像片中的资料可用采集卡进行采集，若无此设备，可在音像制作店进行加工，把录像资料转变为 MPEG 格式或 AVI 格式，刻录后进行使用。但要注意，DVD 或 MPEG-4 格式在 Authorware 软件中无法直接使用，要安装 MPEG-4 转换软件，转换格式后才可以正常使用。现在用于视频格式转换的工具软件很多，如狸窝视频格式转换器、万能视频格式转换器、格式工厂等。

3. 视频的采集技术

视频的处理技术主要包括视频的采集技术和后期处理技术。使用数码摄像机可进行视频采集，下面介绍数码摄像机的使用。

数码摄像机就是通常所说的 DV 机，DV 即英文 Digital Video 的缩写，译成中文就是"数字视频"的意思。数码摄像机按使用用途可分为广播级机型、专业级机型、消费级机型。按存储介质可分为磁带式、光盘式、硬盘式、存储卡式。

（1）数码摄像机的工作原理。数码摄像机的基本工作原理就是光/电信号到数字信号的转变及传输，即通过摄像头的输入，用感光元器件将光信号转变成模拟信号，再把得到的模拟信号转变成数字信号，经过一系列的图像处理后，输出可见的动态画面。

（2）数码摄像机的功能及特点。数码摄像机的功能及特点包括：具有多种格式高画质数字摄影功能；具有数码相机的功能；能作为 USB 移动磁盘及 SD 卡存储使用；具有电视输出显示功能；具有即拍即看，多角度拍摄功能；具有光学变焦功能。

（3）数码摄像机的基本操作。用数码摄像机摄像的操作流程为：首先给数码摄像机供电（用电池或交流适配器供电）、开启电源开关、置入录像带（或光盘）、调整寻像器，然后调节镜头或数码摄像机机位，通过寻像器观察景物，在需要正式录像时按下数码摄像机的"开始/停止"按钮进行拍摄，再按"开始/停止"按钮暂停录像。在拍摄过程中，需要进行以下技术性调整与选择。

① 数码摄像机工作状态选择。数码摄像机的工作模式一般有自动、手动和程序拍摄 3 种。在自动模式下，聚焦、光圈、快门、白平衡等全部处于自动调整状态，绝大多数拍摄都采用该模式。但是，在一些特殊拍摄条件下，或者为了取得某些特殊的拍摄效果，则采用手动模式或程序拍摄模式，比如，要在白天获得夜景效果、朦胧美效果等，都要使用手动拍摄模式。

② 变焦。摄像时的变焦分为手动变焦和电动变焦两种。

● 电动变焦通常是用右手中指和食指按数码摄像机握机把手上部的两端标有 T、W 字样的船形按钮。按下"T"端，镜头焦距变长，拍摄范围变小，景物成像变大；按下"W"端，镜头焦距变短，拍摄范围变大，景物成像变小。有的数码摄像机如果改变按下 T 端或 W 端的力量大小，还可以改变变焦速度，按力大，焦距改变快，按力小，焦距改变慢。

● 手动变焦是用左手操作变焦环或用变焦手柄改变焦距。

电动变焦时焦距的改变速度均匀，摄像时较多使用电动变焦，只有在要快速改变拍摄物成像大小时，才使用手动变焦。

③ 聚焦。摄像聚焦有手动聚焦和自动聚焦两种形式。绝大多数情况下使用自动聚焦，只有在自动聚焦不能使主体清晰成像或想取得某些特殊效果时，才用手动聚焦。

④ 光圈调整。光圈调整分为手动调整与自动调整两种方式，绝大多数条件下的摄像用自动调整，因为手动调整光圈操作烦琐，又难以准确把握。光圈的自动调整类似于照相机上的快门先决式自动曝光。摄像机光圈的自动调整是以被摄物总体亮度的平均值为调整基准的，当被摄主体与周围环境亮度相差悬殊时，采用自动调整拍摄画面的主体影像，就会显得太亮或太暗。比如，环境较亮主体较暗，从主体的局部"拉"出带有较大环境的全景时，主体便会暗下去，细部层次无法表现。又如，从比较暗的环境"摇"到比较亮的环境时，画面会出现短暂的发亮、发白，物体的色彩与质感会丧失，而后才慢慢恢复正常。

在以下几种情况下摄像，手动调整光圈能得到更好的效果：

● 逆光下摄像。
● 被摄主体很亮而背景很暗。
● 照度非常低。
● 要表现黑暗的环境气氛。
● 要获得需要大小的景深。

手动调整光圈时一定要注意技术技巧，比如从暗处"摇"向亮处时，应兼顾落幅时画面的亮度和起幅时画面的亮度，取其适中光圈，正式拍摄前要先行预演，效果满意后才正式拍摄。

有些数码摄像机具有逆光补偿功能。在逆光下采用自动光圈摄像时，拍摄在画面上的主体若较小，则会显得非常暗，逆光补偿是指在此条件下按下"逆光补偿"按钮（通常标有 BACK LIGHT），让数码摄像机用更大的光圈拍摄，从而使处于逆光下的景物清晰明亮。若没有"逆光补偿"按钮，则在此条件下拍摄必须手动调整光圈。

⑤ 白平衡调整。数码摄像机的白平衡调整功能分为自动调整和手动调整两类。
- 自动调整由摄像机根据照明光线的色温情况自动调整。
- 手动调整有选择滤色片挡位和改变电路增益两种方法。

在一些数码摄像机上的白平衡调整开关处标有不同光源或不同色温的挡位，使用这类数码摄像机手动调整白平衡时，只要将挡位开关拨到与摄像光源种类或色温一致的挡位即可。

改变电路增益的手动调整方式大体操作为：将白平衡调整处于手动方式，盖上纯白色的镜头盖、对准白纸或纯白的物体，变焦至电子寻像器的屏幕完全变白，此时按下白平衡调整按钮（标有 WB、W.BAL、WHT BAL 的按钮），直至电子寻像器中表示白平衡调整完毕的指示出现为止。

手动调整白平衡后，当拍摄环境的光线色温条件发生变化，或更换了电池时，都必须重新调整白平衡。

摄像时一般采用自动调整，只有在以下几种情况下，才用手动调整：
- 在水银灯、钠光灯或某些荧光灯下拍摄。
- 在数码摄像机镜头前用特殊效果的单色滤镜拍摄。
- 拍摄环境的照度突然发生变化，如在舞厅变幻的灯光下拍摄。
- 日落、日出时拍摄。
- 拍摄室外夜景（如焰火、霓虹灯）。
- 拍摄单色物体或单色背景前的物体。
- 拍摄时数码摄像机与被摄物不在同一照明光源下。
- 手动调整光圈逆光下拍摄，以及用微距功能拍摄大特写。

⑥ 镜头运动。镜头运动是指拍摄一个镜头时，移动数码摄像机机位，或者改变镜头光轴，或者变化镜头焦距等操作。

(4) 数码摄像机的几种常用拍摄技巧。拍摄过程中的摄像技巧很多，可以根据不同主题进行变化。

① 推、拉镜头。镜头的推、拉并不只是一种技法，而是在技术上相反的技巧。推镜头相当于沿着直线不断地向拍摄主题走近，使观众的视线逐渐接近物体，是一个从整体到局部的过程，可突出重点。拉镜头则相反，拉镜头是不断地离开主体物体，逐步的扩大视野，可以表现局部和整体的关系。

② 摇镜头。摇镜头时数码摄像机的位置不动，仅仅是变动镜头的方向，类似于我们站在原地只是头部扭动观看景色一样。镜头的摇动，可分为上下、左右、斜向。值得注意的是在拍摄摇镜头的过程中，一定要匀速，开始时先停滞一会，然后加速、匀速、减速、再停滞，步骤要缓慢自然。

③ 移镜头。移镜头就是数码摄像机本身移动，拍摄角度不变，与被拍摄物体的角度不变，一般是用来表现物体与物体之间、人与人之间的空间关系。适合近距离拍摄，按照移动

方向一般可以分为横向移动和纵向移动。

④ 跟镜头。例如，有一名狙击手，敌人出现在瞄准镜中，且在不停移动，这时需要用瞄准镜跟随他，可能背景和周围的景观在不停改变，但是主体不变。所以，跟镜头的特点就是数码摄像机跟随运动的主体拍摄。这种拍摄方式可以突出主体，而且又能表现出主体的运动方向、速度等与环境的关系。

⑤ 升、降镜头。升、降镜头是指数码摄像机上、下移动拍摄画面，是一种多视点的表现场景的方法，可以分为垂直方向、斜向、不规则方向升降，这样做的好处是能够带来一种高度感和增强空间深度的幻觉性。

⑥ 甩镜头。甩镜头是指一个镜头结束后不停机，直接极速转向到另一个方向，从而直接改变画面内容。

⑦ 长镜头。长镜头是法国电影新浪潮时期新锐导演经常用到的一种摄影技法，长镜头就是在人物做各种运动的时候长时间用数码摄像机镜头跟随，作为一个镜头来拍摄，这种技法的好处是很容易表现出一个人物的完整状态、情绪、体能、动作以及其他各种信息。

4. 视频后期处理技术

（1）主要的视频处理工具。采集到的视频，我们要进一步进行加工处理，以得到最终符合需要的视频。

① 视频编辑工具包括会声会影、Adobe Premiere、Movie Maker、Sony Vegas Movie Studio、Video Edit Magic 等。

② 视频切割工具包括 Easy Video Splitter、Asf Tools、RealProducter Plus 等。

③ 视频转码工具包括 Amigo Easy Video Converter、ConvertMovie、Video Conversion Expert、OSS Media Converter Pro。

④ 视频合并工具包括 Easy AVI/MPEG/RM/WMV Joiner、Zealot All Video Joiner 等。

⑤ RM/RMVB 压缩工具包括 RMAShell，可用于修复或压缩 RM/RMVB 文件。

⑥ 电子相册常用工具包括 MemoriesOnTV、MediaShow、ACDSee Pro、Adobe Premiere、会声会影等。

（2）会声会影软件使用。会声会影软件是制作简易的小电影以及高清视频的一种功能强大的软件，它的用途很广，可把相机或摄像机记录下来的视频和照片进行编辑剪辑，加上文字、音乐以及其他特效功能，形成一个有声有色的电子相册、小电影或高清视频。

会声会影的版本很多，不同版本间的功能也不尽相同，但编辑的方法、流程大致相同，都要经过新建项目、准备素材、编辑素材、为素材添加转场和滤镜效果等操作。

5. 动画制作原理及方式

（1）动画制作原理。动画的制作原理与电影、电视一样，都是利用视觉暂留原理。医学上，人类具有"视觉暂留"的特性，就是说人的眼睛看到一幅画或一个物体后，在 0.1～0.4 秒内不会消失（具体时间因人而异）。利用这一原理，在一幅画还没有消失前播放下一幅画，就会给人形成一种流畅的视觉变化效果。因此，电影采用每秒 24 幅画面的速度拍摄和播放，电视采用每秒 25 幅（PAL 制，国内用此制式）或 30 幅（NTSC 制）画面的速度拍摄和播放。如果以每秒低于 10 幅画面的速度拍摄和播放，就会出现停顿现象。所以，只要将一段连续的动作变成一系列画面，然后按一定的幅率（动画中称帧频）播放，人眼看到的就是连续的场景，这就是动画。

（2）传统动画制作方式。传统动画制作时，会把人、物的表情、动作、变化等分段画成许多画幅，再用数码摄像机连续拍摄成一系列画面，给视觉以连续变化的效果。

（3）现代动画制作方式。随着科学技术的发展，人们开发了许多动画制作软件，有两大特点：一是对一段连续的动作，人们无须画出那么多幅画面，只要画出一些关键画面（动画中称关键帧），中间的画面软件会根据物体运动的规律自动生成；二是不一定非要使用数码摄像机进行拍摄，动画软件也可以生成一定格式的文件，通过特定播放器就可以在计算机、电视中进行播放。动画发展到今天，产生了二维动画和三维动画。

（4）动画在教学中的作用。动画的出现，给教学改革带来了新的变化，教师一般都掌握了1~2种动画制作软件，人们开发了大量的动画教学课件，使得教学形式发生了深刻变化。在教学中，往往需要利用动画来模拟事物的变化过程，说明科学原理，尤其是二维动画，在教学中应用较多。

6．动画文件的格式和特点

（1）FLA格式。Flash源文件存放格式。在Flash中，大量的图形是矢量图形，因此，在放大与缩小的操作中不会失真，它制作的动画文件所占的体积较小。

（2）SWF格式。Flash动画文件格式，它是Flash在Web上发布使用的文件格式。

（3）GIF格式。GIF格式是常见的二维动画格式。

7．动画素材的获取

（1）从已有的动画素材库中获取。如资源库、课件、录像片、VCD和DVD、网络等。

（2）利用专用动画制作软件来制作。如二维动画制作软件Animate、Flash，三维动画制作软件3ds MAX、MAYA等。

（3）利用多媒体创作软件中的动画制作功能模块。如Authorware中的"移动图标"提供了5种方式的运动路径设定；WPS演示中的"自定义动画"可设定屏幕中对象（文字块、图形等）的呈现方式，如飞入、渐出、展开等动画效果。

8.2.4 多媒体数据压缩技术

多媒体数据之所以能够压缩是因为视频、图像、声音这些媒体具有很强的可压缩性。以目前常用的位图格式的图像存储方式为例，在这种形式的图像数据中，像素与像素之间无论在行方向还是在列方向上都具有很大的相关性，因而整体上数据的冗余很大，在允许一定限度失真的前提下，能对数据进行很大程度的压缩。

数据的压缩实际上是一个编码过程，即把原始的数据进行编码压缩。数据的解压缩是数据压缩的逆过程，即把压缩的编码还原为原始数据。因此数据压缩方法也称为编码方法。数据压缩技术日趋完善，适应各种应用场合的编码方法不断产生。针对多媒体数据冗余类型的不同，有相应的不同压缩方法。

根据解码后数据与原始数据是否完全一致进行分类，压缩方法可分为有失真压缩和无失真压缩两大类。

有失真压缩会压缩熵，减少信息量，而损失的信息是不能再恢复的，因此这种压缩法是不可逆的。无失真压缩去掉或减少数据中的冗余，但这些冗余值是可以重新插入数据的，因此无失真压缩是可逆的过程。无失真压缩是不会产生失真的。从信息角度来讲，无失真压缩泛指那种不考虑被压缩信息性质的压缩技术。它是基于平均信息量的技术，并把所有的数据视为比特序列，而不是根据压缩信息的类型来优化压缩。也就是说，平均信息量编码忽略被压缩信息内容，在多媒体技术中一般用于文本、数据的压缩，它能保证百分之百地恢复原始数据。但这种方法压缩率比较低，如 LZW 编码、行程编码、霍夫曼（Huffman）编码的压缩比一般在 2∶1 至 5∶1 之间。

8.3 常用多媒体播放器的使用

8.3.1 计算机音量设置

（1）在 Windows 系统桌面任务栏右侧有一个小喇叭图标，这个就是音量控制图标。
（2）将鼠标指针移至小喇叭图标上并单击，将弹出音量控制面板。
（3）上下拖动滑块，就可以改变音量大小。
（4）单击面板中的小喇叭图标，可切换是否"静音"。

8.3.2 Windows Media Player

Windows Media Player 是 Microsoft 公司推出的一款免费的播放器，是 Microsoft Windows 的一个组件，简称为 WMP，该软件支持通过第三方插件增强功能。

该软件可以播放 MP3、WMA、WAV 等格式的文件，但不支持 RM 格式文件。不过在 Windows Media Player 8 以后的版本里，如果安装了 Real Player 相关的解码器，就可以播放。视频方面可以播放 AVI、WMV、MPEG-1、MPEG-2、DVD 等格式的文件。用户可以自定媒体数据库收藏媒体文件。该软件支持播放列表，支持从 CD 抓取音轨复制到硬盘，支持刻录 CD。Windows Media Player 9 以后的版本甚至支持与便携式音乐设备同步音乐，集成了 Windows Media 的在线服务。Windows Media Player 10 集成了纯商业的联机商店商业服务，支持图形界面切换，支持 MMS 与 RTSP 的流媒体，内部集成了 Windows Media 的专辑数据库，如果用户播放的音频文件与网站上的数据校对一致，那么用户可以看到音乐专辑相关消息。

本 章 小 结

多媒体一般是指组合两种或两种以上媒体的一种人机交互式信息交流和传播媒体，多媒体技术就是通过计算机对这些元素（某种形式的媒体）进行综合处理和管理，使用户可以通过多种感官与计算机进行实时信息交互的技术。其中音频、图形图像、视频、动画具有特定的格式，需要特殊的工具进行采集和加工，如会声会影、Photoshop、Flash、Premiere 等。

习 题

简答题

1. 什么是多媒体技术？
2. 谈谈你最熟悉的多媒体元素及应用技术。
3. 计算机为何要对多媒体数据进行压缩处理？
4. 简述多媒体技术的特点。